新形态测绘系列教材

Theory and Application of GNSS Surveying

GNSS测量理论与应用

吴继忠　李明峰／编著

U0334460

同济大学 出版社
TONGJI UNIVERSITY PRESS
·上海·

内 容 简 介

本书主要围绕全球导航卫星系统(GNSS)的发展历程、信号构成、定位原理、测量作业、数据处理和应用领域展开。全书分为 9 章,主要内容包括:GPS、BDS、GLONASS 和 Galileo 的发展概况,区域卫星导航定位系统和星基增强系统;GNSS 测量中涉及的坐标系统和时间系统;GNSS 卫星运动理论基础、卫星轨道参数和卫星星历类型;GPS、GLONASS、BDS 和 Galileo 的卫星信号结构,利用卫星星历计算卫星位置及速度的方法;GNSS 的基本观测值和观测方程,单点定位、差分 GNSS、相对定位等定位模型;GNSS 测量涉及的各类误差来源和处理方法;GNSS 控制测量的内外业,包括控制网设计、外业测量、内业数据处理原理和方法等;GNSS 用于速度测量、时间测量和姿态测量的基本原理。

本书可作为测绘类及相关专业的本科生教材,也可作为研究生和工程技术人员的参考书。

图书在版编目(CIP)数据

GNSS 测量理论与应用 / 吴继忠,李明峰编著.
上海:同济大学出版社,2025.1. --(新形态测绘系列教材). -- ISBN 978-7-5765-1500-8
Ⅰ. P228.4
中国国家版本馆 CIP 数据核字第 20257ZL369 号

新形态测绘系列教材

GNSS 测量理论与应用

吴继忠　李明峰　编著

| **责任编辑** | 李　杰 | **责任校对** | 徐逢乔 | **封面设计** | 王　翔 |

出版发行	同济大学出版社　　www.tongjipress.com.cn
	(地址:上海市四平路 1239 号　邮编:200092　电话:021-65985622)
经　　销	全国各地新华书店
排　　版	南京文脉图文设计制作有限公司
印　　刷	常熟市大宏印刷有限公司
开　　本	787mm×1092mm　　1/16
印　　张	14.75
字　　数	359 000
版　　次	2025 年 1 月第 1 版
印　　次	2025 年 1 月第 1 次印刷
书　　号	ISBN 978-7-5765-1500-8

定　　价　69.00 元

前　言

卫星导航定位技术已广泛应用于国民生产建设的许多行业,并扩展到与时空信息有关的众多领域,通过与大数据、云计算、互联网等技术的深度融合,有力地促进了测绘信息化发展。卫星导航定位技术的发展十分迅猛,以 GPS、GLONASS、Galileo 等为代表的全球卫星导航定位系统都在加快建设和完善中,区域卫星导航定位系统和星基增强系统建设也在加速推进。经过 20 多年的建设,2020 年 7 月 31 日,北斗三号最后一颗组网卫星入网工作,这标志着我国独立自主建设的北斗卫星导航系统全面建成,形成了具有中国特色的全球卫星导航系统,深刻诠释了"自主创新、开放融合、万众一心、追求卓越"的新时代北斗精神。

当前卫星导航定位技术的应用逐渐由单系统/双系统向多系统过渡,为给各类用户提供更加丰富的观测值、更多的频率选择和更优的卫星几何构型。以 PPP-RTK 为代表的新技术将有望突破关键技术并大规模应用。在这一背景下,仅以 GPS 作为卫星导航定位课程的主要内容,不利于学习、应用和推广北斗卫星导航系统,陈旧的教学内容无法反映该领域的最新进展和发展趋势。为此,编者结合十余年来从事卫星导航定位技术的教学心得,编写了本教材,以满足当前卫星导航定位课程教学的需要。

本书由吴继忠、李明峰编写。其中,吴继忠编写第 1～6 章和第 9 章,李明峰编写第 7～8 章。本书力求讲清楚基本原理,清晰阐述 GNSS 信号结构、观测模型、误差处理等关键背景知识;同时,又强调与工程实际相结合,突出 GNSS 控制网布设和数据处理的整个流程。

本书的出版得到了江苏省高等教育教学改革研究课题和江苏省测绘地理信息"产教融合"教育教学改革研究重点课题的资助,在此表示感谢。

本书配套的微课视频和题库可通过智慧树网（https://www.zhihuishu.com/）获取，供读者自学使用。此外还有配套的教学课件，可扫描封底二维码获取。

由于卫星导航定位技术的发展日新月异，同时涉及较多学科的知识，再加上编著者的水平和实际经验有限，书中难免存在不妥之处，恳请读者批评指正。

编著者

2024 年 12 月

目　　录

缩 略 语

ARP   天线参考点（Antenna Reference Point）

AT   原子时系统（Atomic Time）

BDCS   北斗坐标系（BeiDou Coordinate System）

BDS   北斗卫星导航系统（BeiDou Navigation Satellite System）

BDT   北斗时（BeiDou Navigation Satellite System Time）

BPSK   二进制相移键控（Binary Phase Shift Keying）

CDMA   码分多址（Code Division Multiple Access）

CGCS2000   2000 中国大地坐标系（China Geodetic Coordinate System 2000）

CIO   国际协议原点（Conventional International Origin）

CIS   协议惯性坐标系（Conventional Inertial System）

CLAS   厘米级增强服务（Centimeter Level Augmentation Service）

CODE   欧洲定轨中心（Center for Orbit Determination in Europe）

CORS   连续运行参考站（Continuously Operating Reference Stations）

CTP   协议地极（Conventional Terrestrial Pole）

DGNSS   差分 GNSS（Differential GNSS）

DOP   精度因子（Dilution of Precision）

DORIS   多普勒定轨和无线电定位（Doppler Orbitography and Radio positioning Integrated by Satellite）

EGNOS   欧洲静地卫星导航重叠服务（European Geostationary Navigation Overlay Service）

EOP   地球定向参数（Earth Orientation Parameters）

GAGAN   GPS 辅助静地轨道增强系统（GPS-aided GEO Augmented Navigation）

GAST   格林尼治真恒星时（Greenwich Apparent Sidereal Time）

GBAS   陆基增强系统（Ground-Based Augmentation System）

GEO   地球静止轨道（Geostationary Earth Orbit）

GLONASS   全球导航卫星系统（GLObal NAvigation Satellite System）

GNSS   全球导航卫星系统（Global Navigation Satellite System）

GNSS-IR GNSS 干涉反射(GNSS-Interferometric Reflectometry)
GPS 全球定位系统(Global Positioning System)
GPST GPS 时(GPS Time)
GST Galileo 系统时间(Galileo System Time)

IAG 国际大地测量协会(International Association of Geodesy)
IAU 国际天文学联合会(International Astronomical Union)
IERS 国际地球自转参考系服务(International Earth Rotation and Reference Systems Service)
IGS 国际 GNSS 服务(International GNSS Service)
IGSO 倾斜地球同步轨道(Inclined Geo-Synchronous Orbit)
IRNSS 印度区域性导航卫星系统(Indian Regional Navigation Satellite System)
ITRF 国际地球参考框架(International Terrestrial Reference Frame)

JD 儒略日(Julian Day)

LAAS 局域增强系统(Local Area Augmentation System)
LAMBDA 最小二乘模糊度降相关平差(Least-square AMBiguity Decorrelation Adjustment)

MEO 中圆地球轨道(Medium Earth Orbit)
MJD 简化儒略日(Modified Julian Day)
MSAS 多功能卫星增强系统(Multi-Function Satellite Augmentation System)
MST 平太阳时(Mean Solar Time)

NavIC 印度导航星座(Navigation Indian Constellation)
NNSS 海军导航卫星系统(Navy Navigation Satellite System)
NSAS 尼日利亚卫星增强系统(Nigerian Satellite Augmentation System)

PCO 天线相位中心偏差(Phase Center Offset)
PCV 天线相位中心变化(Phase Center Variation)
PNT 定位、导航、授时(Positioning，Navigation and Timing)
PPK 后处理动态(定位)(Post Processed Kinematic)
PPP 精密单点定位(Precise Point Positioning)
PRN 伪随机噪声(Pseudo-Random Noise)

QZSS 准天顶卫星系统(Quasi-Zenith Satellite System)

RHCP 右旋圆极化(Right-Hand Circular Polarization)

RINEX	与接收机无关的交换格式(The Receiver Independent Exchange Format)
RTCM	国际海事无线电技术委员会(Radio Technical Commission for Maritime Services)
RTK	实时动态(定位)(Real Time Kinematic)
SBAS	星基增强系统(Satellite-Based Augmentation System)
SDCM	差分校正和监测系统(System for Differential Corrections and Monitoring)
SLR	激光测卫(Satellite Laser Ranging)
SOW	周内秒数(Seconds of Week)
SPP	单点定位(Single Point Positioning)
ST	恒星时(Sidereal Time)
STD	斜路径对流层延迟(Slant Tropospheric Delay)
TAI	国际原子时(International Atomic Time)
TEC	总电子含量(Total Electron Content)
TOW	周内时间(Time of Week)
UT	世界时(Universal Time)
UTC	协调世界时(Coordinate Universal Time)
VLBI	甚长基线干涉测量(Very Long Baseline Interferometry)
VRS	虚拟参考站(Virtual Reference Station)
VTEC	天顶方向的总电子含量(Vertical Total Electric Content)
WAAS	广域增强系统(Wide Area Augmentation System)
WGS-84	1984 世界大地坐标系(World Geodetic System 1984)
WN	周数(Week Number)
ZHD	天顶干延迟(Zenith Hydrostatic Delay)
ZWD	天顶湿延迟(Zenith Wet Delay)

第1章　绪　　论

全球导航卫星系统是一种重要的时空基础设施,为用户提供定位、导航和授时服务。目前有四个全球卫星导航系统、两个区域性卫星导航系统和多个增强系统正在运行。本章对各个系统的基本情况进行介绍。

1.1　GNSS

1.1.1　GNSS 概述

1957 年 10 月 4 日,苏联成功地发射了世界上第一颗名为 Sputnik 的人造地球卫星,由此揭开了利用卫星来开发导航、定位系统的序幕。卫星导航定位系统是以人造卫星作为导航台的星基无线电导航系统,为全球陆、海、空的各类载体提供全天候、高精度的位置、速度和时间信息。

GNSS 是全球导航卫星系统的英文缩写。GNSS 是一个通用术语,用以指代在全球或区域范围内提供定位、导航和授时(PNT)服务的单个卫星导航定位系统及其增强系统。目前,正在运行的卫星导航定位系统包括全球定位系统(GPS)、格洛纳斯(GLONASS)、北斗卫星导航系统(BDS)和伽利略系统(Galileo),这些系统相互独立运行,彼此之间存在着作为卫星导航定位系统的许多共性。目前,区域性卫星导航系统包括准天顶卫星系统(QZSS)和印度导航星座(NavIC),主要为特定区域提供导航定位服务。此外,卫星导航定位系统的增强系统也是GNSS 大家庭中的成员,基本上分为两种类型:一类是利用地球静止或同步轨道卫星建立的星基增强系统(SBAS),例如美国的广域增强系统(WAAS)、欧洲的静地卫星导航重叠服务(EGNOS)、日本的多功能卫星增强系统(MSAS)、俄罗斯的差分校正和监测系统(SDCM)以及印度的 GPS 辅助静地轨道增强系统（GAGAN）等;另一类是陆基增强系统(GBAS),例如美国的海事差分 GPS(MDGPS)和局域增强系统(LAAS)。综上所述,GNSS 的分类和组成如图 1-1 所示。

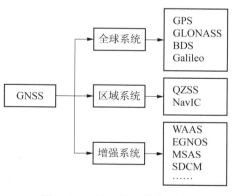

图 1-1　GNSS 的分类和组成

可见 GNSS 可以指代单个卫星导航定位系统,也可以指代它们的增强系统。目前,GPS在所有 GNSS 中仍处于主导地位,并且大多数导航定位系统也通常以 GPS 的坐标系统和时间系统为参考,将其他 GNSS 与 GPS 联系起来。现行的 GNSS 测量规范大多仍以 GPS 为范例,实际上 GPS 与 GLONASS、BDS、Galileo 在很多方面存在共性,市场上测地型接收机大多数都支持这些系统信号的接收。因此,GNSS 具体指代哪个系统也就无关紧要了。

1.1.2　GNSS 的起源

人类历史上第一个卫星导航定位系统是子午卫星系统(Transit)。1958 年 12 月，美国海军为了给北极星核潜艇提供全球性导航，资助约翰·霍普金斯大学应用物理实验室研制一种卫星导航系统，称之为美国海军导航卫星系统(NNSS)。自 1959 年 9 月发射第一颗试验性卫星，到 1961 年 11 月，先后共发射了 9 颗试验性导航卫星。经过多年的试验研究，1964 年该系统建成并投入使用。

该系统由三部分组成，即地面跟踪网、子午卫星星座和用户接收机。地面跟踪网由跟踪站、计算中心、注入站、海军天文台和控制中心五部分组成，其任务是测定各颗卫星的轨道参数，并定时将这些轨道参数和时间信号注入相应的卫星内，以便卫星按时向地面播发。用户接收机则是接收卫星发射信号、测量多普勒频移、解译卫星轨道参数和测定接收机所在位置的专用设备。由于这些接收机都是根据多普勒效应原理进行接收和定位的，所以称为多普勒接收机，该系统也因此被称为卫星多普勒定位系统。

子午卫星在几乎是圆形的极轨道(轨道倾角 $i \approx 90°$)上运行。卫星离地面的高度约为 1 075 km，卫星的运行周期为 107 min。子午卫星星座一般由 6 颗卫星组成，这 6 颗卫星理论上均匀地分布在地球四周，即相邻的卫星轨道平面之间的夹角均应为 30°。但由于各卫星轨道面的倾角 i 不严格为 90°，故进动的大小和符号各不相同。所以，随着时间的推移，各轨道面的分布就会变得疏密不一。位于中纬度地区的用户平均 1.5 h 左右可观测到一颗卫星，但最不利时要等待 10 h 才能进行下一次观测。

子午卫星系统采用多普勒测量的方法进行定位。当子午卫星以频率 f_S 发射信号时，由于多普勒效应，接收机所接收到的信号频率将变为 f_R。接收频率和发射频率之间存在下列关系：

$$f_R = \left(1 - \frac{1}{c}\frac{\mathrm{d}D}{\mathrm{d}t}\right) f_S \tag{1-1}$$

式中，D 为卫星至接收机的距离；c 为真空中的光速。

若接收机产生一个频率为 f_0 的本振信号并与接收到的频率为 f_R 的卫星信号混频，然后将差频信号在时间段 $[t_1, t_2]$ 内进行积分，则积分值 N 和距离差 $(D_2 - D_1)$ 之间存在下列关系：

$$
\begin{aligned}
N &= \int_{t_1}^{t_2} (f_0 - f_R)\mathrm{d}t \\
&= \int_{t_1}^{t_2} (f_0 - f_S)\mathrm{d}t + \int_{t_1}^{t_2} (f_S - f_R)\mathrm{d}t \\
&= (f_0 - f_S)(t_2 - t_1) + \int_{t_1}^{t_2} \frac{f_S}{c}\frac{\mathrm{d}D}{\mathrm{d}t}\mathrm{d}t \\
&= (f_0 - f_S)(t_2 - t_1) + \frac{f_S}{c}(D_2 - D_1)
\end{aligned}
\tag{1-2}
$$

式中，N 为多普勒计数，是多普勒测量中的观测值；积分间隔 $(t_2 - t_1)$ 一般由作业人员自行选择；D_1 和 D_2 分别为 t_1 和 t_2 时刻卫星至接收机的距离。

由式(1-2)知,进行多普勒测量后,可根据多普勒计数 N 求得 t_1、t_2 时刻卫星至接收机的距离差($D_2 - D_1$):

$$D_2 - D_1 = \frac{c}{f_S}[N - (f_0 - f_S)(t_2 - t_1)] \quad (1\text{-}3)$$
$$= \lambda_S[N - (f_0 - f_S)(t_2 - t_1)]$$

式中,λ_S 为发射信号的波长。若该卫星的轨道已被确定,t_1、t_2 时刻卫星在空间的位置 s_1 和 s_2 已知,以 s_1 和 s_2 为焦点作一个旋转双曲面,则该双曲面上的任意一点至这两个焦点的距离之差恒等于 ($D_2 - D_1$)。显然,用户必位于该旋转双曲面上。若继续在时间段 $[t_2, t_3]$ 和 $[t_3, t_4]$ 内进行多普勒测量,求得距离差 ($D_3 - D_2$) 和 ($D_4 - D_3$),就能依次构建第二个旋转双曲面和第三个旋转双曲面,从而交会出用户在空间的位置。

虽然子午卫星系统对导航定位技术的发展具有划时代的意义,但由于该系统卫星数目少,运行高度低,从地面站观测到卫星的时间间隔较长,因而不能进行三维连续导航。加之获得一次导航解所需的时间较长,所以难以充分满足军事导航的需求。从大地测量学的角度来看,由于该系统定位所需时间长、作业效率偏低且定位精度较低,因此,该系统在大地测量学和地球动力学研究方面受到了极大的限制。

为了满足各个领域对连续、实时、精确导航的需求,美国国防部于 1973 年 4 月提出研究、创建新一代卫星导航与定位系统的计划,成立了联合工作办公室负责新的卫星导航定位系统设计、组建、管理等工作,于 1973 年 12 月提出了一个综合性方案,即为目前的"授时与测距导航/全球定位系统"(Navigation Satellite Timing and Ranging/Global Positioning System, NAVSTAR/GPS),通常简称为全球定位系统(GPS),它是一个基于人造卫星、面向全球的全天候无线电定位、定时系统。

1.2 GPS

1.2.1 GPS 概述

GPS 的开发过程可分为三个阶段。第一阶段为方案论证和初步设计阶段。其工作主要集中在对用户设备的测试,即利用安装在地面上的信号发射器代替卫星,通过大量的试验,证实 GPS 接收机在该系统中能获得很高的定位精度。第二阶段为全面研制和试验阶段。1979—1984 年又陆续发射了 7 颗名为 Block I 的试验卫星,并研制了各种用途的接收机。试验表明,GPS 定位精度远远超过设计标准,粗码定位精度就可达 14 m。第三阶段为实用组网阶段。1989 年 2 月 4 日成功发射第一颗 GPS 工作卫星,1993 年底建成了由 24 颗 GPS 卫星组成的星座。

GPS 整个系统分为卫星星座、地面监控和用户设备三个部分(图 1-2)。

1. 卫星星座

目前,在轨的 GPS 工作卫星有 31 颗,均属于中圆地球轨道(MEO)卫星。其中,BLOCK IIR 卫星 8 颗,BLOCK IIR-M 卫星 7 颗,BLOCK IIF 卫星 12 颗,GPS III/IIIF 卫星 4 颗。卫星分布在 6 个轨道面内(表 1-1),每个轨道面上分布 4～6 颗卫星,卫星轨道面相对地球赤道面的倾角约为 55°,各轨道平面升交点的赤经相差 60°。在相邻轨道上,卫星的升交距相差

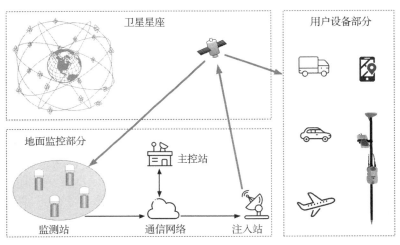

图 1-2　GPS 系统的组成

30°。轨道平均高度约为 20 200 km,卫星运行周期为 11 h 58 min(恒星时 12 h)。因此,在同一观测站上,每天出现的卫星分布图形相同,只不过每天提前 4 min。每颗卫星每天约有 5 h 在地平线以上,位于地平线以上的卫星数目随时间和地点而异,最少为 4 颗,最多可达 11 颗。

　　GPS 卫星空间星座的分布保障了在地球上任何地点、任何时刻至少有 4 颗卫星被同时观测到,且卫星信号的传播和接收不受天气的影响。因此,GPS 是一种全球性、全天候的连续实时定位系统。

　　每颗卫星装有多台高精度原子钟,这是卫星的核心设备,例如,BLOCK II/IIA 配备 2 台铷原子钟和 2 台铯原子钟,BLOCK IIR/IIR-M 卫星则配备 3 台铷原子钟。它将发射标准频率信号,为 GPS 定位提供高精度的时间标准。

表 1-1　　　　　　GPS 卫星轨道面及其卫星分布(截至 2021 年 12 月 31 日)

轨道面	星位编号	SVN 编号	PRN 编号	卫星类型	卫星钟
A	1	65	24	IIF	CS
	2	52	31	IIR-M	RB
	3	64	30	IIF	RB
	4	48	7	IIR-M	RB
B	1	56	16	IIR	RB
	2	62	25	IIF	RB
	3	44	28	IIR	RB
	4	58	12	IIR-M	RB
	5	71	26	IIF	RB
	6	77	14	III	RB
C	1	57	29	IIR-M	RB
	2	66	27	IIF	RB
	3	72	8	IIF	CS

轨道面	星位编号	SVN 编号	PRN 编号	卫星类型	卫星钟
C	4	53	17	IIR-M	RB
	5	59	19	IIR	RB
D	1	61	2	IIR	RB
	2	63	1	IIF	RB
	3	45	21	IIR	RB
	4	67	6	IIF	RB
	6	75	18	III	RB
E	1	69	3	IIF	RB
	2	73	10	IIF	RB
	3	50	5	IIR-M	RB
	4	51	20	IIR	RB
	5	76	23	III	RB
	6	47	22	IIR	RB
F	1	70	32	IIF	RB
	2	55	15	IIR-M	RB
	3	68	9	IIF	RB
	4	74	4	III	RB
	6	43	13	IIR	RB

GPS 卫星有如下基本功能：

（1）接收和存储由地面监控站发来的导航电文，接收并执行监控站的控制指令。

（2）借助卫星上设有的微处理机进行必要的数据处理工作。

（3）通过星载的高精度原子钟提供精密的时间标准。

（4）向用户发送测距码和载波信号。

（5）在地面监控站的指令下，通过推进器调整卫星的姿态和启用备用卫星。

一般地，在卫星大地测量和物理大地测量中，或者把人造地球卫星作为一个高空观测目标，通过测定用户接收机到卫星的距离或距离差进行地面定位；或者把卫星作为一个传感器，通过观测卫星运行轨道的摄动，研究地球重力场的影响和模型。不过，对于后一种应用，通常要求卫星轨道较低，而 GPS 卫星的轨道平均高度达 20 200 km，对地球重力异常的反应灵敏度较低。所以，GPS 卫星主要是作为具有精确位置信息的高空目标，广泛应用于导航和测量。

2. 地面监控部分

地面监控部分包括主控站、监测站和信息注入站。地面监控部分的主要任务如下：①监视卫星的运行；②确定 GPS 时间系统；③跟踪并预报卫星星历和卫星钟状态；④向每颗卫星的数据存储器注入卫星导航数据。

主控站除了对地面监控系统进行协调和管理外，其主要任务如下：

（1）根据本站和其他监测站的所有观测资料，推算编制各卫星的星历、卫星钟差和大气层的修正参数等,并把这些数据传送到注入站。

（2）提供全球定位系统的时间基准。各监测站和 GPS 卫星的原子钟均应与主控站的原子钟同步,或测出钟差,并将这些钟差信息编入导航电文,送到注入站。

（3）调整偏离轨道的卫星,使之沿预定的轨道运行。

（4）启用备用卫星,以代替失效的工作卫星。

监测站是在主控站直接控制下的数据自动采集中心。站内设有双频 GPS 接收机、高精度原子钟、计算机各一台以及若干台环境数据传感器。接收机对 GPS 卫星进行连续观测,以采集数据和监测卫星的工作状况。原子钟提供时间标准,而环境传感器收集有关当地的气象数据。所有观测资料由计算机进行初步处理,并存储和传送到主控站,用以确定卫星的轨道参数。

注入站的主要设备包括一台直径为 3.6 m 的天线,一台 C 波段发射机和一台计算机。其主要任务是在主控站的控制下将主控站推算和编制的卫星星历、钟差、导航电文和其他控制指令等,注入相应卫星的存储器,每天注入 3～4 次。此外,注入站能自动向主控站发射信号,每分钟报告一次自身的工作状态。各站之间通过现代化的通信网络相互联系,在原子钟和计算机的驱动与精确控制下,各项工作实现了高度自动化和标准化。

3. 用户设备部分

用户设备通常指 GPS 接收机,主要由接收机硬件、数据处理软件、微处理机及其终端设备组成。GPS 接收机硬件一般包括主机、天线和电源,是用户设备的核心部分,其主要功能是接收 GPS 卫星发射的信号,以获得必要的导航和定位信息及观测量,并经简单数据处理而实现实时导航和定位。GPS 数据处理软件是指各种后处理软件包,其主要作用是对观测数据进行精加工,以便获得精密定位结果。

接收机根据结构可分为天线单元和接收单元两部分。在接收机的初级阶段,两个单元分别装配成两个独立的部件,观测时将天线单元置于测站上,将接收单元置于测站附近适当的位置,二者用电缆线连成一个整机。目前,天线单元与接收单元一体化的"傻瓜型"轻便接收机已获得广泛应用。

接收机所采集的定位数据由数据记录器记录,借助电缆线和软件可导入计算机,以便进行后续数据处理。

GPS 接收机一般采用机内和机外两种直流电源供电。设置机内电池的目的是在更换外接电池时可以连续不中断观测。当机外电池电压低到某一数值时,会自动接通机内电池,当使用机外电池观测时,机内电池能自动地被充电;关机后,机内电池为 RAM 存储器供电,以防止数据丢失。

视屏监视器一般包括一个显示窗和一个操作键盘,设在接收单元的面板上或通过通信电缆与接收机相连(或通过蓝牙技术相连)。观测者通过键盘操作,可从显示窗上读取数据和文字,如查询仪器的工作状态、检核输入数据的正确性等。

GPS 接收机的软件是构成现代 GPS 测量系统的重要组成部分之一,它包括内软件和外软件。内软件是指控制接收机信号通道、按时序对各卫星信号进行测量以及内存或固化在中央处理器中的自动操作程序等软件,这类软件已和接收机融为一体;外软件是指观测数据后处理软件系统。软件的质量和功能影响着 GPS 定位的精度和作业效率,反映了 GPS 测量系统的技术水平。

根据 GPS 用户的不同需求,所需的接收设备也不同,一般可分为导航型、测量型和授时型三种。随着 GPS 定位技术的迅速发展和应用领域的日益扩大,许多国家都在积极研制、开发适用于不同需求的 GPS 接收机及相应的数据处理软件。目前,世界上 GPS 接收机的生产厂家有数百家,型号有数千种,而且越来越趋于小型化,便于外业观测。

1.2.2　GPS 服务政策

GPS 作为军民两用的导航定位系统,其军用优先的理念一直十分明确,因而实行内外有别的政策,即不同用户区分对待。

1. 标准定位服务与精密定位服务

传统 GPS 为不同等级的用户提供两种定位服务方式:标准定位服务(SPS)和精密定位服务(PPS)。面向民用的 SPS 只提供在 L1 载波频率上,该载波仅调制了精度较低的 C/A 码。与 SPS 不同,PPS 提供在由高精度 P(Y)码调制的 L1 和 L2 两个载波频率上,主要服务对象是美国军事部门和经美国政府批准的特许用户。换言之,传统 L1 C/A 码定义了 SPS 的性能,L1 和 L2 波段上的 P(Y)码定义了 PPS 的性能。

2. SA 与 AS

美国为了防止未经许可的用户把 GPS 用于军事目的(进行高精度实时动态定位),从 1991 年 7 月开始实施 SA 技术。SA 技术称为选择可用性技术,其主要技术手段如下:①在广播星历中人为地加入随机变化的误差,以降低卫星星历的精度,从而故意降低 GPS 定位精度;②在卫星钟的钟频信号中加入高频抖动,产生的效果相当于降低了钟的稳定度,从而影响导航定位精度。随着 GPS 现代化计划的实施,2000 年 5 月 2 日 SA 技术正式终止。

AS 技术称为反电子欺骗技术。其方法是将 P 码与保密的 W 码相加形成 Y 码,Y 码严格保密,目的是防止敌方使用 P 码进行精密导航定位。当实施 AS 技术时,非特许用户将不能接收到 P 码,这项技术自 1994 年 1 月 31 日起开始使用。

3. GPS 现代化

随着科技的进步、对 GPS 的不断开发以及军用与民用对 GPS 性能需求的提高,加之 Galileo 和北斗卫星导航系统等其他 GNSS 的出现所带来的竞争与挑战,美国于 1999 年提出了对 GPS 的现代化改造计划,希望通过对其空间部分和地面监控部分特别是对 GPS 信号的改进,全面提升军用和民用 GPS 性能。然而,从根本上讲,GPS 现代化的目的还是满足美国国防现代化发展的需要。GPS 现代化设定了以下三个目标:一是保护美国及其盟国对 GPS 的军事应用,二是阻止敌对方利用 GPS,三是保持民用 GPS 导航的和平利用。2000 年 5 月 2 日起,美国政府关闭了 GPS 的选择可用性(SA),此举通常被认为是 GPS 现代化的第一步。

GPS 现代化之前的 GPS 信号通常称为传统 GPS 信号,它包括 L1 载波上的 C/A 码以及 L1 和 L2 载波上的军用 P(Y)信号。前已述及,GPS 现代化计划的一个重点是开发高性能的新型导航信号,例如,具有更好的信号相关特性、更大的信号功率、更妥善的导航电文结构、更高的定位精度以及更强的抗干扰能力等,而卫星有限的设计寿命为卫星实体的更换与新型信号的播发提供了一个契机。GPS 现代化的主要内容包括:

(1) 在 Block IIR-M 和 Block IIF 卫星及随后的 GPS 卫星的 L2 载波上调制民用码,即 L2C 码。民用用户能够采用双频改正的方法较好地消除电离层延迟,而且能采用码相关法高质量地重建 L2 载波。

（2）在 Block IIF 卫星及随后的 GPS 卫星上增设频率为 1 176.45 MHz 的 L5 信号，这为民用用户形成了三频共存的局面，可组成更多种类的具有优良特性的载波相位线性组合观测值。

（3）在 L1 和 L2 载波上增设具有更好的保密性和抗干扰能力的军用码 M 码，实现军用信号和民用信号的分离，以提高军用码的安全性。这样，军事用户就有 Y1、Y2、M1 和 M2 四种码可以使用。军用接收机具有更好的抗干扰能力和快速初始化能力。

（4）阻止、干扰敌对方使用 GPS。

1.3　GLONASS

1.3.1　GLONASS 的组成

GLONASS 是苏联研制、组建的第二代卫星导航定位系统，现由俄罗斯负责管理和维持。该系统和 GPS 一样，也采用距离交会原理进行工作，可为地球上任何地方及近地空间的用户提供连续、精确的三维坐标、三维速度及时间信息。

GLONASS 在系统构成上与 GPS 相似，包括空间星座、地面监控部分和用户部分。

GLONASS 的空间星座由 24 颗中圆地球轨道（MEO）卫星组成，包括 21 颗工作卫星和 3 颗备用卫星。相邻轨道面的升交点赤经之差为 120°，每个轨道面上均匀分布 8 颗卫星。卫星在几乎为圆形的轨道上飞行（卫星轨道偏心率≤0.01）。卫星的平均高度为 19 390 km，运行周期为 11 h 15 min 44 s。GLONASS 卫星轨道倾角为 64.8°，大于 GPS 的卫星轨道倾角 55°，因而在高纬度地区比 GPS 有着更好的信号覆盖性能，其卫星分布的精度因子（DOP）更具有优越性。

GLONASS 的地面监控部分包括系统控制中心、中央同步器、地面跟踪站和外场导航控制设备（图 1-3）。系统控制中心位于莫斯科，其余的地面监控各部分的功能和运行全部由系统控制中心进行协调和控制。中央同步器也位于莫斯科，主要负责 GLONASS 系统时间的维持。5 个地面跟踪站全部位于俄罗斯境内，它们配置有雷达或激光测距设备等。地面跟踪站负责监控、测量各颗卫星，计算卫星轨道参数，并向卫星发送控制指令和导航信息，确保该系统的运行与协调。卫星轨道定位是通过雷达和激光测量完成的，定位误差在距离上为 1.5～2 cm，在角度上为 2″～3″。以精确测定的卫星位置为初始点，在考虑地球中心引力、地球非球形引力摄动、日月引力摄动等一系列作用力后，地面监控部分通过对卫星运动方程进行数值积分，得到卫星在之后 30 d 的轨道数据，并将它上传给卫星，由卫星保存和适时地播发。GLONASS 提前 24 h 预测卫星星历，每天向卫星上传星历一次，并且每天两次向卫星上传卫星时钟校正参数。

GLONASS 采用频分多址（FDMA）的信号机制，通过每颗卫星在不同载波频率上发射信号实现对不同卫星信号的区分与辨认，即每颗卫星的信号频率都是各不相同的。此外，在 GLONASS-K 和 GLONASS-M 卫星上使用了码分多址（CDMA）技术，因此，GLONASS 是一个 FDMA 和 CDMA 技术相结合的系统。除了采用不同的信号多址体制外，GLONASS 与 GPS 之间还存在一些重要差异，主要表现为不同的坐标参考系统、时间基准系统和广播星历格式等。

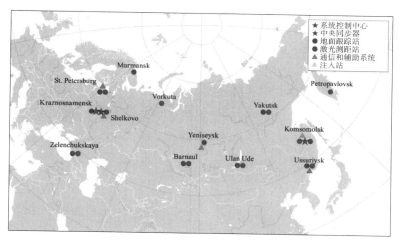

图 1-3　GLONASS 地面监控部分

俄罗斯空间局下属的信息分析中心通过其官方网站 www.glonass-iac.ru 及时对外公布、提供关于 GLONASS 的现状、计划和星座等各种信息和服务。

1.3.2　GLONASS 服务

GLONASS 和 GPS 在系统构成和定位原理方面相似,二者所提供的传统信号和服务,甚至它们的相关术语也具有很多共同特点。

传统 GLONASS 卫星利用 G1 和 G2 两个波段播发标准精度(SP)信号和高精度(HP)信号。标准精度信号 C/A 码(也表示为 S 码)仅调制到 G1 上,而高精度信号 P 码调制到 G1 和 G2 上。在 GLONASS 的现代化过程中,GLONASS-M 卫星的 G2 上增加了标准精度信号,这使得两类 GLONASS 信号与传统 GPS 的 C/A 码和 P(Y)码两类信号之间更加具有比拟性。

俄罗斯对 GLONASS 采用了军民两用、不加密的开放政策。GLONASS 一开始就没有对民用的标准精度信号采用类似于 GPS 那样的 SA 政策,将来也不会故意降低民用信号的性能。GLONASS 对军用信号设置了可以激活反欺骗(A-S)的选项,A-S 意味着关闭 P 码或调用加密代码或者在未事先通知非授权用户的情况下更改 P 码,这样可以拒绝除授权用户以外的所有用户访问 P 码,让非授权用户无法使用高精度信号,但是迄今为止 A-S 尚未被激活过。

随着 GLONASS 的重建和 CDMA 导航信号等现代化改造的进行,越来越多的接收机具备接收 GLONASS 信号的能力。

1.4　BDS

1.4.1　BDS 的发展历程

20 世纪后期,中国开始探索适合国情的卫星导航系统发展道路,逐步形成了三步走发展战略:2000 年底,建成北斗一号系统,向中国提供服务;2012 年底,建成北斗二号系统,向亚太地区提供服务;2020年,建成北斗三号系统,向全球提供服务。

1. 北斗一号系统

1994年,中国启动北斗卫星导航试验系统的建设。该系统是一个较为简单的有源的卫星导航系统,也称北斗试验系统。北斗试验系统的技术水平虽然不是十分先进,但结构简单,能够迅速建成,可以解决我国没有自己的卫星导航系统的问题。2000年10月31日及12月21日,我国相继发射了两颗试验卫星,初步建成试验系统,成为继美国和俄罗斯之后第三个拥有自主卫星导航系统的国家。2003年5月25日和2007年2月3日,我国又先后发射了试验卫星,进一步增强了北斗试验系统的性能。

北斗试验系统由空间卫星星座、地面控制部分和用户终端三个部分组成。空间卫星星座包括三颗地球静止轨道(GEO)卫星,它们分别定点于东经80°、110.5°和140°的赤道上空。地面控制部分由地面控制中心和若干个标校站组成。地面控制中心的主要任务是确定和预报导航卫星轨道,校正电离层延迟,计算用户的位置以及交换用户短报文信息。标校站的主要任务是为地面控制中心提供距离观测值校正参数。用户终端的主要功能是发射定位申请,接收位置信息及短报文。北斗试验系统服务中国及周边地区,定位精度优于20 m,单向授时精度为100 ns,双向授时精度为20 ns,短报文通信容量为120个汉字/次。

2. 北斗二号系统

2004年,中国启动北斗二号系统的建设。与试验系统相比,北斗二号系统在导航定位的原理和方法上有了重大变化,将有源定位改为无源定位,与当前国际上的主流卫星导航系统保持一致。此外,导航卫星的类型也从原来单一的地球静止轨道(GEO)卫星变为三种类型,新增加了倾斜地球同步轨道(IGSO)卫星和中圆地球轨道(MEO)卫星,采取5GEO+5IGSO+4MEO的形式。

北斗二号系统已于2011年12月27日起提供区域性的试运行服务,此后又用4颗火箭发射了6颗北斗卫星,使系统的覆盖范围扩大,星座的稳健性得到了增强。自系统试运行以来,卫星星座和地面控制系统工作稳定,不同类型的测试和评估表明系统的各种性能均已满足设计指标。2012年12月27日,中国卫星导航系统管理办公室宣布,从即日起,北斗系统在继续提供北斗试验系统的有源定位、双向授时及短报文通信服务的基础上,向亚太部分地区正式提供连续的无源定位、导航、授时等服务。

区域性北斗卫星导航系统的服务区域为东经84°—160°、南纬55°—北纬55°的大部分地区,西起伊朗,东至中途岛,南至新西兰,北至俄罗斯。

3. 北斗三号系统

第三步的建设目标是在区域性卫星导航系统已顺利建成并稳定运行的基础上,再用7~8年时间,在2020年左右将北斗系统建成全球性的卫星导航系统。2020年7月31日,北斗三号最后一颗组网卫星入网,北斗卫星导航系统(BDS)正式建成。北斗三号系统采取3GEO+3IGSO+24MEO的星座构成,卫星与卫星之间具备通信能力,可以在没有地面站支持的情况下自主运行。BDS具备导航定位和通信数传两大功能,可提供7种服务,具体包括面向全球范围提供定位导航授时、全球短报文通信和国际搜救三种服务,向中国及周边地区提供星基增强、地基增强、精密单点定位和区域短报文通信四种服务(表1-2)。

表 1-2   **BDS 服务类型**

服务类型		信号频点	播发手段
全球范围	定位导航授时	B1C、B2a、B2b	3IGSO＋24MEO
		B1I、B3I	3GEO
	全球短报文通信	上行：L 下行：GSMC-B2b	上行：14MEO 下行：3IGSO＋24MEO
	国际搜救	上行：UHF 下行：SAR-B2b	上行：6MEO 下行：3IGSO＋24MEO
中国及周边地区（东经 75°—135°，北纬 10°—55°）	星基增强	BDSBAS-B1C、BDSBAS-B2a	3GEO
	地基增强	2G、3G、4G、5G	移动通信网络、互联网络
	精密单点定位	PPP-B2b	3GEO
	区域短报文通信	上行：L 下行：S	3GEO

BDS 具有以下特点：一是空间段采用三种轨道卫星组成的混合星座，与其他卫星导航系统相比高轨卫星更多，抗遮挡能力强，尤其低纬度地区性能优势更为明显；二是提供多个频点的导航信号，能够通过多频信号组合使用等方式提高服务精度；三是创新融合了导航与通信能力，具备定位导航授时、星基增强、地基增强、精密单点定位、短报文通信和国际搜救等多种服务能力。

1.4.2　BDS 的组成

与 GPS 的组成类似，BDS 由空间段、地面段和用户段三部分组成。空间段由若干地球静止轨道(GEO)卫星、倾斜地球同步轨道(IGSO)卫星和中圆地球轨道(MEO)卫星等组成(图 1-4)。地面段包括主控站、时间同步/注入站和监测站等若干地面站，以及星间链路运行管理设施。用户段包括北斗兼容其他卫星导航系统的芯片、模块、天线等基础产品，以及终端产品、应用系统与应用服务等。

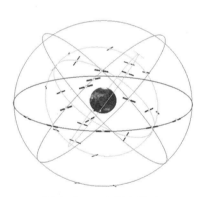

图 1-4　BDS 混合星座

GPS、GLONASS、Galileo 的星座均采用 MEO 卫星，各个系统中卫星轨道的形状、大小和轨道倾角都是统一的。顾及 BDS 采用混合星座的特点，下面着重介绍 BDS 三种不同类型轨道卫星的特点。

1. GEO 卫星

GEO 卫星是位于赤道上空，在高度为 35 786 km 的圆形轨道上运行的卫星。由于其运行角速度与地球自转的角速度相同，因而从地面上看这些卫星似乎是固定在空间某一位置不动的，因而被称为地球静止轨道卫星。GEO 卫星的运行周期为 1 恒星日，与地球自转周期相同。卫星在地球表面上的垂直投影点称为星下点(图 1-5)，GEO 卫星的星下点轨迹变化幅度非常小。

由于各种摄动因素的影响，GEO 卫星所处的位置会发生较大的偏移，因而需要不断调整，这种调整工作被称为卫星轨道机动。BDS 的 GEO 卫星平均一个月左右要调整一次轨道。

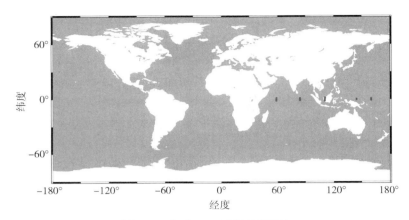

图 1-5 北斗 GEO 卫星的星下点

采用 GEO 卫星的优点如下：

（1）GEO 卫星可固定在服务区域上空，一天 24 h 可用。对于区域性导航系统而言，其利用率远高于 MEO 卫星，而且信号覆盖范围比 MEO 卫星的覆盖范围要大得多（1 个 GEO 卫星的信号覆盖范围可达地球总面积的 40％左右），信号强度较为均匀，因而特别适用于提供区域性的导航定位服务。

（2）GEO 卫星可以方便地兼备通信卫星的功能，承担北斗卫星导航系统中的短报文通信和高精度双向时间传递等功能。究其原因，GEO 卫星在服务区域内是长期连续可见的，而 IGSO 卫星和 MEO 卫星都只在部分时间段内可见。实际上，北斗卫星就是以东方红-3 型通信卫星作为平台的，因而研制难度也相对较小。

（3）BDS 具有广域差分功能，GEO 卫星充当了其"伪卫星"的角色。它一方面可作为普通的导航卫星来使用，另一方面又承担了向服务区域内的用户转发广域差分改正信息的任务，从而将用户的定位误差减少至 1 m 内。

但是，就导航定位而言，GEO 卫星也存在一些缺点，主要表现在以下三个方面：

（1）所有 GEO 卫星都位于地球赤道平面上，与用户之间所组成的几何图形不好，且始终保持不变，这对于导航定位十分不利。因此，必须用位于倾斜轨道面上的 IGSO 卫星和 MEO 卫星来加以弥补。

（2）信号无法覆盖极区和高纬度地区，其功能和作用受到区域限制。

（3）与 MEO 卫星相比，GEO 卫星离用户的距离更远，在卫星信号发射功率相同的情况下，在地球表面所接收到的 GEO 卫星的信号比 MEO 卫星的信号更为微弱，对接收机的性能会提出更高的要求。

2. IGSO 卫星

IGSO 卫星是位于倾斜轨道面的地球同步卫星。BDS 所有 IGSO 卫星的轨道倾角均取 55°，卫星在高度为 35 786 km 的圆形轨道上运行，其运行周期为 1 恒星日。如图 1-6 所示，IGSO 卫星的星下轨迹是一个阿拉伯数字"8"，南北对称，在纬度±60°左右的范围内变化。

与 GEO 卫星一样，IGSO 卫星也具有信号覆盖范围大、信号强度较均匀等优点。此外，IGSO 卫星的信号还能间断性地覆盖南北两极和高纬度地区。合理分布的多个 IGSO 卫星能与用户间构成较好的几何图形，而且这些图形会不断变化，这对于导航定位解算中不同未

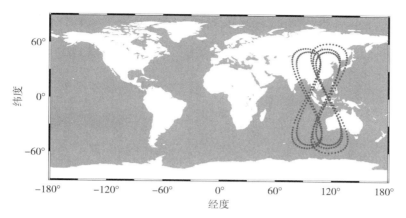

图 1-6　北斗 IGSO 卫星的星下点

知参数的相互分离是十分重要的。IGSO 卫星的这些特性可弥补 GEO 卫星的不足,但 IGSO 卫星一般无法长期连续地停留在用户的视场内,其利用率不如 GEO 卫星高,而且通常不能同时承担卫星通信的功能。

3. MEO 卫星

MEO 卫星运行在中等高度的圆形轨道上。BDS 的 MEO 卫星的高度为 21 528 km,轨道倾角为 55°,运行周期为 12 h 50 min(图 1-7)。如前所述,GPS、GLONASS、Galileo 的星座均采用 MEO 卫星,这是因为相对而言,MEO 卫星的高度、运行周期、信号覆盖面积和信号强度等都较为适中。卫星所受到的摄动力较小,大气阻力可忽略,卫星轨道相对较为稳定,易于进行精密定轨和轨道预报。

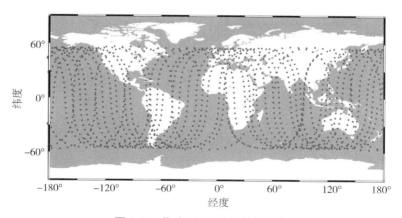

图 1-7　北斗 MEO 卫星的星下点

由于区域性卫星导航系统都有其特定的服务区域(如北斗二号服务中国及其周边地区),而 MEO 卫星只有部分时间出现在服务区域上空,其利用率比 GEO 等卫星低。因此,区域性卫星导航系统不会大量使用 MEO 卫星,而更倾向于使用 GEO 和 IGSO 卫星。但对于全球卫星导航系统而言,MEO 卫星仍是一天 24 h 可用的卫星,只不过是不同时间在为不同地区的用户服务而已。

此外,与 GEO 和 IGSO 卫星星座相比,MEO 卫星星座具有更好的整体性。在一天时间内,用户几乎可观测到 MEO 卫星星座中的所有卫星。由 GEO 和 IGSO 卫星组成的卫星星座则不然,某一经度区域中的用户只能利用位于这一经区上空的 GEO 和 IGSO 卫星。从某种程度上讲,这种由 GEO 和 IGSO 卫星组成的全球定位系统只能利用星座中的部分卫星进行导航定位,其结果容易受到这些卫星钟残余系统误差的影响。不同地区的定位结果经常会出现不相洽的情况,但 MEO 卫星能较好地解决上述问题。

1.5 Galileo

1.5.1 Galileo 概述

Galileo 系统是由欧盟和欧洲空间局为民用目的而自主设计的一个 GNSS。Galileo 系统在设计上采取更为开放的理念和更为先进的技术,相对于 GPS 的军方控制而言,Galileo 系统的全球定位服务均在民用控制之下。Galileo 是一个独立的系统,其最终目标是建成一个能与 GPS 和 GLONASS 系统相兼容与互操作,并提供局部辅助信息和搜救信息服务,综合性能优于现行 GPS 的民用卫星导航定位系统。

图 1-8 Galileo 卫星星座

Galileo 系统由卫星星座、地面控制部分和用户终端组成。Galileo 空间部分一旦全面部署,将包括一个由 30 颗中圆地球轨道(MEO)卫星组成的星座(图 1-8),其中包括 6 颗备用卫星。这些卫星分布在 3 个轨道面上,两两轨道面之间相隔 120°。卫星运行轨道的长半轴为 29 601 km,轨道高度为 23 222 km,相对于地球赤道面的轨道倾角为 56°。与 GPS 和 GLONASS 相比,Galileo 卫星星座分布在更高的轨道上,这让卫星信号覆盖范围更广。地面控制部分由 Galileo 控制中心(GCC)、Galileo 监测站(GSS)、Galileo 注入站(ULS)等组成。

1.5.2 Galileo 系统服务

Galileo 系统一旦全面运行,将在全球范围内提供以下五项高性能服务。

(1) 开放服务(OS):与其他 GNSS 一样,Galileo 系统通过播发一些公开的导航信号向全球用户提供免费的定位、测速和授时服务。然而,开放服务不提供完好性信息,不作任何性能担保,由用户自己选择信号使用并承担使用信号的风险。

(2) 公共监管服务(PRS):仅限于对政府授权用户的服务,用于需要高水平、连续性服务的敏感应用。公共监管服务通过提供高度加密保护(包括经加密伪码调制)的数据信息给经欧盟成员国政府授权的警察、海关和消防等用户使用。公共监管服务强调其高连续性,即不论在什么时候、什么情形下(如在其他各种服务均被关闭时)均能正常运行,其优势还在于它的信号能抵抗各种干扰和欺骗。

(3) 高精度服务(HAS):Galileo 高精度服务是一种免费访问服务,通过提供高精度数据和更好的测距精度补充开放服务,使用户能实现亚米级定位精度。Galileo 高精度服务将通过 Galileo 信号(E6-B)和地面手段(互联网)免费提供高精度精密单点定位(PPP)改正数。

(4) 商业身份验证服务(CAS):Galileo 的商用服务面向专业应用市场,通过加密的电文数据向一些商业性专业应用提供服务,并保证商用服务的有效性。

（5）搜索救援服务（SAR）：Galileo 的搜索救援服务面向国际人道主义搜救,可与 COSPAS-SARSAT 系统（由加拿大、法国、美国和俄罗斯联合开发的全球卫星搜救系统）联合操作。Galileo 卫星接收到来自航船、飞机或个人等用户的紧急求救信号,通过专用波段将求救信号中转到救援中心,并提供事故发生地的精确位置。

1.6 区域卫星导航定位系统

1.6.1 印度导航星座

2006 年,印度政府决定研制组建印度区域性导航卫星系统（IRNSS）,主要为印度以及从其边界延伸至 1 500 km 地区的用户提供准确的位置信息服务,服务范围为东经 30°—130°,南纬 30°—北纬 50°的区域,定位精度优于 20 m（95%）。该系统可提供两类服务,即向所有用户提供的标准定位服务（SPS）和仅向授权用户提供的加密服务（RS）。2016 年,印度将 IRNSS 更名为印度导航星座（NavIC）。

NavIC 系统由空间部分、地面控制部分和用户部分组成。空间部分由 7 颗卫星组成（图 1-9）,其中,3 颗卫星为位于赤道上空的地球静止轨道（GEO）卫星,其经度分别为 32.5°E、83°E、131.5°E,其余 4 颗卫星为倾斜地球同步轨道（IGSO）卫星,其轨道倾角均为 29°,在 55°E 和 111.75°E 的轨道上各布设 2 颗卫星。7 颗卫星是提供印度次大陆连续导航服务所需的最少卫星数量。每颗卫星的质量为 1 425 kg,设计寿命为 10 年。

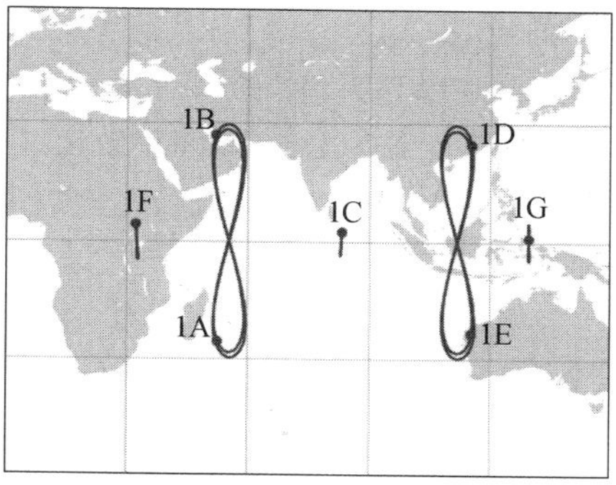

图 1-9　NavIC 星座的星下点

自 2013 年 7 月 1 日发射第一颗卫星,NavIC 先后共发射了 9 颗卫星,并于 2018 年宣布投入运行。

1.6.2 准天顶卫星系统

2006 年,日本政府提出建立一个为日本及其邻近国家提供服务的区域性卫星导航系统,即准天顶卫星系统（QZSS）,QZSS 除了发射与 GPS 和 Galileo 卫星信号兼容的导航信号以外,还播发 GNSS 差分改正信息。QZSS 卫星星座由 7 颗卫星构成,包括 1 颗地球静止（GEO）卫星、3 颗倾斜地球同步轨道（IGSO）卫星和 3 颗大椭圆轨道（HEO）卫星。截至 2021 年底,共有 4 颗 QZSS 卫星在轨运行,分别是 QZS-1～QZS-4。QZSS 星座在设计上保证在任何时刻至少有一颗卫星位于日本的天顶方向附近,希望通过提供接近于日本天顶方向的卫星信号,帮助解决由于高楼林立而阻挡低仰角 GNSS 卫星信号所造成的城市峡谷问题。QZSS 的地面监控部分包括 1 个主控站和 10 个监测站。

在当前所有的 GNSS 中,QZSS 与 GPS 具有最高的互操作性。如表 1-3 所示,QZSS 发射 L1C/A、L1C、L1S、L2C、L5 和 L6 等信号,其中 L1、L2、L5 的信号频率与 GPS 完全一致,L6 波段又与 Galileo 的 E6 波段重合,这样有利于实现与 GPS 和 Galileo 的兼容和互操作。

表 1-3 QZSS 系统服务类型

信号类型	QZS-1	QZS-2 ~ QZS-4		服务	频率
	Block IQ	Block IIQ	Block IIG		
L1C/A	支持	支持	支持	定位、导航、授时(PNT)	1 575.42 MHz
L1C	支持	支持	支持	定位、导航、授时(PNT)	
L1S	支持	支持	支持	亚米级增强服务(SLAS)、灾害/危机管理报告	
L1Sb			支持	星基增强传输	
L2C	支持	支持	支持	定位、导航、授时(PNT)	1 227.60 MHz
L5	支持	支持	支持	定位、导航、授时(PNT)	1 176.45 MHz
L5S		支持	支持	定位技术验证	
L6	支持	支持	支持	厘米级增强服务(CLAS)	1 278.75 MHz
S-band			支持	QZSS 安全确认	2 GHz band

1.7 星基增强系统

星基增强系统(SBAS)本质上是一种利用卫星来播发差分改正信息的广域差分系统。星基增强系统利用地球静止轨道(GEO)卫星向用户播发卫星轨道误差、卫星钟差、电离层延迟等修正值和完好性数据,实现对原有 GNSS 定位精度、完好性、连续性和可用性等方面的改进。

第一个投入运行的星基增强系统是美国联邦航空局(FAA)建立的广域增强系统(WAAS),该系统由地面参考站、主站、上行注入站和 3 颗地球同步静止卫星组成,覆盖北美和墨西哥周边地区。此外,还有很多其他国家也正致力于开发类似于 WAAS 的星基增强系统,如欧洲的静地星导航重叠服务(EGNOS)、日本的多功能卫星增强系统(MSAS)、俄罗斯的差分校正和监测系统(SDCM)、印度的 GPS 辅助静地轨道增强系统(GAGAN)、尼日利亚卫星增强系统(NSAS)等(表 1-4)。

表 1-4 现有的 SBAS 及其 GEO 卫星

SBAS 名称	卫星名称	轨道经度	PRN 编号
EGNOS	Astra 5B	31.5°E	123
	Astra SES-5	5°E	136
GAGAN	GSAT-8	55°E	127
	GSAT-10	83°E	128
	GSAT-15	93.5°E	132
GATBP	Inmarsat 4F1	143.5°E	122
MSAS	MTSAT-2	145°E	129/137
NSAS	NigComSat-1R	42.5°E	147
SDCM	Luch-5A	167°E	140
	Luch-5B	16°W	125
	Luch-5V	95°E	141

SBAS 名称	卫星名称	轨道经度	PRN 编号
WAAS	Anik F1R	107.3°W	138
	Satmex-9	117°W	131
	SES-15	129°W	133

上述星基增强系统的工作原理大致相同。首先,由位置已知的地面参考站对导航卫星进行监测,获得原始定位数据并送至主控站;其次,主控站通过计算得到卫星的各种误差改正信息,通过上行注入站发给 GEO 卫星;最后,GEO 卫星将修正信息播发给广大用户,从而达到提高定位精度的目的。目前,包括 WAAS、EGNOS、MSAS、SDCM 在内的各种星基增强系统,通过 GEO 卫星播发的完好性信息及差分改正信息均遵循航空无线电委员会(RTCA)所规定的 DO-229D 协议标准,它们之间相互兼容。

1.8 GNSS 的特点和应用

1.8.1 GNSS 相对于常规测量技术的特点

相对于常规测量技术而言,GNSS 定位技术主要有以下特点:

(1) 测站间无需通视。GNSS 测量只要求测站上空开阔,与卫星间保持通视即可,不要求测站之间互相通视,因而不再需要建造觇标。这一优点不仅节约了大量的测量经费和时间,而且使测站点的选择变得更加灵活,完全可以根据工作的需要设定点位,也可以省去经典大地网中的传算点、过渡点的测量工作。

(2) 定位精度高。大量试验和研究表明,目前用载波相位观测值进行静态相对定位,其相对定位精度在小于 50 km 的基线上为 $1 \times 10^{-6} \sim 2 \times 10^{-6}$,在 $100 \sim 500$ km 的基线上为 $10^{-6} \sim 10^{-7}$。随着观测技术与数据处理方法的改善,其相对定位精度在大于 1 000 km 的基线上有望达到或优于 10^{-8}。对于动态定位,目前使用载波相位观测值的 RTK 测量可达到厘米级精度,能满足很多工程测量的要求。

(3) 观测时间短。随着 GNSS 系统的不断完善和数据处理软件的不断更新,观测时间已缩短至几十分钟,甚至几分钟。例如,采用双频接收机观测 20 km 以内的基线,仅需 15 ～ 20 min;采用快速静态相对定位模式,流动站与基准站相距在 15 km 以内时,流动站观测只需 1～2 min;采用实时动态定位模式,流动站经 1～2 min 的动态初始化后,每站观测仅需几秒钟。

(4) 提供三维坐标。在常规大地测量中,平面位置与高程是采用不同的测量方法分别测定的。GNSS 测量在精确测定测站点平面位置的同时,可以测定测站点的大地高程。这一优势不仅为研究大地水准面的形状和确定地面点的高程开辟了新途径,也为其在精密导航等领域的应用提供了重要的高程数据。

(5) 操作简便。随着接收机硬件设备的不断改进,其体积越来越小,功能越来越丰富,自动化和智能化程度越来越高,有的已趋于"傻瓜化"。若需在一个测站上进行长时间的连续观测,可以实现测站无人值守,通过数据通信定时将所采集的数据传送到数据处理中心,可实现数据采集与处理全过程的自动化。

（6）全天候作业。当前,GNSS可用卫星数目较多且分布均匀,在地球上任何地点、任何时间同时观测到的卫星数量没有显著差异,不受阴天黑夜、起雾刮风、下雨下雪等气候条件的影响,这是常规测量所望尘莫及的。

（7）功能多、应用广。GNSS不仅可以用于测量、导航,还可以用于测速、测时。利用GNSS反射信号还可以测定土壤湿度、积雪厚度和水面高度等与环境相关的参数。GNSS已广泛应用于测绘、交通、国土、农林等领域,并逐渐向大众应用领域扩展。

1.8.2 GNSS应用

1. 控制网测量

GNSS定位技术以其精度高、速度快、费用低、操作简便等优点被广泛应用于各等级的控制网测量。目前,GNSS定位技术已完全取代了用常规测角、测距手段建立大地控制网进行大地测量的方式。基于GNSS定位技术建立的测量控制网按其范围和用途可分为三大类:全球控制网、国家控制网和工程控制网。

全球控制网是由国际组织在全球范围内建立的大地测量参考框架。这类网中相邻两点的距离在数百千米至数千千米,其主要任务是作为全球高精度坐标框架或全国高精度坐标框架,为全球性地球动力学和空间科学方面的科学研究工作服务,或用以研究地区性的板块运动、地壳形变规律等问题。国际地球参考框(ITRF)是目前应用最广泛、精度最高的全球参考框架,为其他全球和区域参考框架提供基准。ITRF的实现基于甚长基线干涉测量(VLBI)、激光测卫(SLR)、GPS、多普勒定轨与无线电定位技术(DORIS)四种空间大地测量技术组合得到。

国家控制网是由各国测绘部门建立的区域性大地测量参考框架。我国从20世纪80年代引入GPS技术以来,总参测绘局、国家测绘局和中国地震局等部门根据各自的需求,先后建成了全国GPS一、二级网,国家高精度GPS A、B级网,全国GPS地壳运动监测网,若干区域GPS地壳形变监测网以及国家重大科学工程"中国地壳运动观测网络",取得了大量的观测资料和成果。其中,由国家测绘局于1996年和1997年建成的国家A、B级GPS网,分别由33个点和800个点构成,它们均匀地分布在中国大陆,相应的平均边长为650 km和150 km。为了充分发挥上述各网作为大地控制网的整体作用,总参测绘局和国家测绘局于1999年组织实施了一、二级网和A、B级网与网络工程点的联测,意在将上述各网的基准统一到全球参考框架ITRF下,构成2000国家GPS大地控制网。2000国家GPS大地控制网最终获得了2 482个点在ITRF下2000.0历元的绝对位置,整网平差的三维位置精度平均优于3 cm,为建立我国三维地心坐标系统提供了高精度的坐标框架,与当前国际上相同规模的GPS网的精度相当,也为我国沿用的天文大地网纳入三维地心坐标框架提供了控制。

工程控制网是针对某项具体工程建设的空间位置参考框架,为满足铁路、公路、桥梁、隧道等工程的测图、施工或管理的需要,在一定区域内布设的平面和高程控制网。这类网中的相邻点间的距离为几百米至几千米,面向不同工程的控制网的要求各不相同。桥梁控制网一般要求在桥轴线上布点,以控制桥长和进行桥轴线放样;在桥轴线两侧布点,用于桥梁的墩台放样;桥梁施工控制网也可用于施工期乃至运营期的变形监测,对点的精度、位置和稳定性要求较高。隧道地面控制网多呈直伸形,为保证工程的贯通精度,应将隧道两洞口点包括在控制网内,对于曲线隧道,还应将两切线上的主要点包括在控制网内,由此精确地测定两条切线的交角,从而精确地确定曲线元素。

2. 变形监测

一般而言,建(构)筑物变形主要是由两方面的原因引起的:一是自然条件及其变化,即建(构)筑物地基的工程地质、水文地质、土壤的物理性质、大气温度等变化;二是与建(构)筑物本身有关的原因,即建(构)筑物本身的荷重、结构、型式及动荷载(如风力、震动等)的作用。建(构)筑物变形在一定限度之内,应认为是正常的现象,但如果超过了规定的限度,就会影响建(构)筑物的正常使用,严重时还会危及建(构)筑物的安全。随着各种大型建(构)筑物的兴建,变形监测工作越来越重要。

由于 GNSS 测量具有无需通视、高效、快速、全天候、可实现无人值守等特点,近年来,GNSS 技术在变形监测中已获得越来越广泛的应用,如用于大地形变监测、地表沉降观测、山体滑坡变形监测、高层建筑物变形监测和大型桥梁健康监测等。

以长江上某座大桥的结构健康监测为例。该大桥位于长江中段,工程采用双向六车道高速公路标准,跨江主桥及夹江桥全长 9.726 km,桥面宽 33 m,采用三塔两跨钢箱梁悬索桥方案。该大桥结构健康监测的主要内容涉及整体线形、应力、应变、振动、风荷载等多个方面,对应的传感器主要为风速仪、应变传感器、温度传感器、湿度传感器、加速度传感器和GNSS 接收机等。根据该桥梁的实际情况及精度要求,在整个测区布设 1 个基准站、11 个监测站,基准站和监测站均采用三系统 GNSS 接收机。GNSS 基准站布设在沿岸稳定的基岩位置,监测站的分布如图 1-10 所示。

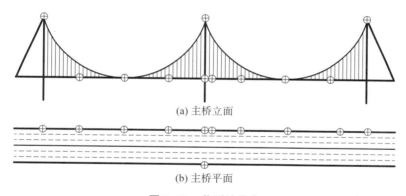

(a) 主桥立面

(b) 主桥平面

图 1-10　监测站分布

各个监测站上的 GNSS 接收机不间断地获取 10 Hz 的独立采样数据,数据通过光纤传输方式实时传输至数据控制中心(图 1-11)。数据控制中心对网内基线进行实时观测计算,从而获得监测点实时的准确坐标变化,实时显示塔柱的平面位移和沉降,能够实现对塔柱摆动的振幅和频率的实时统计分析,获取桥面的实时三维变化。结合其他传感器的监测结果,以可视化的三维动态形式及时了解和掌握大桥在各种条件下的工作状况,实时监控结构的整体行为,对结构的损伤位置和损伤程度进行诊断,对桥梁的服役情况、可靠性、耐久性和承载能力进行智能评估,对大桥在特殊气候、交通条件下或桥梁运营状况严重异常时发出预警信号,为桥梁的维修养护与管理决策提供依据和指导。

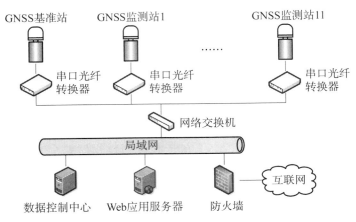

图 1-11　GNSS 监测系统结构图

3. GNSS 辅助航空摄影测量

　　航空遥感已经成为基础测绘、地质调查、国土资源开发管理等的主要数据获取手段,我国的基本比例尺地形图目前主要采用航空摄影测量的成图方式。空中三角测量是利用航摄像片与所摄目标之间的空间几何关系,根据少量像片控制点,计算待求点的平面位置、高程和像片外方位元素。GNSS 辅助空中三角测量是利用装在飞机上和设在地面上的一个或多个基准站上的至少两台 GNSS 信号接收机同时且连续地观测 GNSS 卫星信号,通过 GNSS 载波相位测量差分定位技术的离线数据后处理获取航摄仪曝光时刻摄站的三维坐标,然后将其视为附加观测值引入摄影测量区域网平差中,通过采用统一的数学模型和算法以整体确定点位并对其质量进行评定。随着 GNSS 定位技术的发展,精密单点定位已逐渐取代差分 GNSS 摄站定位,可取消对地面基准站架设的要求,大大简化辅助航空摄影的技术流程。GNSS 辅助航空摄影测量相较于传统航空摄影测量,具有大量减少地面控制点、减少野外工作量、降低生产成本、成图时间间短和效率高等优点。

　　集 GNSS 动态定位和惯性测量于一体的定位定向系统(POS)广泛应用于航空遥感,对 GNSS 获取的天线相位中心坐标和惯性测量单元(IMU)获取的传感器姿态角等数据进行联合后处理,并进行合理的系统误差检校,可以直接得到影像的 6 个定向参数。国内外的众多研究和试验表明,POS 辅助航空摄影测量直接对地面目标定位是可行的,可以广泛应用于中小比例尺地形测图和数字正射影像图的生产。

4. GNSS 气象学

　　水汽在大气中的比例虽然很小,但它与天气变化和暴雨、洪水等自然灾害的发生直接相关。水汽导致的对流层延迟的湿延迟部分是 GNSS 定位的误差源,其影响在数据处理中应尽可能消除,以实现精密定位的目的。然而,这种观测误差却是研究大气状态的有用信息,通过不同的数据处理手段,可以由 GNSS 观测资料得到中性大气层的结构与变化。GNSS 气象学所关注的主要内容即利用 GNSS 研究地球中性大气层所涉及的大地测量与气象领域内的各种技术问题及应用前景。

　　根据观测模式的不同,GNSS 气象学主要包括两个分支:地基 GNSS 气象学和空基 GNSS 气象学。前者主要研究利用地基 GNSS 网观测测站上空的积分可降水量、GNSS 信号斜路径水汽含量等方面的内容;后者则关注利用搭载在低轨道卫星上的接收机对 GNSS

卫星进行的无线电掩星观测数据反演折射系数、温度、气压、湿度等地球大气参数廓线。地基和空基 GNSS 探测手段与传统大气探测手段相比具有观测精度高、准实时、全天候、无需人为干扰、无需进行仪器校正、观测资料具有长期稳定性且观测成本低的优点。其中,地基 GNSS 网探测的大气水汽分布具有时间分辨率高的优势,星载无线电掩星技术探测的大气参数廓线则具有观测资料全球分布、垂直分辨率高的特点。

5. GNSS-IR 技术

GNSS-IR 是近些年发展起来的一种新方法,其基本思想是利用位置固定的测量型 GNSS 接收机反射信号来反演测站周边土壤湿度、积雪厚度、水面高度等与环境相关的参数。GNSS-IR 技术无需对测量型接收机工作模式作任何调整,使 GNSS 接收机成为一种多用途的传感器。在 GNSS 连续运行参考站的数量和分布不断增加的现状下,GNSS-IR 技术正受到越来越多的关注。

以 GNSS-IR 技术反演土壤湿度为例。土壤类型引起的 GNSS 信号穿透深度变化可忽略不计,穿透深度与土壤水分含量之间呈非线性变化。当土壤水分含量增加后,GNSS 信号穿透深度减小,反射点到天线相位中心的垂直距离随之减小,反射信号频率增大,同时引起反射信号程差变化,最终导致反射信号相位的变化。因此,根据反射信号物理参数的变化就可以反演出土壤水分含量的变化。

6. 大众应用

当前,手机、车载导航设备和智能终端设备等大众应用逐步成为 GNSS 应用的新亮点。利用 GNSS 定位功能,实现手机导航、路线规划等一系列位置服务功能,已广泛应用于智慧城市、自动驾驶、智慧物流等各个领域。

近年来,共享单车作为一种低碳环保的出行方式正在全国各个城市迅速推广。共享单车融入了互联网、GNSS 定位等技术。一方面,用户通过智能手机 GNSS 定位和电子地图查询周围可用车辆的数量及位置分布;另一方面,在电子地图上对区域划分形成虚拟电子围栏,当用户结束骑行后引导用户将车辆停放在允许停放的虚拟电子围栏内,在技术上实现了强制用户将车辆停放在规定的区域内,实现共享单车的有序停放和规范管理。

第 2 章　坐标系统与时间系统

　　描述点的空间位置及几何关系离不开坐标系,大地坐标系是建立在一定的大地基准上用于表达地球表面空间位置及其相对关系的数学参照系。在 GNSS 测量中,为了描述卫星运动、处理观测数据和表示测站位置,同样需要建立坐标系统。由于卫星不随地球自转,它只是在地球引力的作用下绕地球旋转,此时需引入天球坐标系来描述卫星的运行位置和状态。时间是七大基本物理单位之一,所有 GNSS 卫星能产生精确、相互同步的时间信号是 GNSS 测量的核心。掌握 GNSS 坐标系统和时间系统的基本概念和知识,对于掌握 GNSS 测量原理而言必不可少。

2.1　坐标系统

　　一个完整的坐标系统是由坐标系和基准两方面要素构成的。坐标系指的是为描述空间位置而定义的特定点线面及其几何关系;基准则不仅包括有关的基本点线面,而且包括特定的定向定位和一些重要的地球物理参数(如地球自转速度、重力场等)。为了描述点的位置及其几何关系,大地测量中根据不同的测量环境和应用场合,采用了许多不同定义的坐标系。

　　根据描述对象的不同,坐标系分为天球坐标系和地球坐标系两大类。天球坐标系是一种惯性坐标系,其坐标原点及各坐标轴指向在空间中保持不变,用于描述卫星运行位置和状态。地球坐标系则是与地球相关联的坐标系,用于描述地面点的位置。

　　根据选择的参数不同,除空间直角坐标系外,还有其他形式的坐标系,如球面坐标系、大地坐标系等。它们在使用中是等价的,即不管采用哪一种坐标系,一组具体的坐标值只表示唯一的空间点位,一个空间点位也对应唯一的一组坐标值,不同坐标系之间存在着明确、唯一的转换关系。

　　卫星定位常采用空间直角坐标系,一般取地球质心为坐标系的原点,用位置矢量在三个坐标轴上的投影参数(x,y,z)表示空间点的位置。采用空间直角坐标系,可以方便地通过平移、旋转和尺度缩放实现坐标系的转换。完全定义一个空间直角坐标系需要确定三个要素:①坐标原点的位置;②三个坐标轴的指向;③长度单位。

2.1.1　天球坐标系

1. 天球坐标系的建立

　　为了便于描述天球坐标系,首先介绍几个基本术语。在图 2-1 所示的地球自转示意图中,地球自转轴与地球表面的两个交点称为南极和北极,二者统称为地极。通过地球质心(即地心)并与地球自转轴垂直的平面称为赤道面,赤道面与

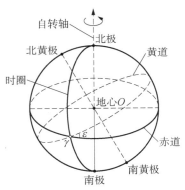

图 2-1　天球坐标系涉及的参考系

地球表面相交的大圆称为赤道。包含地球自转轴的任何一个平面都叫子午面,子午面与地球表面相交的大圆叫子午圈,而时圈是以南极和北极为端点的半个子午圈。

地球不仅自转,而且围绕太阳公转。地球绕太阳公转的轨道平面与地球表面相交的大圆称为黄道。在地球上的观测者看来,黄道是太阳相对于地球做的运动轨道在地球表面上的投影。黄道面与赤道面的夹角称为黄赤交角,约 23.5°,即图 2-1 中的角度 ε。通过地心且与黄道面垂直的直线跟地球表面的两个交点分别称为南黄极和北黄极。黄道与赤道也有两个交点,其中当太阳的投影沿着黄道从地球的南半球向北半球运动时与赤道的交点称为春分点,即图 2-1 中的点 γ。因为从地心到春分点的方向并不随地球的自转或公转而发生变化,所以春分点是天文学和大地测量学中的一个重要空间基准点。

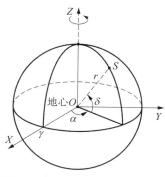

图 2-2　天球空间直角坐标系与
天球球面坐标系

天球坐标系包括天球空间直角坐标系和天球球面坐标系(图 2-2)。天球空间直角坐标系的定义如下:以地球质心为坐标原点 O,其 Z 轴指向北天极,X 轴指向春分点,Y 轴垂直于 XOZ 平面,构成右手坐标系。天球球面坐标系的定义如下:以地球质心为天球中心 O,赤经 α 为含天轴和春分点的天球子午面与过空间点 S 的天球子午面的夹角(自 ZOX 平面起算,右旋为正),赤纬 δ 为原点 O 至空间点 S 的连线与天球赤道面的夹角,向径 r 为原点 O 至空间点 S 的距离。对于同一空间点,天球空间直角坐标系与其等效的天球球面坐标系参数之间有如下转换关系:

$$\begin{bmatrix} X \\ Y \\ Z \end{bmatrix} = r \begin{bmatrix} \cos\delta\cos\alpha \\ \cos\delta\sin\alpha \\ \sin\delta \end{bmatrix} \tag{2-1}$$

$$\begin{cases} r = \sqrt{X^2 + Y^2 + Z^2} \\ \alpha = \arctan\dfrac{Y}{X} \\ \delta = \arctan\dfrac{Z}{\sqrt{X^2 + Y^2}} \end{cases} \tag{2-2}$$

在空间中静止或做匀速直线运动的坐标系称为惯性坐标系,也称为空固坐标系。牛顿的万有引力定律是在惯性坐标系中建立起来的,因而惯性坐标系适用于描述在地球引力作用下的卫星运行状态。然而,在实际操作中,要建立一个严格意义上的惯性坐标系并非易事。

实际上,天球坐标系并不满足惯性坐标系的条件。一方面,地球及其质心都在围绕太阳做非匀速直线运动;另一方面,地球自转轴在空间中的方向不是固定不变的,而是以一种非常复杂的形式在运动。地球自转轴的方向在空间中的运动通常可以描述为以下两种运动的叠加。

(1) 地球自转轴绕北黄极做缓慢的旋转。从北黄极上方观察,地球北极在空间中的运动轨迹是一个近似于以北黄极为中心、顺时针方向旋转的圆周,圆周半径等于黄赤交角乘以地球半径,旋转周期大约为 25 800 年。伴随地球自转轴旋转运动的是天文学中的岁差(Precession)现象,即春分点沿着黄道缓慢地向西移动。

（2）地球自转轴在绕北黄极做圆周旋转的同时,还存在一种称为章动(Nutation)的局部小幅旋转。在岁差现象的任一片段,北极在章动的影响下沿顺时针方向做周期为 18.6 年的转动,转动的轨迹接近于小椭圆,椭圆长半轴约等于 $9.2''$ 乘以地球半径。

从长周期来看,地球北极绕北黄极做大圆周运动;从短周期来看,北极又在某一点做局部的小幅椭圆运动。地球自转轴的这种复杂运动主要是由密度不均匀且赤道隆起的地球在日、月引力共同作用下引起的结果,其中以月球引力的影响为最大。若地球是一个均质的正圆球体,那么地球自转轴就不存在岁差和章动现象。

2. 协议天球坐标系

在岁差和章动的共同影响下,瞬时天球坐标系坐标轴的指向在不断变化。显然,在这种非惯性坐标系中,不能直接根据牛顿力学定律研究卫星的运动规律。为了建立一个与惯性坐标系相接近的坐标系,选择某一时刻作为标准历元,对此时刻地球的瞬时自转轴(指向北极)和地心至瞬时春分点的方向做瞬时岁差和章动改正,并分别作为 Z 轴和 X 轴的指向,由此所构成的空间固定坐标系,称为所取标准历元 t_0 时刻的平天球坐标系,或协议天球坐标系,也称协议惯性坐标系(CIS)。目前,广为使用的协议天球坐标系是国际天文学联合会(IAU)规定的国际天球坐标系(GCRS),其原点位于地心,X 轴指向 J2000.0 时的平春分点,Z 轴指向 J2000.0 时的平北天极,Y 轴垂直于 X 轴和 Z 轴,构成右手坐标系,其中 J2000.0 对应的时刻为公历 2000 年 1 月 1 日 12 时,相应的儒略日 $JD = 2\,451\,545.0$。

从协议天球坐标系的卫星坐标转换到观测历元 t 的瞬时天球坐标分为两步,即岁差旋转和章动旋转:

$$
\begin{bmatrix} Y \\ Y \\ Z \end{bmatrix}_{TS} = \boldsymbol{R}_N \boldsymbol{R}_P \begin{bmatrix} X \\ Y \\ Z \end{bmatrix}_{CIS} \tag{2-3}
$$

岁差旋转矩阵 $\boldsymbol{R}_P$ 由 3 个连续的旋转矩阵组成,即

$$
\boldsymbol{R}_P = \boldsymbol{R}_z(-z) \boldsymbol{R}_y(\theta) \boldsymbol{R}_z(-\zeta) \tag{2-4}
$$

$$
\boldsymbol{R}_z(-z) = \begin{bmatrix} \cos z & -\sin z & 0 \\ \sin z & \cos z & 0 \\ 0 & 0 & 1 \end{bmatrix} \tag{2-5}
$$

$$
\boldsymbol{R}_y(\theta) = \begin{bmatrix} \cos \theta & 0 & -\sin \theta \\ 0 & 1 & 0 \\ \sin \theta & 0 & \cos \theta \end{bmatrix} \tag{2-6}
$$

$$
\boldsymbol{R}_z(-\zeta) = \begin{bmatrix} \cos \zeta & -\sin \zeta & 0 \\ \sin \zeta & \cos \zeta & 0 \\ 0 & 0 & 1 \end{bmatrix} \tag{2-7}
$$

式中,z、θ、ζ 为岁差参数,IAU2006 模型给出的计算公式为

$$\begin{cases} \zeta = 2.650\ 545'' + 2\ 306.083\ 227''T + 0.298\ 849\ 9''T^2 + \\ \qquad 0.018\ 018\ 28''T^3 - 0.597\ 1'' \times 10^{-6}T^4 + 3.173'' \times 10^{-7}T^5 \\ z = -2.650\ 545\ 3'' + 2\ 306.077\ 181\ 3''T + 1.092\ 734\ 83''T^2 + \\ \qquad 0.018\ 268\ 373''T^3 - 28.596'' \times 10^{-6}T^4 - 2.904'' \times 10^{-7}T^5 \\ \theta = 2\ 004.191\ 903''T - 0.429\ 493\ 4''T^2 - 0.041\ 822''T^3 - \\ \qquad 7.089'' \times 10^{-6}T^4 - 1.274'' \times 10^{-7}T^5 \end{cases} \quad (2\text{-}8)$$

$$T = \frac{t - 2\ 451\ 545}{36\ 525} \quad (2\text{-}9)$$

式中，T 表示观测历元 t 离参考时刻 J2000.0 的儒略世纪数，观测历元 t 用儒略日表示。

类似地，章动旋转矩阵 $\boldsymbol{R}_N$ 也由 3 个连续的旋转矩阵组成，即

$$\boldsymbol{R}_N = \boldsymbol{R}_x(-\varepsilon - \Delta\varepsilon)\boldsymbol{R}_z(-\Delta\psi)\boldsymbol{R}_x(\varepsilon) \quad (2\text{-}10)$$

$$\boldsymbol{R}_x(-\varepsilon - \Delta\varepsilon) = \begin{bmatrix} 1 & 0 & 0 \\ 0 & \cos(\varepsilon + \Delta\varepsilon) & -\sin(\varepsilon + \Delta\varepsilon) \\ 0 & \sin(\varepsilon + \Delta\varepsilon) & \cos(\varepsilon + \Delta\varepsilon) \end{bmatrix} \quad (2\text{-}11)$$

$$\boldsymbol{R}_z(-\Delta\psi) = \begin{bmatrix} \cos\Delta\psi & -\sin\Delta\psi & 0 \\ \sin\Delta\psi & \cos\Delta\psi & 0 \\ 0 & 0 & 1 \end{bmatrix} \quad (2\text{-}12)$$

$$\boldsymbol{R}_x(\varepsilon) = \begin{bmatrix} 1 & 0 & 0 \\ 0 & \cos\varepsilon & \sin\varepsilon \\ 0 & -\sin\varepsilon & \cos\varepsilon \end{bmatrix} \quad (2\text{-}13)$$

式中，ε、$\Delta\varepsilon$、$\Delta\psi$ 分别为黄赤交角、交角章动及黄经章动。

在地球自转轴章动的影响下，黄道与赤道的交角通常表示为

$$\varepsilon = 84\ 381.448'' - 46.815''T - 0.000\ 59''T^2 + 0.001\ 813''T^3 \quad (2\text{-}14)$$

章动参数 $\Delta\varepsilon$ 和 $\Delta\psi$ 可以使用最新的 IAU2000 章动模型计算，该模型中给出的表达式是由 600 多个不同幅度、不同周期的周期项组成的。

2.1.2 地球坐标系

若用天球坐标系描述地球上任一固定点的位置，由于天球坐标系与地球自转无关，该点在天球坐标系中的坐标将随地球的自转而不断变化，这在实际应用中显然是不可行的。因此，为了描述地面观测站的位置，有必要建立一个与地球体相固联的坐标系，即地球坐标系。

1. 地球坐标系的表达形式

在 GNSS 测量中，地球坐标系的原点通常是地心。地球坐标系有两种表达形式，即地球空间直角坐标系和大地坐标系(图 2-3)。

地球空间直角坐标系的定义如下：以地球质心为坐标原点 O，其 Z 轴指向地球北极，X 轴指向格林尼治平子午面与地球赤道的交点，Y 轴垂直于 XOZ 平面，构成右手坐标系。

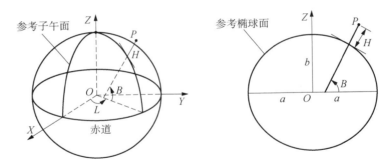

图 2-3　地球空间直角坐标系与大地坐标系

大地坐标系的定义如下：地球椭球的中心与地球质心重合，椭球短轴与地球自转轴重合，大地纬度 B 为过地面点的椭球法线与椭球赤道面的夹角，大地经度 L 为过地面点的椭球子午面与格林尼治平子午面的夹角，大地高 H 为地面点沿椭球法线至椭球面的距离。

地面点 P 在两个坐标系中的坐标是完全等价的，可以相互转换。从大地坐标系转换至地球空间直角坐标系的公式为

$$\begin{cases} X = (N + H)\cos B \cos L \\ Y = (N + H)\cos B \sin L \\ Z = [N(1 - e^2) + H]\sin B \end{cases} \tag{2-15}$$

式中，N 为椭球的卯酉圈曲率半径；e 为椭球的第一偏心率。若以 a、b 分别表示所选椭球的长半轴和短半轴，则有

$$\begin{cases} e^2 = \dfrac{a^2 - b^2}{a^2} \\ N = \dfrac{a}{\sqrt{1 - e^2 \sin^2 B}} \end{cases} \tag{2-16}$$

相应地，从地球空间直角坐标系转换至大地坐标系的公式为

$$\begin{cases} B = \arctan \dfrac{Z + Ne^2 \sin B}{\sqrt{X^2 + Y^2}} \\ L = \arctan \dfrac{Y}{X} \\ H = \dfrac{\sqrt{X^2 + Y^2}}{\cos B} - N \end{cases} \tag{2-17}$$

不难看出，式(2-17)中大地纬度 B 的表达式两端均含有待求量 B，需迭代求解，因右端第二项为小项，可先取近似值 $B_0 = \arctan(Z / \sqrt{X^2 + Y^2})$，通过迭代计算求得 B 值。

2. 协议地球坐标系

地球自转轴与地面的交点称为地极。地球表面的物质运动(如洋流、海潮等)和地球内部的物质运动(如地幔等)造成的质量不均匀，会使地极的位置随时间发生变化，这种现象称为地极移动，简称极移。地球自转轴在观测瞬间所处的位置称为瞬间地球自转轴，而相应的极点称为瞬时极。

为了描述极移的规律,通常选取一平面直角坐标系来表达地极的瞬时位置。如图 2-4 所示,该坐标系的原点位于国际协议原点(CIO),X 轴指向起始子午线,Y 轴为经度 270°的子午线,由于极移的值很小($<1''$),因而该坐标系可以看成是一个平面坐标系。

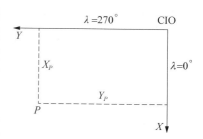

图 2-4　地极坐标系

极移值(X_P,Y_P)由国际地球自转参考系服务组织(IERS)通过 VLBI、SLR、GNSS、DORIS 等空间大地测量方法精确测定并公布(www.iers.org)。图 2-5 给出了 1992—2021 年的极移量,图 2-6 绘制了该时间段内地极坐标系下的极移量。

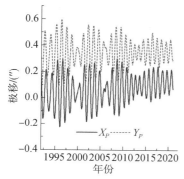

图 2-5　1992—2021 年的极移量

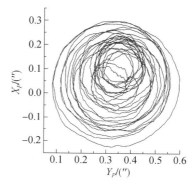

图 2-6　地极坐标系下的极移量

为了使地面固定点的坐标保持固定不变,需要建立一个与地球本体完全固联在一起的坐标系。就理论而言,建立该坐标系有多种方法。为确保坐标系的唯一性,仍然需要通过协商,由国际上权威机构来统一作出规定,这就是国际地球参考系(ITRS)。ITRS 是由 IERS 采用 VLBI、SLR、GPS、DORIS 等空间大地测量技术来予以实现和维持的,进而形成国际地球参考框架(ITRF),该框架通常采用空间直角坐标系(X,Y,Z)的形式表示。若需要采用空间大地坐标(B,L,H)的形式表示,建议采用 GRS80 椭球($a = 6\,378\,137.0$ m,$e^2 = 0.006\,943\,800\,3$)。ITRF 是由一组 IERS 测站的站坐标(X,Y,Z)、站坐标的年变化率($\Delta X/$年,$\Delta Y/$年,$\Delta Z/$年)以及相应的地球定向参数 EOP 实现的,ITRF 是目前国际上公认的精度最高的地球参考框架,IGS 精密星历就是采用这一框架。

随着测站数的增加、观测精度的提高、观测资料的累积和数据处理方法的改进,IERS 也在不断对框架进行改进和完善。迄今为止,IERS 共公布了 13 个不同的 ITRF 版本,目前最新的版本是 ITRF2014。不同版本间的坐标转换可采用七参数空间相似变换模型(布尔莎模型)进行,计算公式如下:

$$
\begin{bmatrix} X_2 \\ Y_2 \\ Z_2 \end{bmatrix} = \begin{bmatrix} X_1 \\ Y_1 \\ Z_1 \end{bmatrix} + \begin{bmatrix} T_1 \\ T_2 \\ T_3 \end{bmatrix} + \begin{bmatrix} D & -R_3 & R_2 \\ R_3 & D & -R_1 \\ -R_2 & R_1 & D \end{bmatrix} \begin{bmatrix} X_1 \\ Y_1 \\ Z_1 \end{bmatrix} \tag{2-18}
$$

式中,T_1、T_2、T_3 为平移参数;R_1、R_2、R_3 为旋转参数;D 为尺度比参数。表 2-1 给出了从 ITRF2014 转换为其他版本 ITRF 时的转换参数。

表 2-1　　　　　　　　　　　　**从 ITRF2014 转换为其他版本 ITRF 时的转换参数**

参数	T_1/mm	T_2/mm	T_3/mm	$D/(1\times10^{-9})$	$R_1/0.001''$	$R_2/0.001''$	$R_3/0.001''$	历元
ITRF2008	1.6	1.9	2.4	−0.02	0.00	0.00	0.00	2010.0
年变化速率	0.0	0.0	−0.1	0.03	0.00	0.00	0.00	
ITRF2005	2.6	1.0	−2.3	0.92	0.00	0.00	0.00	2010.0
年变化速率	0.3	0.0	−0.1	0.03	0.00	0.00	0.00	
ITRF2000	0.7	1.2	−26.1	2.12	0.00	0.00	0.00	2010.0
年变化速率	0.1	0.1	−1.9	0.11	0.00	0.00	0.00	
ITRF97	7.4	−0.5	−62.8	3.80	0.00	0.00	0.26	2010.0
年变化速率	0.1	−0.5	−3.3	0.12	0.00	0.00	0.02	
ITRF96	7.4	−0.5	−62.8	3.80	0.00	0.00	0.26	2010.0
年变化速率	0.1	−0.5	−3.3	0.12	0.00	0.00	0.02	
ITRF94	7.4	−0.5	−62.8	3.80	0.00	0.00	0.26	2010.0
年变化速率	0.1	−0.5	−3.3	0.12	0.00	0.00	0.02	
ITRF93	−50.4	3.3	−60.2	4.29	−2.81	−3.38	0.40	2010.0
年变化速率	−2.8	−0.1	−2.5	0.12	−0.11	−0.19	0.07	
ITRF92	15.4	1.5	−70.8	3.09	0.00	0.00	0.26	2010.0
年变化速率	0.1	−0.5	−3.3	0.12	0.00	0.00	0.02	
ITRF91	27.4	15.5	−76.8	4.49	0.00	0.00	0.26	2010.0
年变化速率	0.1	−0.5	−3.3	0.12	0.00	0.00	0.02	
ITRF90	25.4	11.5	−92.8	4.79	0.00	0.00	0.26	2010.0
年变化速率	0.1	−0.5	−3.3	0.12	0.00	0.00	0.02	
ITRF89	30.4	35.5	−130.8	8.19	0.00	0.00	0.26	2010.0
年变化速率	0.1	−0.5	−3.3	0.12	0.00	0.00	0.02	
ITRF88	25.4	−0.5	−154.8	11.29	0.10	0.00	0.26	2010.0
年变化速率	0.1	−0.5	−3.3	0.12	0.00	0.00	0.02	

　　若以 $(x,y,z)_{CTS}$ 和 $(x,y,z)_T$ 分别表示协议地球空间直角坐标系和观测历元 t 的瞬时地球空间直角坐标系,则有下列转换公式:

$$\begin{bmatrix} x \\ y \\ z \end{bmatrix}_{CTS} = \boldsymbol{R}_M \begin{bmatrix} x \\ y \\ z \end{bmatrix}_T \tag{2-19}$$

式中,$\boldsymbol{R}_M$ 由 2 个连续的旋转矩阵组成,即 $\boldsymbol{R}_M = \boldsymbol{R}_y(-X_P)\boldsymbol{R}_x(-Y_P)$。 由于地极坐标为微小量,若取至一次微小量,则有

$$\boldsymbol{R}_M = \boldsymbol{R}_y(-X_P)\boldsymbol{R}_x(-Y_P) \approx \begin{bmatrix} 1 & 0 & X_P \\ 0 & 1 & -Y_P \\ -X_P & Y_P & 1 \end{bmatrix} \tag{2-20}$$

3. 协议天球坐标系与协议地球坐标系的转换

瞬时天球坐标系与瞬时地球坐标系的原点均位于地心，Z 轴指向重合。瞬时天球坐标系的 X 轴指向瞬时春分点，瞬时地球坐标系的 X 轴指向起始子午面与赤道的交点，二者之间的夹角称为格林尼治真恒星时（GAST），其计算公式为

$$GAST = \frac{360°}{24^h}(UT1 + 6\,h\,41\,m\,50.548\,41\,s + 8\,640\,184\,s \cdot T + 0.093\,104\,s \cdot T^2 - $$
$$6.2\,s \times 10^{-6} \cdot T^3) + \Delta\Psi\cos(\bar{\varepsilon} + \Delta\varepsilon)$$

$$(2\text{-}21)$$

式中，UT1 为经过极移改正后的世界时，可以由观测时刻的 UTC 和（UTC−UT1）值求得；T 表示观测历元 t 离参考时刻 J2000.0 的儒略世纪数；$\Delta\Psi$ 为黄经章动；$\Delta\varepsilon$ 为交角章动；$\bar{\varepsilon}$ 为仅顾及岁差时的黄赤交角：

$$\bar{\varepsilon} = 23°26'21.448'' - 46.815''T - 0.000\,59''T^2 + 0.001\,813''T^3 \qquad (2\text{-}22)$$

将瞬时天球坐标系绕 Z 轴旋转 $GAST$ 角后就能转换至瞬时地球坐标系，即

$$\begin{bmatrix} x \\ y \\ z \end{bmatrix}_T = \boldsymbol{R}_S \begin{bmatrix} x \\ y \\ z \end{bmatrix}_{TS} \qquad (2\text{-}23)$$

$$\boldsymbol{R}_S = \boldsymbol{R}_z(GAST) = \begin{bmatrix} \cos(GAST) & \sin(GAST) & 0 \\ -\sin(GAST) & \cos(GAST) & 0 \\ 0 & 0 & 1 \end{bmatrix} \qquad (2\text{-}24)$$

综合上述转换过程，可得到从协议天球坐标系到协议地球坐标系的转换公式为

$$\begin{bmatrix} x \\ y \\ z \end{bmatrix}_{CTS} = \boldsymbol{R}_M \boldsymbol{R}_S \boldsymbol{R}_N \boldsymbol{R}_P \begin{bmatrix} x \\ y \\ z \end{bmatrix}_{CIS} \qquad (2\text{-}25)$$

式中，$\boldsymbol{R}_M$ 为极移运动矩阵；$\boldsymbol{R}_S$ 为地球旋转矩阵；$\boldsymbol{R}_N$ 为章动矩阵；$\boldsymbol{R}_P$ 为岁差矩阵。

类似地，从协议地球坐标系到协议天球坐标系的转换公式为

$$\begin{bmatrix} x \\ y \\ z \end{bmatrix}_{CIS} = \boldsymbol{R}_P^{-1} \boldsymbol{R}_N^{-1} \boldsymbol{R}_S^{-1} \boldsymbol{R}_M^{-1} \begin{bmatrix} x \\ y \\ z \end{bmatrix}_{CTS} \qquad (2\text{-}26)$$

2.1.3 站心坐标系

站心坐标系是以地面测站为中心，用于观测、描述测站周边目标的相对位置。例如，在表示卫星与测站之间的关系时，往往建立站心坐标系，从而直观方便地计算卫星与测站之间的瞬时距离、高度角和方位角，了解卫星在空间中的分布情况。站心坐标系分为站心地平直角坐标系和站心极坐标系。

站心地平直角坐标系（图 2-7）以测站的椭球法线方向为 z 轴（指向天顶为正），以子午线方向为 x 轴（向北为正），y 轴与 x、z 轴垂直构成左手坐标系（向东为正）。为区别于其他

坐标系,有时把 x、y、z 三个轴向分别记为 N、E、U。

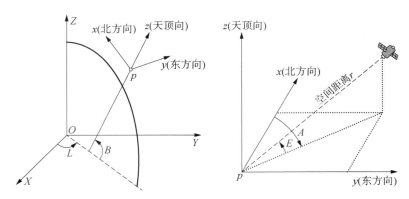

图 2-7　站心坐标系

设已知点 T_0、T_i 的地心直角坐标分别为 (X_0, Y_0, Z_0)、(X_i, Y_i, Z_i),以 T_0 为原点建立站心地平直角坐标系,则 T_i 在该站心坐标系中的坐标 (x_i, y_i, z_i) 为

$$\begin{bmatrix} x_i \\ y_i \\ z_i \end{bmatrix} = \begin{bmatrix} -\sin B_0 \cos L_0 & -\sin B_0 \sin L_0 & \cos B_0 \\ -\sin L_0 & \cos L_0 & 0 \\ \cos B_0 \cos L_0 & \cos B_0 \sin L_0 & \sin B_0 \end{bmatrix} \begin{bmatrix} X_i - X_0 \\ Y_i - Y_0 \\ Z_i - Z_0 \end{bmatrix} \tag{2-27}$$

式中,B_0 和 L_0 为已知点 T_0 的大地纬度和大地经度。

站心极坐标系与站心地平直角坐标系是等价的,以测站点到某点的空间距离 r、卫星的方位角 A 和卫星的高度角 E 三个量表示该点的位置。

T_i 点的站心地平直角坐标 (x_i, y_i, z_i) 与站心极坐标 (r, A, E) 之间的关系为

$$\begin{cases} r = \sqrt{x_i^2 + y_i^2 + z_i^2} \\ A = \arctan \dfrac{y_i}{z_i} \\ E = \arctan \dfrac{z_i}{\sqrt{x_i^2 + y_i^2}} \end{cases} \tag{2-28}$$

$$\begin{cases} x_i = r \cos A \cos E \\ y_i = r \sin A \cos E \\ z_i = r \sin E \end{cases} \tag{2-29}$$

2.1.4　常用的 GNSS 坐标系

从坐标系的定义来看,所有 GNSS 采用的坐标系都遵循 IERS 规范,即参考椭球中心与地球质心重合,坐标轴的指向相同。坐标系除定义原点、坐标轴指向、尺度外,还包括地球参考椭球的定义。如表 2-2 所示,不同 GNSS 采用的参考椭球的基本常数值存在一定差异,由此导出的几何参数和物理参数也有一定差异。

表 2-2 **GNSS 坐标系统的基本大地参数**

参数	WGS-84	PZ-90.11	北斗坐标系	GTRF
椭球体长半轴/m	6 378 137.0	6 378 136.0	6 378 137.0	6 378 136.5
地球引力常数/($\times 10^{14}$ m³·s⁻²)	3.986 004 418	3.986 004 418	3.986 004 418	3.986 004 415
椭球体扁率	1/298.257 223 563	1/298.257 84	1/298.257 222 101	1/298.257 69
地球自转角速度/($\times 10^{-5}$ rad·s⁻¹)	7.292 115 146 7	7.292 115	7.292 115	7.292 115 146 7

坐标系的定义仅仅是理论定义,其具体实现需要通过一些框架点(通常是该 GNSS 的地面监测站)的坐标值来实现。由于技术的发展和框架点观测资料的积累,同一 GNSS 所使用的大地坐标系往往使用不同的观测数据进行更新。

1. WGS-84 坐标系

WGS-84 坐标系由美国国防部开发,1987 年在 GPS 中投入使用,目前由美国国家地理空间情报局维护。WGS-84 坐标框架由一组分布在全球的地面监测站的坐标来实现,截至 2021 年底,WGS-84 坐标系进行了 5 次更新,分别在 1994 年、1997 年、2002 年、2012 年和 2013 年,表 2-3 列出了历次更新时间和坐标系的绝对精度水平,括号中的 G 表示采用 GPS 观测计算得出的,G 后面的数字表示更新时间对应的 GPS 周数。

表 2-3 **WGS-84 坐标系及其更新时间**

WGS-84 坐标系版本	绝对精度	时间
WGS-84	1~2 m	1987 年 1 月
WGS-84(G730)	10 cm	1994 年 7 月
WGS-84(G873)	5 cm	1997 年 7 月
WGS-84(G1150)	2 cm	2002 年 1 月
WGS-84(G1674)	1 cm	2012 年 2 月
WGS-84(G1762)	1 cm	2013 年 10 月

WGS-84 坐标系的原点位于地球质心,Z 轴指向 BIH1984.0 定义的协议地极(CTP)方向,X 轴指向 BIH1984.0 定义的零子午面与 CTP 赤道的交点,Y 轴与 Z 轴、X 轴构成右手坐标系。由于 GPS 使用的是 WGS-84 坐标系,故利用 GPS 广播星历参数和历书参数计算求得的卫星位置和速度都直接表达在 WGS-84 坐标系中,所以 GPS 单点定位的坐标和相对定位中解算的基线向量都属于 WGS-84 坐标系。

2. PZ-90 坐标系

1993 年以前,GLONASS 采用的是 1985 苏联地心坐标系(SGS-85),1993 年后改为由俄罗斯地面网与空间网联合平差后建立的 PZ-90 坐标系。与 WGS-84 坐标系一样,PZ-90 也是一个地心地固直角坐标系,GLONASS 星历参数(即卫星在参考时间点的位置、速度和加速度)均表达在 PZ-90 坐标系之中。由于 WGS-84 和 P-90 坐标系分别基于不同的观测基准站,不同观测基准站的站址、站址坐标误差和测量误差等都不可避免地导致这两个坐标系的原点产生差异,使得这两个坐标系不完全一致。

P-90 坐标系在 2007 年精化后更新为 PZ-90.02,其与 ITRF 框架之间的差异为分米量级。自 2013 年 12 月 31 日起,PZ-90.11 开始启用,它与 ITRF2008 保持一致,参考历元为

2010.0。PZ-90.11 延用了 PZ-90.02 的大地测量常数、地球椭球参数和地球重力场参数,更新了与其他参考框架之间的转换参数,同时大幅提高了框架的精度。

3. 北斗坐标系

北斗一号和北斗二号先后采用 1954 北京坐标系和 CGCS2000 坐标系。2017 年 12 月,中国卫星导航系统管理办公室发布的《北斗卫星导航系统空间信号接口控制文件公开服务信号 B2a(1.0 版)》正式规定,北斗卫星导航系统采用专用坐标系——北斗坐标系(BDCS)。北斗坐标系是一个地心、地固的地球参考系统,其定义符合 IERS 的规范。北斗坐标系定义的参考椭球长半轴、地球扁率、地球引力常数和地球自转角速度如表 2-2 所示。

北斗坐标系将与最新的国际地球参考框架(ITRF)对齐,其最新版本由 100 多个分布在全球的地面站作为参考框架点计算得到。北斗坐标系与 ITRF2014 之间的转换参数如表 2-4 所示。

表 2-4　　　　　　　　　　BDCS 与 ITRF2014 之间的转换参数

参数	T_1/mm	T_2/mm	T_3/mm	$D/(1\times10^{-9})$	$R_1/0.001''$	$R_2/0.001''$	$R_3/0.001''$
估值	−0.37	1.12	−0.55	0.011	0.01	−0.02	0.05
标准差	0.74	0.74	0.74	0.012	0.03	0.03	0.04

4. GTRF 坐标系

Galileo 系统采用的空间坐标系统称为 Galileo 地球参考框架(GTRF)。GTRF 与 ITRF 的基准定义一样,在 GTRF 实现过程中,选用一些质量好的 ITRF 的 GNSS/IGS 站进行处理,使 GTRF 与当前的 ITRF 保持一致,并维持与最新版的 ITRF 之间的差异(2σ)不超过 3 cm。GTRF 与 WGS-84 的差异在厘米级,同时 Galileo 坐标参考服务中心也提供 GTRF 与 WGS-84 的坐标转换参数。自 2013 年 4 颗 Galileo 卫星组网并开始提供导航服务以来,GTRF 每年发布新的版本并进行 2~3 次更新。

5. GPS、BDS、GLONASS、Galileo 系统间的坐标统一

在利用多模 GNSS 系统进行组合定位时,首先应该将接收机获取的所有卫星系统轨道信息变换至同一个坐标系,然后再进行实质性的导航定位解算。

最新的 WGS-84(G1762)坐标系与 ITRF2014 一致,北斗坐标系与 ITRF2014 也可以认为是一致的。因此,WGS-84 坐标系与北斗坐标系可以认为是一致的,二者间无须进行坐标转换。

俄罗斯任务控制中心利用全球激光跟踪测轨数据计算了从 PZ-90 至 WGS-84 坐标系较为精确的坐标转换参数,两系统的坐标转换公式如下:

$$\begin{bmatrix} X \\ Y \\ Z \end{bmatrix}_{WGS-84} = \begin{bmatrix} -0.47 \\ -0.51 \\ -1.56 \end{bmatrix} +$$

$$(1+22\times10^{-9})\begin{bmatrix} 1 & -1.728\times10^{-6} & -0.017\times10^{-6} \\ 1.728\times10^{-6} & 1 & 0.076\times10^{-6} \\ 0.017\times10^{-6} & -0.076\times10^{-6} & 1 \end{bmatrix}\begin{bmatrix} X \\ Y \\ Z \end{bmatrix}_{PZ-90}$$

$$(2-30)$$

GTRF 在 2018 年 8 月的更新结果(GTRF18v01)与 ITRF2014 严格一致,后续的更新将

继续保持这一现状。

随着地面监测站数量的增加、观测资料的积累和数据处理方法的改进,各 GNSS 参考框架与 ITRF 间的对齐程度越来越高。究其原因,一方面,ITRF 的精度、稳定性是目前所有全球性地球参考框架中最高的,足以为 GNSS 参考框架提供基准;另一方面,由于卫星导航系统兼容与互操作对坐标基准兼容的需求,各 GNSS 参考框架通过与 ITRF 对准来建立框架间的联系。由以上分析可知,四大卫星系统采用的空间坐标系统与 ITRF 均存在一定的转换关系,坐标转换的实质是在 ITRF 框架中实现坐标转换统一。

2.1.5 坐标系之间的转换

不同坐标系的坐标转换既包括不同参心坐标系之间的转换或不同的地心坐标系之间的转换,也包括参心坐标系与地心坐标系之间的转换。因为 GNSS 测量结果属于地心坐标系,而地面测量成果属于参心坐标系,所以,不同坐标系的转换问题也可以说是 GNSS 测量与地面测量的转换问题。这种坐标转换一般是三维空间直角坐标系间的转换,也可能是二维平面坐标系间的转换。

1. 三维坐标转换模型

进行两个不同空间直角坐标系的坐标转换,需要求出坐标系之间的转换参数。转换参数一般利用重合点的两套坐标值通过一定的数学模型进行计算。当重合点数为 3 个以上时,可以采用布尔莎七参数法进行转换。

设 $\boldsymbol{X}_{Di}$ 和 $\boldsymbol{X}_{Gi}$ 分别为地面网点和 GNSS 网点的参心和地心坐标向量。由布尔莎模型可知:

$$\boldsymbol{X}_{Di} = \Delta \boldsymbol{X} + (1+k)\boldsymbol{R}(\varepsilon_z)\boldsymbol{R}(\varepsilon_y)\boldsymbol{R}(\varepsilon_x)\boldsymbol{X}_{Gi} \tag{2-31}$$

式中,$\boldsymbol{X}_{Di} = (X_{Di}, Y_{Di}, Z_{Di})$,$\boldsymbol{X}_{Gi} = (X_{Gi}, Y_{Gi}, Z_{Gi})$,$\Delta \boldsymbol{X} = (\Delta X, \Delta Y, \Delta Z)$ 为平移参数矩阵,k 为尺度变化参数,$\boldsymbol{R}(\varepsilon_z)$、$\boldsymbol{R}(\varepsilon_y)$、$\boldsymbol{R}(\varepsilon_x)$ 分别为绕 Z 轴、Y 轴、X 轴的旋转矩阵,可依次表示为

$$\begin{cases} \boldsymbol{R}(\varepsilon_z) = \begin{bmatrix} \cos\varepsilon_z & \sin\varepsilon_z & 0 \\ -\sin\varepsilon_z & \cos\varepsilon_z & 0 \\ 0 & 0 & 1 \end{bmatrix} \\[2ex] \boldsymbol{R}(\varepsilon_y) = \begin{bmatrix} \cos\varepsilon_y & 0 & -\sin\varepsilon_y \\ 0 & 1 & 0 \\ \sin\varepsilon_y & 0 & \cos\varepsilon_y \end{bmatrix} \\[2ex] \boldsymbol{R}(\varepsilon_x) = \begin{bmatrix} 1 & 0 & 0 \\ 0 & \cos\varepsilon_x & \sin\varepsilon_x \\ 0 & -\sin\varepsilon_x & \cos\varepsilon_x \end{bmatrix} \end{cases} \tag{2-32}$$

式中,ε_z、ε_y、ε_x 为旋转角,其角度值按从正轴到原点看过去的逆时针方向转动为正,旋转矩阵 $\boldsymbol{R}(\varepsilon_z)$、$\boldsymbol{R}(\varepsilon_y)$、$\boldsymbol{R}(\varepsilon_x)$ 都是正交矩阵。

通常将 ΔX、ΔY、ΔZ、k、ε_z、ε_y、ε_x 称为空间直角坐标系间的转换参数。当 k、ε_z、ε_y、ε_x 为微小量时,忽略其间的互乘项,且 $\cos\varepsilon \approx 1$,$\sin\varepsilon \approx \varepsilon$,则上述模型可变为

$$\begin{bmatrix} X_{\mathrm{D}i} \\ Y_{\mathrm{D}i} \\ Z_{\mathrm{D}i} \end{bmatrix} = \begin{bmatrix} \Delta X \\ \Delta Y \\ \Delta Z \end{bmatrix} + (1+k) \begin{bmatrix} X_{\mathrm{G}i} \\ Y_{\mathrm{G}i} \\ Z_{\mathrm{G}i} \end{bmatrix} + \begin{bmatrix} 0 & \varepsilon_z & -\varepsilon_y \\ -\varepsilon_z & 0 & \varepsilon_x \\ \varepsilon_y & -\varepsilon_x & 0 \end{bmatrix} \begin{bmatrix} X_{\mathrm{G}i} \\ Y_{\mathrm{G}i} \\ Z_{\mathrm{G}i} \end{bmatrix} \qquad (2\text{-}33)$$

令
$$\boldsymbol{R} = \begin{bmatrix} \Delta X & \Delta Y & \Delta Z & k & \varepsilon_z & \varepsilon_y & \varepsilon_x \end{bmatrix}^{\mathrm{T}}$$

$$\boldsymbol{C}_i = \begin{bmatrix} 1 & 0 & 0 & X_{\mathrm{G}i} & 0 & -Z_{\mathrm{G}i} & Y_{\mathrm{G}i} \\ 0 & 1 & 0 & Y_{\mathrm{G}i} & Z_{\mathrm{G}i} & 0 & -X_{\mathrm{G}i} \\ 0 & 0 & 1 & Z_{\mathrm{G}i} & -Y_{\mathrm{G}i} & X_{\mathrm{G}i} & 0 \end{bmatrix}$$

则式(2-33)可简写为

$$\boldsymbol{X}_{\mathrm{D}i} = \boldsymbol{X}_{\mathrm{G}i} + \boldsymbol{C}_i \boldsymbol{R} \qquad (2\text{-}34)$$

根据上述模型,利用重合点的两套坐标值 $\boldsymbol{X}_{\mathrm{D}i}$ 和 $\boldsymbol{X}_{\mathrm{G}i}(i=1,2,\cdots,N)$,采用平差的方法求得转换参数后,再利用上述模型进行各点的坐标转换(包括重合点和非重合点的坐标转换)。

需要说明的是,当进行两种空间直角坐标系变换时,除了布尔莎模型外,还有其他的转换模型,如 Molodensky 模型等。不同模型求得的 7 个参数数值各不相同,但各数学模型的参数存在明确的解析关系,可以进行相互转换。采用不同模型换算点的坐标时,其结果是完全相同的。此外,坐标变换的精度主要取决于坐标变换的数学模型和求解变换参数的公共点坐标精度,与公共点的数量、几何图形结构也有一定关系。

在实际应用中,对于局部 GNSS 网还可利用基线向量求解转换参数。该方法是先求出各重合点相对地面网原点的基线向量,然后利用基线向量求定转换参数,即对于地面网原点,由式(2-31)有

$$\boldsymbol{X}_{\mathrm{D}0} = \Delta \boldsymbol{X} + (1+k)\boldsymbol{R}(\varepsilon_z)\boldsymbol{R}(\varepsilon_y)\boldsymbol{R}(\varepsilon_x)\boldsymbol{X}_{\mathrm{G}0} \qquad (2\text{-}35)$$

式(2-31)减式(2-35)得

$$\boldsymbol{X}_{\mathrm{D}i} = \boldsymbol{X}_{\mathrm{D}0} + (1+k)\boldsymbol{R}(\varepsilon_z)\boldsymbol{R}(\varepsilon_y)\boldsymbol{R}(\varepsilon_x)(\boldsymbol{X}_{\mathrm{G}i} - \boldsymbol{X}_{\mathrm{G}0}) \qquad (2\text{-}36)$$

可以假定 $i=1$ 为原点。式(2-36)实际上是以一点为原点、其余点与原点的坐标差——基线向量为已知值的坐标转换式。利用此式可列出误差方程式,求 ε_x、ε_y、ε_z、k 四个转换参数。

2. 二维坐标转换模型

两个不同的二维平面坐标系的坐标转换通常是采用相似变换的方法。其坐标转换模型一般写为

$$\begin{bmatrix} x_{2i} \\ y_{2i} \end{bmatrix} = \begin{bmatrix} \Delta x \\ \Delta y \end{bmatrix} + (1+k) \begin{bmatrix} \cos\alpha & \sin\alpha \\ -\sin\alpha & \cos\alpha \end{bmatrix} \begin{bmatrix} x_{1i} \\ y_{1i} \end{bmatrix} \qquad (2\text{-}37)$$

式中,(x_{1i},y_{1i}) 和 (x_{2i},y_{2i}) 表示 i 点在两个坐标系中的平面坐标;Δx、Δy 为平移参数;k 为尺度变化参数;α 为旋转参数。利用 2 个公共点即可求解转换参数,然后再根据转换参数进行其他点的坐标转换。

2.2 时间系统

时间包含"时刻"和"时间间隔"两个概念。时刻是指发生某一现象的瞬时时间,是时间系统中的一个绝对时间值,时刻测量称为绝对时间测量。以 GPS 卫星为例,其运行速度大约为 4 000 m/s,若要求计算卫星在某一时刻所处位置的误差小于 1 m,则确定该时刻的误差应小于 0.25 ns。在天文学和卫星定位中,与所获数据对应的时刻也称为历元。

与时刻不同,时间间隔是指发生某一现象的持续时间,是这一过程始末的时刻之差,时间间隔测量也称为相对时间测量。确定 GNSS 信号传播时间就是典型的相对时间测量,即确定从卫星发射信号的时刻至用户接收到此信号的时刻这一时段,其值在 78 ms 左右。因为 GPS 信号以光速传播,所以只有把信号传播时间的测量误差控制在 3.3 ns 以内,由时段测量误差引入的距离测量误差才可能小于 1 m。由此可见,精确地产生和测量时间信号是 GNSS 精密定位的关键。

要测量时间,必须建立一个测量基准,即时间的单位(尺度)和原点(起始历元)。其中,时间的尺度是关键,而原点可以根据实际应用加以选定。一般地,任何一个可观察的周期运动现象,只要符合以下要求,都可以用作确定时间的基准:①运动是连续的、周期性的;②运动的周期具有充分的稳定性;③运动的周期具有复现性,即在任何地点和时间,都可以通过观测和实验复现这种周期性运动。

时间测量基准不同,则描述的时刻和时间间隔都不相同,从而得到不同的时间系统。与卫星定位相关的主要有恒星时、原子时和力学时三种,本节主要介绍前两种时间系统。

2.2.1 世界时系统

世界时系统是以地球自转为基准的一种时间系统。根据观察地球自转运动时所选的空间参考点不同,世界时系统又分为恒星时、平太阳时和世界时。

1. 恒星时(ST)

以春分点为参考点,由春分点的周日视运动所定义的时间称为恒星时。春分点连续两次经过本地子午圈的时间间隔为 1 个恒星日,等于 24 个恒星时。1 个恒星日的长度为 23 h 56 min 4 s。因为恒星时以春分点通过本地子午圈时刻(上中天)为起算原点,所以恒星时在数值上等于春分点相对于本地子午圈的时角。恒星时具有地方性,同一瞬间对应的不同测站的恒星时各不相同,所以恒星时也称为地方恒星时。

恒星时是以地球自转为基础,并与地球自转角度相对应的时间系统。由于岁差和章动的影响,地球自转轴在空间的指向是变化的,春分点在天球上的位置并不固定,所以对于同一历元,相应地有真北天极和平北天极,对应的也有真春分点和平春分点之分。因此,相应的恒星时也有真恒星时与平恒星时之分。

2. 平太阳时(MST)

地球围绕太阳公转的轨道为一椭圆,根据天体运动的开普勒定律可知,太阳的视运动速度是不均匀的。若以真太阳作为观察地球自转运动的参考点,则不符合建立时间系统的基本要求。所以,假设一个平太阳以真太阳周年运动的平均速度在天球赤道上作周年视运动,其周期与真太阳一致,则以此平太阳为参考点,由平太阳的周日视运动所定义的时间系统为平太阳时系统。平太阳连续两次经过本地子午圈的时间间隔为一个平太阳日,而一个平太阳日分为 24 个平太阳时。1 个平太阳日的长度为 24 h(图 2-8)。与恒星时一样,平太阳时也具有地方性,故常称为地方平太阳时或地方时。

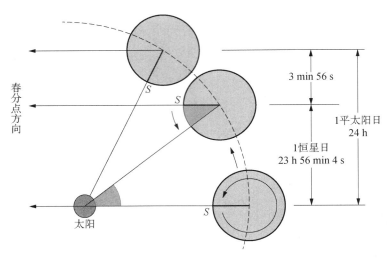

图 2-8　恒星日与平太阳日

3. 世界时(UT)

以平子夜为零时起算的格林尼治平太阳时称为世界时。世界时与平太阳时的尺度基准相同,其差别仅在于起算点不同。若以 GAMT 代表平太阳相对格林尼治子午圈的时角,则世界时与平太阳时之间的关系为

$$UT = GAMT + 12(h) \tag{2-38}$$

世界时系统是以地球自转为基础的。地球自转轴有极移现象且自转速度不均匀,它不仅含有长期的减缓趋势,而且含有一些短周期变化和季节性的变化,情况甚为复杂,所以破坏了上述建立时间系统的基本条件。为了弥补这一缺陷,自 1956 年开始,世界时中便引入了极移改正和地球自转速度的季节性改正,由此得到的世界时分别用 UT1 和 UT2 表示,而未经改正的世界时用 UT0 表示。它们之间的关系为

$$\begin{cases} UT1 = UT0 + \Delta\lambda \\ UT2 = UT0 + \Delta TS \end{cases} \tag{2-39}$$

式中,$\Delta\lambda$ 为极移改正;ΔTS 为地球自转速度的季节性改正。其计算公式为

$$\begin{cases} \Delta\lambda = (1/15)(X_p\sin\lambda - Y_p\cos\lambda)\tan\phi \\ \Delta TS = 0.022\sin 2\pi t - 0.012\cos 2\pi t - 0.006\sin 4\pi t + 0.007\cos 4\pi t \end{cases} \tag{2-40}$$

式中,λ、ϕ 分别为天文经度与纬度;t 为白塞尔年岁首回归年的小数部分;X_p、Y_p 为极移量。

2.2.2　原子时

随着地球空间信息科学技术的发展和应用,其对时间准确性和稳定性的要求不断提高,以地球自转为基础的世界时系统已难以满足要求。为此,人们自 20 世纪 50 年代起便建立了以物质内部原子运动特征为基础的原子时系统(AT)。

因为物质内部的原子跃迁,所辐射和吸收的电磁波频率具有很高的稳定性和复现性,所以,由此而建立的原子时成为当代最理想的时间系统。

原子时秒长的定义如下:位于海平面上的 C_s^{133} 原子基态有两个超精细能级,在零磁场中跃迁辐射振荡 9 192 631 770 周所持续的时间为 1 原子时秒。该原子时秒作为国际制秒的时间单位。这一定义严格地确定了原子时的尺度,而原子时的原点由下式确定:

$$AT = UT2 - 0.003\ 9(s) \tag{2-41}$$

原子时出现后,得到了迅速发展和广泛应用。许多国家建立了各自的地方原子时系统,但不同的地方原子时之间存在差异。为了避免混乱,有必要建立一种更为可靠、更为精确、更为权威的能被世界各国所共同接受的统一的时间系统——国际原子时(TAI)。TAI 是 1971 年由国际时间局建立的,现改由国际计量局(BIPM)的时间部门在维持。BIPM 是依据全球约 60 个时间实验室中的大约 240 台自由运转的原子钟所给出的数据,经数据统一处理后给出国际原子时(TAI)。

2.2.3 协调世界时

当前,在天文大地测量、天文导航和空间飞行器的跟踪定位等应用领域,仍需要以地球自转为基础的世界时。但是,由于地球自转速度有长期变慢的趋势,近 20 年来,世界时每年比原子时约慢 1 s,二者之差逐年累积。为了避免播发的原子时与世界时之间产生过大的偏差,自 1972 年开始,一种以原子时秒长为基础,并在时刻上尽量接近世界时的一种折中时间系统得到应用,该时间系统称为协调世界时(UTC),简称协调时。

协调世界时的秒长严格等于原子时的秒长,采用闰秒(或跳秒)的办法使协调世界时与世界时的时刻相接近。当协调时与世界时的时刻差超过 ±0.9 s 时,便在协调时中引入 ±1 闰秒,闰秒一般在 12 月 31 日或 6 月 30 日末加入,具体加入日期由国际计量局提前两个月通知各国的时间服务机构。

协调世界时与国际原子时之间的关系可由下式定义:

$$TAI = UTC + n(s) \tag{2-42}$$

式中,n 为跳秒数,其值由 IERS 发布。

时间服务部门在播发 UTC 时号的同时,给出 UT1 与 UT2 的差值,这样用户便可容易地由 UTC 得到精度较高的 UT1 时刻。

各个国家或地区的时间服务机构通常采用多台原子钟建立和维持一个区域性的 UTC 系统,供本国或本地区使用。为加以区分,除了 BIPM 利用全球各个实验室的资料而建立起来的全球统一的协调世界时直接标注为 UTC 外,其他区域性的 UTC 系统后需加括号,以注明所建立和维持的时间实验室。例如,由美国海军天文台建立和维持的 UTC 系统,写为 UTC(USNO),我国的 UTC 时间是由中国科学院国家授时中心(NTSC)建立并维持的,写为 UTC(NTSC),俄罗斯时间与空间计量研究院(SU)维持的协调世界时写为 UTC(SU)。

2.2.4 GNSS 的时间系统

1. GPS 时

GPS 时是 GPS 使用的一种时间系统,它是由 GPS 的地面监控系统和卫星的原子钟建立和维持的一种原子时,其起点为 UTC(USNO)1980 年 1 月 6 日 00 时 00 分 00 秒。

在起始时刻,GPS 时与 UTC 对齐,但是由于 UTC 存在跳秒,经过一段时间后,这两种时间系统就会相差 n 个整秒,也就是这段时间内 UTC 累计跳秒数。由于 GPS 起始时刻 UTC 与 TAI 已相差 19 s,故 GPS 时与 TAI 之间总会有 19 s 的整数差异。

国际原子时 TAI 和 UTC 是由 BIPM 利用全球 200 多台原子钟共同维持的,而 GPS 时仅用了其系统内部数十台原子钟进行维持,这两种时间系统与 GPS 时除相差若干整秒外,还存在微小的差异 C_0,即

$$\begin{cases} t_{TAI} - t_{GPS} = 19(s) + C_0 \\ t_{UTC} - t_{GPS} = (19-n)(s) + C_0 \end{cases} \tag{2-43}$$

式中,n 为跳秒数。GPS 导航电文中提供了计算 GPS 时与 UTC 之差所需的参数。

2. GLONASS 时

GLONASS 系统所采用的时间系统是由俄罗斯组建和维持的协调世界时 UTC(SU)。GLONASS 时与 UTC 的关系为

$$t_{UTC} + 3(h) = t_{GLONASS} + C_1 \tag{2-44}$$

式中,3 h 是由于 GLONASS 时间被设置成超 UTC(SU)3 h;C_1 为两种时间系统间相差的小数部分,新型的 GLONASS 导航电文将给出 C_1 的数值。

3. 北斗时

北斗系统的时间基准为北斗时。北斗时采用国际单位制(SI)秒为基本单位,连续累计,不闰秒,起始历元为 2006 年 1 月 1 日 00 时 00 分 00 秒(UTC)。此时,UTC 与 TAI 已有 33 s 的差异。因此,北斗时与 TAI 除了相差 33 s 外,还有微小的差异 C_2,即

$$t_{TAI} - t_{BDS} = 33(s) + C_2 \tag{2-45}$$

北斗时与 UTC 虽然在 2006 年 1 月 1 日 00 时 00 分 00 秒时刻保持一致,但是 UTC 存在跳秒,而北斗时不跳秒,因而随着时间的推移,这两种时间系统的差异会逐渐变大:

$$t_{UTC} - t_{BDS} = -n_2(s) + C_2 \tag{2-46}$$

式中,n_2 是自 2006 年 1 月 1 日 00 时 00 分 00 秒以来 UTC 的累计跳秒数,满足 $n_2 = n - 33$,n_2 的数值和计算 C_2 所需的参数均在 BDS 的导航电文中给出。由于北斗时通过 UTC(NTSC)与国际 UTC 建立联系,C_2 的大小可保持在 50 ns 以内。

如图 2-9 所示,从 GPS 时的起始时刻到北斗时的起始时刻,UTC 共跳秒 14 s。对于某一历元,北斗时与 GPS 时除了 14 s 的整数差异外,同样存在微小的差异,即

$$t_{GPS} = t_{BDS} + 14(s) + C_3 \tag{2-47}$$

在进行 GPS 与 BDS 联合数据处理时应注意这一差异。BDS 系统的导航电文中播发了北斗时与 UTC、GPS 时、GLONASS 时和 Galileo 系统时间之间的同步参数。

4. Galileo 系统时间

Galileo 采用 Galileo 系统时间(GST),Galileo 系统时间也是一个连续的原子时系统,它通过对一系列原子频率标准的整合来维持,其中氢原子钟被作为主钟。Galileo 系统时间的起算时间点为 UT 时间的 1999 年 8 月 22 日(星期日)00 时 00 分 00 秒,在这一起始时刻,

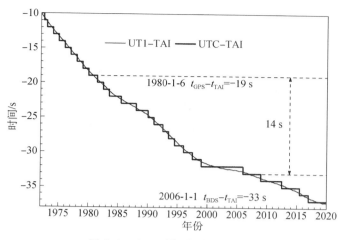

图 2-9　GPS 时与北斗时的关系

Galileo 系统时间比 UTC 超前 13 s,这一数值会随着 UTC 的跳秒而变大。Galileo 系统时间与国际原子时 TAI 保持同步,同步标准误差为 33 ns,并且规定在全年 95% 的时间内偏差小于 50 ns。Galileo 导航电文中给出了 Galileo 系统时间与 UTC、GPS 时间之间进行相互转换所需的参数。

2.2.5　GNSS 测量中的常用计时方法

在 GNSS 测量中,不同的使用场景会碰到不同的计量长时间间隔的计时方法和计时单位,如年月日、儒略日和简化儒略日等,因此有必要了解这些常见的计时方法。

1. 儒略日与简化儒略日

儒略日(JD)是一种不涉及年、月等概念的长期连续的记日法,在天文学、空间大地测量和卫星导航定位中经常使用。计算跨越许多年的两个时刻的间隔时采用这种方法将特别方便。儒略日的起点为公元前 4713 年 1 月 1 日 12 时,然后逐日累加。例如,2000 年 1 月 1 日 12 时 00 分 00 秒对应的儒略日 $JD=2\,451\,545.0$,2020 年 1 月 1 日 00 时 00 分 00 秒对应的儒略日 $JD=2\,458\,849.5$。

用儒略日表示的时间,其数值很大,使用不便。为此,1973 年,IAU 又采用了一种更为简便的连续计时法——简化儒略日(MJD),它与儒略日之间的关系为

$$MJD=JD-2\,400\,000.5 \tag{2-48}$$

类似地,2000 年 1 月 1 日 12 时 00 分 00 秒对应的简化儒略日 $MJD=51\,544.5$,2020 年 1 月 1 日 00 时 00 分 00 秒对应的简化儒略日 $MJD=58\,849$。

2. 周数和周内时间

GNSS 广播星历中广泛采用了周数(WN)和周内时间(TOW)组合的计时方式。周数是从该 GNSS 起算时间点开始起算的,而周内时间是每周日该 GNSS 时间 00 时 00 分 00 秒从零开始起算的秒数,有时也称为周内秒数(SOW)。因此,1980 年 1 月 6 日(周日)00 时 00 分 00 秒是 GPS 周的第 0 周第 0 秒,2006 年 1 月 1 日(周日)00 时 00 分 00 秒是北斗周的第 0 周第 0 秒。

GPS 时和北斗时的起算时间正好相差整 1 356 周,因此同一时刻对应的 GPS 周和北斗周相差一个常数,但周内时间一样。例如,2020 年 1 月 16 日 2 时 00 分 00 秒是 GPS 时第 2 088 周第 352 800 秒,对应北斗时第 732 周第 352 800 秒。

3. 年积日

年积日是仅在一年中使用的连续计时法,将每年的 1 月 1 日计为第 1 日,2 月 1 日计为第 32 日,依此类推。平年的 12 月 31 日为第 365 日,闰年的 12 月 31 日为第 366 日。用年积日可方便地求出一年内两个时刻之间的时间间隔。

第3章　卫星运动与卫星星历

　　GNSS 接收机在定位时需要已知各颗可见卫星在任意时刻的空间位置,随时间变化的卫星空间位置称为卫星的运行轨道。GNSS 接收机并不是从牛顿万有引力定律出发来计算卫星的空间位置的。事实上,卫星的运行轨道由 GNSS 地面监控部分通过持续接收、测定卫星所发射的信号来确定,推算出一组以时间为函数的轨道参数来精确描述、预测卫星的运行轨道,并将这些轨道参数上传至卫星,再由卫星向用户播发。GNSS 接收机从卫星信号上获取这些参数,然后利用这些参数计算出卫星的位置和速度。

　　广播星历是导航电文的核心,为用户导航定位提供卫星位置和速度等信息。现有的 GNSS 在星座设计和信号结构等方面存在差异,广播星历参数的设计也不尽相同。总体而言,广播星历向用户提供的卫星轨道参数包括开普勒轨道参数模型和状态矢量参数模型两种类型。第一种类型以 GPS、BDS、Galileo、QZSS、NavIC 的广播星历为代表,提供相对某一参考历元的开普勒轨道参数和必要的轨道摄动改正项参数;第二种类型以 GLONASS 的广播星历为代表,提供卫星在参考时刻的位置、速度和日月引力所引起的加速度。

3.1　卫星运动的受力

　　卫星在空间绕地球运动时,除受地球重力场的引力作用外,还受太阳、月亮和其他天体引力的影响,以及太阳辐射压力、大气阻力和地球潮汐力等因素的影响。卫星的实际运行轨道极为复杂,很难用简单而精确的数学模型加以描述。通常把作用于卫星上的各种力按影响的大小分为两类:一类是中心力,即假定地球为匀质球体的引力,它决定着卫星运动的基本规律和特征,由此决定卫星的轨道,可视为理想的轨道;另一类是摄动力,也称非中心力,包括地球非球形引力、日月引力、大气阻力、太阳辐射压力以及地球潮汐力等。在各种作用力对卫星运行轨道的影响中,若把中心力视为 1,则地球非球形引力的大小在 10^{-3} 量级,日月引力、大气阻力等其他作用力的大小则在 10^{-5} 量级。

　　仅考虑中心力作用的卫星轨道称为无摄轨道,同时考虑各种摄动力作用下的卫星轨道称为受摄轨道。虽然受摄轨道更接近于实际轨道,但忽略所有摄动力的影响,会便于研究卫星相对于地球的运动。研究两个质点在万有引力作用下的相对运动问题,在天体力学中称为二体问题。对于二体问题下的卫星运动,可近似地表述卫星轨道,并可以此为基础上再加上摄动力的影响推求受摄轨道,从而求出卫星轨道的严密解。

3.1.1　中心力

　　中心力以地球为一个质量分布均匀的球体这一假设为前提,此时地球的引力等效于一个质点的引力,地球可视为质量全部集中在其质心的质点。由于卫星的体积很小,卫星同样可视为一个质点。在二体问题意义下,GNSS 卫星的轨道运动也称为正常轨道运动。

根据万有引力定律,地球受卫星的引力 $\boldsymbol{F}_e$ 可表示为

$$\boldsymbol{F}_e = \frac{GMm}{r^2} \cdot \frac{\boldsymbol{r}}{r} \tag{3-1}$$

式中,M 为地球质量;m 为卫星质量;G 为万有引力常数;$\boldsymbol{r}$ 为卫星在平天球坐标系中的位置向量,$r = |\boldsymbol{r}|$ 为向量 $\boldsymbol{r}$ 的模,即卫星到地球的距离。

卫星受地球的引力 $\boldsymbol{F}_s$ 在大小上与 $\boldsymbol{F}_e$ 相等而方向相反,即

$$\boldsymbol{F}_s = -\frac{GMm}{r^2} \cdot \frac{\boldsymbol{r}}{r} \tag{3-2}$$

按照牛顿第二定律,可写出卫星运动方程和地球运动方程:

$$m \frac{\mathrm{d}^2 \boldsymbol{r}}{\mathrm{d}t^2} = -\frac{GMm}{r^2} \cdot \frac{\boldsymbol{r}}{r} \tag{3-3}$$

$$M \frac{\mathrm{d}^2 \boldsymbol{r}}{\mathrm{d}t^2} = -\frac{GMm}{r^2} \cdot \frac{\boldsymbol{r}}{r} \tag{3-4}$$

在二体问题下,卫星相对于地球的运动方程为

$$\frac{\mathrm{d}^2 \boldsymbol{r}}{\mathrm{d}t^2} = -\frac{G(M+m)}{r^2} \cdot \frac{\boldsymbol{r}}{r} \tag{3-5}$$

在空间直角坐标系中,卫星的位置矢量和加速度矢量分别为

$$\begin{cases} \boldsymbol{r} = \begin{bmatrix} X_s & Y_s & Z_s \end{bmatrix} \\ \boldsymbol{A} = \begin{bmatrix} \ddot{X}_s & \ddot{Y}_s & \ddot{Z}_s \end{bmatrix} \end{cases} \tag{3-6}$$

根据向量知识,位置矢量 $\boldsymbol{r}$ 及其二阶导数 $\dfrac{\mathrm{d}^2 \boldsymbol{r}}{\mathrm{d}t^2}$ 可分别用其坐标 (X_s, Y_s, Z_s) 以及二阶导数的三个分量 $\left(\dfrac{\mathrm{d}^2 X_s}{\mathrm{d}t^2}, \dfrac{\mathrm{d}^2 Y_s}{\mathrm{d}t^2}, \dfrac{\mathrm{d}^2 Z_s}{\mathrm{d}t^2} \right)$ 表示,于是式(3-5)可写为

$$\begin{cases} \ddot{X}_s = -\dfrac{G(M+m)}{r^3} \cdot X_s \approx -\dfrac{GM}{r^3} \cdot X_s \\[2mm] \ddot{Y}_s = -\dfrac{G(M+m)}{r^3} \cdot Y_s \approx -\dfrac{GM}{r^3} \cdot Y_s \\[2mm] \ddot{Z}_s = -\dfrac{G(M+m)}{r^3} \cdot Z_s \approx -\dfrac{GM}{r^3} \cdot Z_s \end{cases} \tag{3-7}$$

式中,$r = \sqrt{X_s^2 + Y_s^2 + Y_s^2}$,公式最后一步推导用了近似相等,这是因为它忽略了与地球质量 M 比起来小很多的卫星质量 m。

式(3-7)是一个关于卫星位置矢量 $\boldsymbol{r}$ 在地心惯性坐标系中的非线性微分方程,它实际上是卫星的运动方程。给定卫星的初始条件,对式(3-7)进行一次积分可得到卫星的运行速度,二次积分可得到卫星的空间位置,因此在只考虑中心力的情况下,卫星运动方程是可以严格求解的。

3.1.2 摄动力

1. 地球非球形引力

地球不仅其内部的质量分布不均匀,而且形状也不规则。现代大地测量学已经确定,地球的实际形状大体上接近于一个长短轴相差 21 km 的椭球,但北极高出椭球面约 19 km,南极下凹约 26 km。一般而言,大地水准面与椭球面的高差均不超过 100 m。

地球体的这种不均匀性和不规则性,引起地球引力场的摄动,导致地球引力位模型含有一摄动位 ΔV。若设 V 为地球引力位,则地球引力位模型的一般形式为

$$V = \frac{GM}{r} + \Delta V \tag{3-8}$$

式中,M 为地球质量;G 为万有引力常数;r 为卫星到地球的距离。

摄动位 ΔV 的球谐函数展开的一般形式如下:

$$\Delta V = GM \sum_{n=2}^{n'} \frac{a^n}{r^{n+1}} \sum_{m=0}^{n} P_{nm}(\sin \phi)(C_{nm} \cos m\lambda + S_{nm} \sin m\lambda) \tag{3-9}$$

式中,a 为地球赤道半径;$P_{nm}(\sin \phi)$ 为 n 阶 m 次勒让德常数;C_{nm}、S_{nm} 为球谐系数;n' 为预定的某一最高阶次;λ、ϕ 为观测站的经度和纬度。摄动位 ΔV 为非球形修正项,对球形修正的大小反映了地球形状的不规则性和内部质量分布的不均匀性,这些均由球谐系数 C_{nm} 和 S_{nm} 的数值来体现。由于地球形状和密度分布没有具体表达形式,这组引力位系数实际上是通过卫星和地面大地测量综合平差给出的。

引力位可分为两个部分:与经度无关的部分($m=0$)称为带谐项(Zonal Harmonic),与经度有关的部分($m \neq 0$)称为田谐项(Tesseral Harmonic)。从式(3-9)可以看出,非球形引力位的大小与卫星到地球的距离成反比,卫星轨道越高,地球非球形引力的影响越弱。一般地,由于 GNSS 卫星的轨道较高,随着高度的增加,地球非球形引力的影响将迅速减小,所以只要应用式(3-9)展开式的较少项数,便可以满足确定卫星轨道的精度要求。地球引力场摄动位的影响,主要由与地球扁率有关的二阶球谐系数项($n=2$,$m=0$)所引起,其次是三阶($n=3$,$m=0$)和四阶($n=4$,$m=0$)球谐系数项。若视中心力的大小为 1,则二阶球谐系数项引起的摄动大小在 10^{-3} 量级,三阶和四阶球谐系数项引起的摄动量级在 10^{-6} 左右。

2. 日月引力

严格地讲,GNSS 卫星运动是一种复杂的多体运动。日月及其他行星对卫星的影响比地球引力小,故将其视为一种摄动力。日月引力对卫星轨道的影响,是由太阳和月亮的质量对卫星所产生的引力加速度而产生的。若用 m_S、m_M 分别表示日月的质量,r_S、r_M 分别表示日月的地心向径,r 表示卫星的地心向径,则日月引力对卫星的摄动加速度可表示为

$$\ddot{r}_S + \ddot{r}_M = Gm_S \left(\frac{r_S - r}{|r_S - r|^3} - \frac{r_S}{|r|^3} \right) + Gm_M \left(\frac{r_M - r}{|r_M - r|^3} - \frac{r_M}{|r|^3} \right) \tag{3-10}$$

由日月引力加速度引起的卫星轨道摄动主要表现为一种长周期摄动。以 GPS 卫星为例,日月引力产生的摄动加速度约为 5×10^{-6} m/s^2。若忽略这项影响,将可能使 GPS 卫星在 3 h 的弧段上产生 50～150 m 的位置误差。

尽管太阳的质量远大于月球的质量,但其距离太远,所以太阳引力的影响仅为月球引力影响的46%。其他行星对 GNSS 卫星轨道的影响,远小于太阳引力的影响,一般均可忽略。

3. 太阳辐射压力

卫星运行时,除直接受到太阳光辐射压力的影响外,还受到由地球反射的太阳光间接辐射压力的影响(图 3-1)。不过,间接辐射压力对卫星运动的影响较小,一般只有直接辐射压力影响的1%～2%。太阳辐射压力对球形卫星所产生的摄动加速度,既与卫星、太阳和地球之间的相对位置有关,也与卫星表面的反射特性、卫星的截面积与质量比有关,一般可近似表示如下:

$$\ddot{r}_{\text{光压}} = \gamma P_{\gamma} C_{\gamma} \frac{F}{m_{\text{S}}} r_{\text{S}}^2 \cdot \frac{r - r_{\text{S}}}{|\, r - r_{\text{S}} \,|^3} \tag{3-11}$$

式中,P_{γ} 为太阳的光压;C_{γ} 为卫星表面的反射因子;F/m_{S} 为卫星的截面积与卫星质量之比;r_{S} 为太阳的地心向径;γ 为卫星被地球阴影区掩盖程度的参数,在阴影区,$\gamma = 0$,在阳光直接照射下,$\gamma = 1$,一般 $0 < \gamma < 1$。

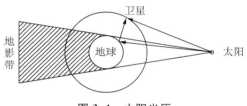

图 3-1 太阳光压

以 GPS 卫星为例,太阳光压对 GPS 卫星产生的摄动加速度约为 10^{-7} m/s^2 量级,将使卫星轨道在 3 h 的弧段上产生 5～10 m 的偏差。所以,对于基线大于 50 km 的精密相对定位而言,这一轨道偏差一般不能忽略。

4. 大气阻力

大气阻力加速度涉及卫星承受大气阻力的等效截面积、卫星质量、大气阻力系数、大气密度和卫星相对于大气的运动速度等因素。一方面,与光压作用类似,GNSS 卫星承受大气阻力的等效截面积与飞行姿态有关;另一方面,大气密度分布受太阳辐射的影响而呈现各种周期变化,与时间和高度等因素有关。大气阻力对低轨卫星的影响较大,对飞行高度为 200 km 的卫星引起的加速度约为 2.51×10^{-7} m/s^2。GNSS 卫星的轨道高度在 20 000 km 量级,这一高度的大气密度甚微,一般可忽略该影响。

5. 地球固体潮和海洋潮汐

地球固体潮和海洋潮汐同样会改变地球重力位,对 GNSS 卫星产生摄动加速度,以 GPS 卫星为例,其量级约为 10^{-9} m/s^2。若忽略地球固体潮的影响,在两天的弧段上将产生 0.5～1 m 的轨道误差;若忽略海洋潮汐的影响,在两天的弧段上将产生 1～2 m 的轨道误差。对于大多数 GNSS 测量而言,这项影响可忽略不计。

3.2 开普勒轨道参数模型

开普勒轨道参数表达的物理意义明确,用户算法相对简单,是表示卫星轨道最为常用的方法。GPS、BDS、Galileo、QZSS、NavIC 的广播星历向用户提供开普勒轨道参数,由此获得卫星的实时位置和速度。很多航天器也采用开普勒轨道参数计算其空间位置。

3.2.1 开普勒定律

GNSS 卫星在空间围绕地球运行时,主要受到来自地球的引力影响。在分析无摄轨道时,可以用开普勒所发现的三大行星运动定律描述。开普勒行星运动定律揭示的是行星围绕太阳运行的基本规律,它同样适用于描述 GNSS 卫星围绕地球运行的卫星轨道。

1. 开普勒第一定律

卫星运行的轨道是一个椭圆,该椭圆的一个焦点与地球的质心重合。

这一定律表明,在中心引力场中,卫星绕地球运行的轨道面是一个通过地球质心的静止平面。轨道椭圆一般称为开普勒椭圆,其形状和大小不变。在椭圆轨道上,卫星离地球质心(简称地心)最远的一点称为远地点,而离地心最近的一点称为近地点,它们在惯性空间的位置也是固定不变的(图 3-2 和图 3-3)。该椭圆的长半轴为 a_s,短半轴为 b_s,其偏心率 e_s 可表示为

$$e_s = \frac{\sqrt{a_s^2 - b_s^2}}{a_s} \tag{3-12}$$

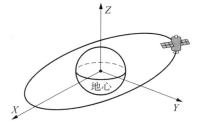

图 3-2　卫星绕地球运行的轨道图

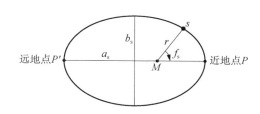

图 3-3　开普勒椭圆

卫星绕地球质心运动的轨道方程为

$$r = \frac{a_s(1 - e_s^2)}{1 + e_s \cos f_s} \tag{3-13}$$

式中,r 为卫星到地心的距离;f_s 为真近地点角。如图 3-2 所示,f_s 描述了任意时刻卫星在轨道上相对近地点的位置,是关于时间的函数。开普勒第一定律阐明了卫星运行轨道的基本形态及其与地心的关系。

2. 开普勒第二定律

卫星的地心向径,即地球质心与卫星质心间的距离向量,在相同的时间内所扫过的面积相等(图 3-4)。

与任何其他运动物体一样,在轨道上运行的卫星,也具有两种能量,即位能(或势能)和动能。位能仅受地球重力场的影响,其大小与卫星到地心的距离远近有关。在近地点时,位能最小;在远地点时,位能最大。卫星在任一时刻 t 所具有的位能为 $-GMm_s/r$。动能是由卫星的运动所引起的,其大小是卫星运动速度的函数。若取卫星的运动速度为 v_s,则其动能

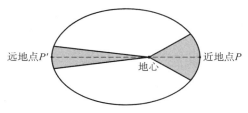

远地点P'　地心　近地点P

图3-4　卫星地心向径在相同时间扫过的面积

为 $m_s v_s^2/2$。根据能量守恒定理,卫星在运动过程中,其位能和动能之总和应保持不变,即

$$\frac{1}{2}m_s v_s^2 - \frac{GMm_s}{r} = 常量 \tag{3-14}$$

因此,卫星运行在近地点时动能最大,在远地点时动能最小。由此,开普勒第二定律所包含的内容如下:卫星在椭圆轨道上的运行速度是不断变化的,在近地点时速度最大,而在远地点时速度最小。

3. 开普勒第三定律

卫星运行周期的平方与轨道椭圆长半轴的立方之比为一常量,该常量等于地球引力常数 GM 的倒数。

开普勒第三定律的数学形式为

$$\frac{T_s^2}{a_s^3} = \frac{4\pi^2}{GM} \tag{3-15}$$

式中,T_s 为卫星绕地球运动的周期,其余符号同前。

若假设卫星运动的平均角速度为 n,则有

$$n = \frac{2\pi}{T_s} \tag{3-16}$$

于是,开普勒第三定律由式(3-15)式可写为

$$\frac{T_s^2}{a_s^3} = \frac{n^2 T_s^2}{GM} \tag{3-17}$$

或表示为常用形式

$$n = \sqrt{\frac{Gm}{a_s^3}} \tag{3-18}$$

显然,当开普勒椭圆的长半轴确定后,卫星运行的平均角速度随之确定,且保持不变。

三大行星运动定律是开普勒以大量的天文观测数据为基础,经过十几年的艰苦探索和研究后所提出的。行星运动三定律是天文学史上重要的科学发现,为科学解释天体运动打开了新的局面。

3.2.2　开普勒轨道参数

由开普勒定律可知,卫星运动的轨道是通过地心的一个椭圆,且椭圆的一个焦点与地心相重合。确定椭圆的形状和大小至少需要两个参数,即椭圆的长半轴 a_s 及其偏心率 e_s(或椭圆的短半轴 b_s)。此外,为确定任意时刻卫星在轨道上的位置,需要一个参数,一般取真近点角 f_s。

参数 a_s、e_s 和 f_s 唯一地确定了卫星轨道的形状、大小以及卫星在轨道上的瞬时位置。但是,仅凭这些参数,卫星轨道平面与地球体的相对位置和方向还无法确定。确定卫星轨道

与地球体之间的相互关系,可以表达为确定开普勒椭圆在天球坐标系中的位置和方向。因为根据开普勒第一定律,轨道椭圆的一个焦点与地心相重合,所以为了确定该椭圆在上述坐标系中的方向,尚需三个参数。

开普勒轨道参数(或称开普勒轨道根数)(图 3-5)的惯用符号及其定义简介如下:

a_s——轨道椭圆的长半轴,确定了开普勒椭圆的大小。

e_s——轨道椭圆的偏心率,确定了开普勒椭圆的形状。

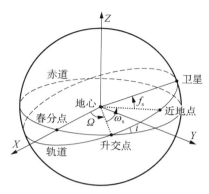

图 3-5 开普勒轨道参数

Ω——升交点的赤经,即在地球赤道平面上,升交点与春分点之间的地心夹角。升交点,即当卫星由南向北运行时,其轨道与地球赤道的一个交点。

i——轨道面的倾角,即卫星轨道平面与地球赤道面的夹角。

Ω 和 i 这两个参数,唯一地确定了卫星轨道平面与地球体之间的夹角。

ω_s——近地点角距,即在轨道平面,升交点与近地点之间的地心夹角。这一参数表达了开普勒椭圆在轨道平面上的定向。

f_s——卫星的真近点角,即在轨道平面上,卫星与近地点之间的地心角距。该参数为时间的函数,它确定了卫星在轨道上的瞬时位置。

一般而言,选用上述 6 个参数来描述卫星运动的轨道是合理且必要的。但在特殊情况下,例如当卫星轨道为一圆形轨道,即 $e_s=0$ 时,参数 ω_s 和 f_s 便失去意义。对于 GPS 卫星而言,$e_s \approx 0.01$,所以采用上述 6 个轨道参数是适宜的。至于参数 a_s、e_s、Ω、i、ω_s 的大小,则是由卫星的发射条件决定的。

参数 a_s、e_s、Ω、i、ω_s 和 f_s 所构成的坐标系统,通常称为轨道坐标系,它广泛地用于描述卫星的运动。在该系统中,当 6 个轨道参数确定后,便可唯一地确定卫星在任一瞬间相对于地球体的空间位置及其速度。

3.2.3 真近点角计算

对于一颗在无摄状态下运行的卫星,它的 6 个开普勒轨道参数在地心直角惯性坐标系中只有真近点角 f_s 是关于时间的函数,而其他 5 个参数均为常数。顾及真近点角 f_s 与时间的函数关系比较复杂,GNSS 广播星历中并不直接给出 f_s,而是引入两个辅助量来替代并推导出 f_s,这两个辅助量是偏近点角 E_s 和平近点角 M_s。

如图 3-6 所示,假设过卫星质心 m_s 作平行于椭圆短半轴的直线,则 m' 为该直线与近地点至椭圆中心连线的交点,m'' 为该直线与以椭圆中心为原点、a_s 为半径的大圆的交点。E_s 就是椭圆平面上近地点 P 至 m'' 点的圆弧所对应的圆心角。

平近点角 M_s 是一个假设量,不与图 3-6 中的任何真实角相对应,但它在卫星轨道计算中非常有用。若卫星在轨道上运动的平均速度为 n,则平近点角由下式定义:

$$M_s = n(t - t_0) \tag{3-19}$$

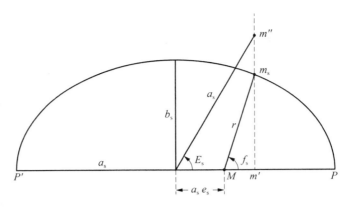

图 3-6 真近点角与偏近点角

式中，t_0 为卫星过近地点的时刻；t 为观测卫星的时刻。由式（3-19）可知，平近点角仅为卫星平均速度与时间的线性函数。对于任一确定的卫星而言，其平均速度是一个常数。所以，卫星在任意时刻 t 的平近点角便可由式（3-19）唯一地确定。

平近点角 M_s 与偏近角 E_s 之间有以下重要关系：

$$M_s = E_s - e_s \sin E_s \tag{3-20}$$

或

$$E_s = M_s + e_s \sin E_s \tag{3-21}$$

式（3-20）、式（3-21）称为开普勒方程，其在卫星轨道计算中具有重要的意义。为了根据平近点角 M_s 计算偏近点角 E_s，通常采用迭代法，这一方法对利用计算机进行计算尤为适宜。迭代法的初始值可近似取 $E_{s0} = M_s$，依次取

$$\begin{cases} E_{s1} = M_s + e_s \sin E_{s0} \\ E_{s2} = M_s + e_s \sin E_{s1} \\ \quad\vdots \\ E_{sn} = M_s + e_s \sin E_{s(n-1)} \end{cases} \tag{3-22}$$

直至 $\delta E_s = E_{sn} - E_{s(n-1)}$ 的绝对值小于某一设定微小量为止。由于 e_s 很小，故计算收敛很快。

由图 3-6 容易得出偏近点角与真近点角存在下列关系：

$$a_s \cos E_s = r \cos f_s + a_s e_s \tag{3-23}$$

于是，

$$\cos f_s = \frac{a_s}{r}(\cos E_s - e_s) \tag{3-24}$$

若将式（3-24）代入开普勒椭圆方程式（3-13），则可得

$$r = a_s(1 - e_s \cos E_s) \tag{3-25}$$

顾及式（3-13）和式（3-25），可得

48

$$\begin{cases} \cos f_s = \dfrac{\cos E_s - e_s}{1 - e_s \cos E_s} \\ \sin f_s = \dfrac{\sqrt{1 - e_s^2}\, \sin E_s}{1 - e_s \cos E_s} \end{cases} \tag{3-26}$$

或由式(3-26)可写出以下常用形式:

$$f_s = \arctan \frac{\sqrt{1 - e_s^2}\, \sin E_s}{\cos E_s - e_s} \tag{3-27}$$

因此,根据卫星的平近点角 M_s,首先按式(3-21)确定相应的偏近点角 E_s,再利用式(3-26)或式(3-27)可计算出相应的真近点角 f_s。

3.2.4 无摄状态下卫星瞬时位置计算

对于任意观测时刻 t,根据卫星的平均运行速度 n,便可唯一地确定相应的真近点角 f_s。这样,卫星在任一观测历元 t 相对于地球的瞬时空间位置便可随之确定。但是,为了实用上的方便,卫星的瞬时位置一般都采用与地球质心相联系的直角坐标系进行描述。

1. 卫星在轨道直角坐标系中的位置

轨道直角坐标系的原点一般选择地球质心,坐标轴指向则有以下两种选择方式:①x_0 轴指向近地点,z_0 轴垂直于轨道平面向上,y_0 轴在轨道平面上垂直于 x_0 轴,构成右手坐标系;②x_0 轴指向升交点,z_0 轴垂直于轨道平面向上,y_0 轴在轨道平面上垂直于 x_0 轴,构成右手坐标系(图 3-7)。相比较而言,第二种选择方式更为简便,此时卫星的瞬时坐标可由图 3-7 得到:

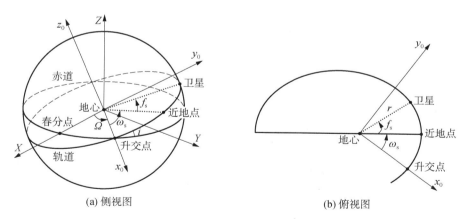

(a) 侧视图   (b) 俯视图

图 3-7 轨道直角坐标系

$$\begin{bmatrix} x_0 \\ y_0 \\ z_0 \end{bmatrix} = r \begin{bmatrix} \cos u \\ \sin u \\ 0 \end{bmatrix} \tag{3-28}$$

或

$$\begin{bmatrix} x_0 \\ y_0 \\ z_0 \end{bmatrix} = a_s \begin{bmatrix} (1 - e_s \cos E_s) \cos u \\ (1 - e_s \cos E_s) \sin u \\ 0 \end{bmatrix} \qquad (3\text{-}29)$$

式中，$u = \omega_s + f_s$，称为升交距角。

2. 卫星在天球坐标系中的位置

上一步骤只确定了卫星在轨道平面上的位置，而卫星轨道平面与地球体的相对定向尚需由轨道参数 Ω、i 确定。

为了在天球坐标系中表示卫星的瞬时位置，需要建立天球空间直角坐标系与轨道参数之间的数学关系式，可通过建立轨道直角坐标与天球空间直角坐标之间的关系来实现。根据定义，天球坐标系与轨道坐标系具有相同的原点，其差别在于坐标系的定向不同。所以，为了使两坐标系的定向一致，需将坐标系 (x_0, y_0, z_0) 依次作如下旋转：①绕 X 轴顺转角度 i，使两坐标系的 Z 轴相重合；②绕 Z 轴顺转角度 Ω，使两坐标系的 X 轴相重合。

这一过程可用旋转矩阵表示如下：

$$\begin{bmatrix} x \\ y \\ z \end{bmatrix} = \boldsymbol{R}_z(-\Omega) \boldsymbol{R}_x(-i) \begin{bmatrix} x_0 \\ y_0 \\ z_0 \end{bmatrix} \qquad (3\text{-}30)$$

式中，$\boldsymbol{R}_z(-\Omega)$、$\boldsymbol{R}_x(-i)$ 分别为绕 Z 轴、X 轴的旋转矩阵，可依次表示为

$$\begin{cases} \boldsymbol{R}_z(-\Omega) = \begin{bmatrix} \cos\Omega & -\sin\Omega & 0 \\ \sin\Omega & \cos\Omega & 0 \\ 0 & 0 & 1 \end{bmatrix} \\ \boldsymbol{R}_x(-i) = \begin{bmatrix} 1 & 0 & 0 \\ 0 & \cos i & -\sin i \\ 0 & \sin i & \cos i \end{bmatrix} \end{cases} \qquad (3\text{-}31)$$

3. 卫星在地球坐标系中的位置

为了利用 GNSS 卫星进行定位，一般应使观测的卫星和观测站的位置处于统一的坐标系下。为此，须给出卫星在地球坐标系中位置的表示形式。

由于瞬时地球空间直角坐标系与瞬时天球空间直角坐标系的差别体现为 X 轴的指向不同，若取其间的夹角为春分点的格林尼治恒星时 GAST，则卫星在地球坐标系中的瞬时坐标 (X, Y, Z) 与在天球坐标系中的瞬时坐标 (x, y, z) 的关系如下：

$$\begin{bmatrix} X \\ Y \\ Z \end{bmatrix} = \boldsymbol{R}_z(GAST) \begin{bmatrix} x \\ y \\ z \end{bmatrix} \qquad (3\text{-}32)$$

式中，$\boldsymbol{R}_z(GAST)$ 为绕 Z 轴的旋转矩阵，可表示为

$$\boldsymbol{R}_z(GAST) = \begin{bmatrix} \cos(GAST) & \sin(GAST) & 0 \\ -\sin(GAST) & \cos(GAST) & 0 \\ 0 & 0 & 1 \end{bmatrix} \qquad (3\text{-}33)$$

将式(3-30)代入式(3-33)得

$$\begin{bmatrix} X \\ Y \\ Z \end{bmatrix} = \boldsymbol{R}_z(GAST)\boldsymbol{R}_z(-\Omega)\boldsymbol{R}_x(-i) \begin{bmatrix} x_0 \\ y_0 \\ z_0 \end{bmatrix} \tag{3-34}$$

式(3-34)中最后两次旋转都是绕 Z 轴进行的,可以合并为一次旋转,顾及式(3-29)可得

$$\begin{bmatrix} X \\ Y \\ Z \end{bmatrix} = \boldsymbol{R}_z(GAST-\Omega)\boldsymbol{R}_x(-i) \begin{bmatrix} a_s(1-e_s\cos E_s)\cos u \\ a_s(1-e_s\cos E_s)\sin u \\ 0 \end{bmatrix} \tag{3-35}$$

若进一步顾及地极移动的影响,则卫星在协议地球坐标系中的位置为

$$\begin{bmatrix} X \\ Y \\ Z \end{bmatrix}_{\text{CTS}} = \boldsymbol{R}_y(-x_p)\boldsymbol{R}_x(-y_p) \begin{bmatrix} X \\ Y \\ Z \end{bmatrix} \tag{3-36}$$

3.2.5 受摄状态下的开普勒轨道参数

无摄状态仅考虑了中心力的作用,没有顾及其他摄动力的影响,显然这只是一种理想情况。由于摄动力作用,卫星的受摄轨道比无摄轨道要复杂得多。受摄轨道的轨道平面在空间的方向并不固定,轨道的形状同样不固定,且不是严格标准的椭圆。换言之,在摄动力作用下,轨道参数不是常数,而是关于时间的函数。

若仍然采用开普勒参数描述卫星的受摄运动,则所有的参数都是关于时间的函数。开普勒参数 $\Omega(t)$、$i(t)$、$a_s(t)$、$e_s(t)$、$\omega_s(t)$、$M_s(t)$ 可用 $\sigma_n(t)(n=1,2,\cdots,6)$ 表示。若参考时刻 t_0 对应的开普勒参数为 $\sigma_n(t_0)$,则时刻 t 对应的开普勒参数 $\sigma_n(t)$ 可表示为

$$\sigma_n(t) = \sigma_n(t_0) + \frac{\mathrm{d}\sigma_n(t)}{\mathrm{d}t}\bigg|_{t=t_0}(t-t_0) \tag{3-37}$$

为计算方便,式(3-37)中略去了高阶导数项,因而 $t-t_0$ 的数值不能过大,即式(3-37)只在一定时间段中才适用,该时间段就是所谓的导航电文的有效时间段。

综上所述,受摄轨道可进一步用开普勒参数表示,但所有参数都为时间的变量。若给出了初始参数及其变化率,则可求得瞬时参数,该原理在广播星历中被广泛采用。通过卫星的导航电文将已知的某一参考历元的轨道参数及其变化率发给用户接收机,即可计算出任一时刻的卫星位置。GPS、BDS、Galileo、QZSS、NavIC 的广播星历中均提供了参考时刻的开普勒轨道参数及其变化率,利用轨道参数计算卫星位置的步骤将在第 4 章中结合广播星历参数作详细介绍。

3.3 状态矢量参数模型

GPS、BDS、Galileo 的广播星历均采用一套扩展后的开普勒轨道参数模型,即包括开普

勒参数和开普勒轨道摄动参数,GLONASS 则采用一种不同方式的卫星星历模型。GLONASS 卫星星历参数由 GLONASS 地面控制段计算并上传至 GLONASS 卫星,通常每 30 min 更新一次。GLONASS 卫星所播发的星历参数是卫星在星历参考时刻 t_b 处的位置 (x,y,z)、速度 (v_x,v_y,v_z) 以及由日月引力所引起的加速度 $(\ddot{x}_{LS},\ddot{y}_{LS},\ddot{z}_{LS})$,这组参数称为状态矢量参数。

GLONASS 卫星轨道处于 19 000 km 以上,属于高轨卫星,其受力主要有地球中心引力、地球非球形引力、日月引力、太阳辐射压力和地球潮汐引力等一系列作用力。表 3-1 给出了各类摄动力在 1 h 内对卫星轨道的影响。因此,在地球非球形引力摄动中,高阶摄动项影响很小,可以仅考虑二阶带谐系数(J_2)所引起的摄动。由于 GLONASS 广播星历更新时间间隔比较短,在一般精度要求下,对于短时间段只需考虑地球中心引力、地球非球形引力和日月引力。

表 3-1　　　　　　　　　　　　　摄动力对 GLONASS 卫星的影响

摄动力	1 h 内引起的轨道偏移量/m	摄动力	1 h 内引起的轨道偏移量/m
J_2	300	月球引力	40
$J_n(n>2)$	0.6	太阳引力	20
田谐项	0.06	太阳辐射压力	0.6

3.3.1　地球引力

忽略短时间段内田谐项和高阶带谐项($n>2$)的影响,地球非球形引力摄动位 ΔV 可简化为

$$V=\frac{GM}{r}+\Delta V=\frac{GM}{r}+GM\frac{a^2}{r^3}C_{20}P_{20}(\sin\phi) \tag{3-38}$$

式中,$P_{20}(\sin\phi)$ 为勒让德常数,有

$$P_{20}(\sin\phi)=\frac{3}{2}\sin^2\phi-\frac{1}{2} \tag{3-39}$$

顾及 $z=r\sin\phi$、$J_2=-C_{20}$,式(3-38)可写为

$$V=\frac{GM}{r}-\frac{GMa^2}{r^3}J_2\left(\frac{3}{2}\frac{z^2}{r^2}-\frac{1}{2}\right) \tag{3-40}$$

地球中心引力和地球非球形引力引起的卫星加速度为

$$\ddot{r}_i=\frac{\mathrm{d}V}{\mathrm{d}r_i}=\frac{\partial V}{\partial r}\cdot\frac{\partial r}{\partial r_i}+\frac{\partial V}{\partial\lambda}\cdot\frac{\partial\lambda}{\partial r_i}+\frac{\partial V}{\partial\phi}\cdot\frac{\partial\phi}{\partial r_i} \tag{3-41}$$

式中,r 为卫星在地心地固坐标系中的位置向量;r_i 是位置向量 (x,y,z) 中任一分量,$r=\sqrt{x^2+y^2+z^2}$,为向量 r 的模,即卫星到地球的距离;$\ddot{r}$ 为向量 r 对时间 t 的二阶导数。由于带谐项与经度无关,式中 $\frac{\partial V}{\partial\lambda}=0$,式(3-41)可以简化为

$$\ddot{\boldsymbol{r}}_i = \frac{\mathrm{d}V}{\mathrm{d}\boldsymbol{r}_i} = \frac{\partial V}{\partial r}\frac{\partial r}{\partial \boldsymbol{r}_i} + \frac{\partial V}{\partial \phi}\frac{\partial \phi}{\partial \boldsymbol{r}_i} \tag{3-42}$$

分别代入位置向量 (x, y, z) 的各个分量,得到地球引力引起的卫星加速度:

$$\begin{cases} \dfrac{\mathrm{d}v_x}{\mathrm{d}t} = -\dfrac{GM}{r^3}x - \dfrac{3}{2}J_2\dfrac{GMa_{\mathrm{s}}^2}{r^5}x\left(1 - \dfrac{5z^2}{r^2}\right) \\[3mm] \dfrac{\mathrm{d}v_y}{\mathrm{d}t} = -\dfrac{GM}{r^3}y - \dfrac{3}{2}J_2\dfrac{GMa_{\mathrm{s}}^2}{r^5}y\left(1 - \dfrac{5z^2}{r^2}\right) \\[3mm] \dfrac{\mathrm{d}v_z}{\mathrm{d}t} = -\dfrac{GM}{r^3}z - \dfrac{3}{2}J_2\dfrac{GMa_{\mathrm{s}}^2}{r^5}z\left(3 - \dfrac{5z^2}{r^2}\right) \end{cases} \tag{3-43}$$

3.3.2 日月引力

设给定参考时刻 t_{b} 的卫星位置和速度向量,定义坐标系原点与 PZ-90 坐标系原点一致,坐标轴指向与 t_{b} 时刻的 PZ-90 坐标轴相同,显然这个坐标系不随地球一起运动,可以作为惯性坐标系。那么,在 t_{b} 时刻附近,由于时间间隔短,可以忽略极移、岁差、章动的影响,近似地认为 t 时刻的地心地固直角坐标系到该地心惯性坐标系的转换只是简单地绕着共同的 Z 轴(即地球自转轴)旋转一个 $-\theta$ 角度,其中时角 θ 为地球在 $t - t_{\mathrm{b}}$ 时段内自转的角度,即

$$\theta = \omega_{\mathrm{e}}(t - t_{\mathrm{b}}) \tag{3-44}$$

式中,$\omega_{\mathrm{e}} = 7.292\,115 \times 10^{-5}$ rad/s 是 PZ-90 坐标系的地球自转角速度。

设任一时刻 t 卫星在地心地固直角坐标系中的位置、速度和加速度向量为 $\boldsymbol{r}$、$\boldsymbol{v}$、$\boldsymbol{a}$,即

$$\boldsymbol{r} = \begin{bmatrix} x & y & z \end{bmatrix}^{\mathrm{T}} \tag{3-45}$$

$$\boldsymbol{v} = \frac{\mathrm{d}\boldsymbol{r}}{\mathrm{d}t} = \begin{bmatrix} v_x & v_y & v_z \end{bmatrix}^{\mathrm{T}} \tag{3-46}$$

$$\boldsymbol{a} = \frac{\mathrm{d}^2\boldsymbol{r}}{\mathrm{d}t^2} = \frac{\mathrm{d}\boldsymbol{v}}{\mathrm{d}t} = \begin{bmatrix} a_x & a_y & a_z \end{bmatrix}^{\mathrm{T}} \tag{3-47}$$

卫星在该地心惯性坐标系中相应的位置、速度和加速度向量为 $\boldsymbol{R}$、$\boldsymbol{V}$、$\boldsymbol{A}$,则它们之间的关系为

$$\boldsymbol{R} = \boldsymbol{N}\boldsymbol{r} \tag{3-48}$$

式中,坐标变换矩阵 $\boldsymbol{N}$ 为

$$\boldsymbol{N} = \begin{bmatrix} \cos(-\theta) & \sin(-\theta) & 0 \\ -\sin(-\theta) & \cos\theta(-\theta) & 0 \\ 0 & 0 & 1 \end{bmatrix} = \begin{bmatrix} \cos\theta & -\sin\theta & 0 \\ \sin\theta & \cos\theta & 0 \\ 0 & 0 & 1 \end{bmatrix} \tag{3-49}$$

将式(3-48)对时间 t 求导:

$$\begin{cases} \boldsymbol{V} = \boldsymbol{N}\boldsymbol{v} + \dot{\boldsymbol{N}}\boldsymbol{r} \\ \boldsymbol{A} = \boldsymbol{N}\boldsymbol{a} + 2\dot{\boldsymbol{N}}\boldsymbol{v} + \ddot{\boldsymbol{N}}\boldsymbol{r} \end{cases} \tag{3-50}$$

坐标变换矩阵 $\boldsymbol{N}$ 对时间 t 的一阶和二阶导数分别为

$$\dot{\boldsymbol{N}} = \omega_e \begin{bmatrix} -\sin\theta & -\cos\theta & 0 \\ \cos\theta & -\sin\theta & 0 \\ 0 & 0 & 0 \end{bmatrix} \tag{3-51}$$

$$\ddot{\boldsymbol{N}} = \omega_e^2 \begin{bmatrix} -\cos\theta & \sin\theta & 0 \\ -\sin\theta & -\cos\theta & 0 \\ 0 & 0 & 0 \end{bmatrix} \tag{3-52}$$

根据上述公式,在时角 θ 绝对值很小且一些高阶项可忽略的情况下,卫星在该地心惯性坐标系中的加速度为

$$\boldsymbol{A} \approx \boldsymbol{a} + \begin{bmatrix} -2\omega_e v_y - \omega_e^2 x \\ 2\omega_e v_x - \omega_e^2 y \\ 0 \end{bmatrix} \tag{3-53}$$

GLONASS 广播星历给出了参考时刻 t_b 处由日月引力所引起的加速度 $(\ddot{x}_{LS}, \ddot{y}_{LS}, \ddot{z}_{LS})$,根据式(3-53),在地心地固直角坐标系中,由日月引力所引起的加速度为

$$\begin{cases} \dfrac{\mathrm{d}v_x}{\mathrm{d}t} = \omega_e^2 x + 2\omega_e v_y + \ddot{x}_{LS} \\[2mm] \dfrac{\mathrm{d}v_y}{\mathrm{d}t} = \omega_e^2 y - 2\omega_e v_x + \ddot{y}_{LS} \\[2mm] \dfrac{\mathrm{d}v_z}{\mathrm{d}t} = \ddot{z}_{LS} \end{cases} \tag{3-54}$$

综合式(3-43)和式(3-54),GLONASS 卫星在 PZ-90 地心地固直角坐标系中的运动方程为

$$\begin{cases} \dfrac{\mathrm{d}v_x}{\mathrm{d}t} = -\dfrac{GM}{r^3}x - \dfrac{3}{2}J_2\dfrac{GMa_s^2}{r^5}x\left(1-\dfrac{5z^2}{r^2}\right) + \omega_e^2 x + 2\omega_e v_y + \ddot{x}_{LS} \\[3mm] \dfrac{\mathrm{d}v_y}{\mathrm{d}t} = -\dfrac{GM}{r^3}y - \dfrac{3}{2}J_2\dfrac{GMa_s^2}{r^5}y\left(1-\dfrac{5z^2}{r^2}\right) + \omega_e^2 y - 2\omega_e v_x + \ddot{y}_{LS} \\[3mm] \dfrac{\mathrm{d}v_z}{\mathrm{d}t} = -\dfrac{GM}{r^3}z - \dfrac{3}{2}J_2\dfrac{GMa_s^2}{r^5}z\left(3-\dfrac{5z^2}{r^2}\right) + \ddot{z}_{LS} \end{cases} \tag{3-55}$$

式中,9 个状态矢量参数 (x, y, z)、(v_x, v_y, v_z)、$(\ddot{x}_{LS}, \ddot{y}_{LS}, \ddot{z}_{LS})$ 均由广播星历提供;$a_s = 6\ 378\ 136.0$ m,$GM = 398\ 600.44 \times 10^9$ m³/s²,$J_2 = 1\ 082\ 625.7 \times 10^{-9}$ 分别是 PZ-90 坐标系所用参考椭球的长半轴、地球引力常数和二阶带谐系数。

式(3-55)忽略了地球非球形引力摄动的高阶项 $(n > 2)$、日月引力中卫星和日月短期相对运动以及太阳光压摄动的影响,是一种简化的摄动力模型。

GLONASS 广播星历参数的更新时间是 30 min,在短时间内日月、地球和卫星三者的几何关系变化很小,对应的日月引力摄动加速度的变化也很小,在星历的有效时段内被近似认为恒定不变。

3.3.3 卫星瞬时位置的计算

GLONASS 卫星在地固坐标系中的运动方程为一个二阶常微分方程组，没有解析解，在实际计算过程中，只能通过数值积分的方法求得其数值解。若已知参考时刻 t_0 处的位置、速度和加速度向量分别为 $\boldsymbol{r}_0$、$\dot{\boldsymbol{r}}_0$、$\ddot{\boldsymbol{r}}$，则可通过下列积分运算求得 t 时刻的速度和位置：

$$\begin{cases} \dot{\boldsymbol{r}} = \dot{\boldsymbol{r}}_0 + \int_{t_0}^{t} \ddot{\boldsymbol{r}} \, \mathrm{d}t \\ \boldsymbol{r} = \boldsymbol{r}_0 + \int_{t_0}^{t} \dot{\boldsymbol{r}} \, \mathrm{d}t \end{cases} \tag{3-56}$$

GLONASS 官方接口控制文件推荐采用四阶的 Runge-Kutta 积分算法，这是目前使用最广泛、精度较高且容易实现的一种数值积分方法。Runge-Kutta 法的基本思想是将积分函数在积分区间上若干点处用函数值的线性组合来代替积分函数的导数，然后按泰勒公式展开确定相应的系数，从而避免高阶导数计算的困难，同时能保证一定的精度，其具体计算流程见 4.6.2 节。

3.4 卫星星历

卫星星历是描述卫星运动轨道的信息。高精度的卫星空间位置是导航定位的重要基础，用户利用卫星星历可以计算出任意时刻的卫星位置及其速度，从而满足导航定位解算和误差改正等的需要。卫星星历分为广播星历和精密星历。

3.4.1 广播星历

广播星历是由 GNSS 地面跟踪站观测和计算，并由 GNSS 卫星导航电文向全球所有用户公开播发的预报星历，具有实时性、易获取等特点，对导航和实时定位非常方便。以 GPS 为例，其广播星历是由监测站对卫星进行跟踪观测，然后将观测数据送到主控站；主控站利用采集到的数据中的 P 码观测值根据卡尔曼滤波方法估计卫星位置、速度、太阳光压系数、钟差、钟漂和漂移速度等参数，再利用这些参数推估后续时刻的卫星位置和钟差，并对这些结果进行拟合得到相应的轨道参数，最后生成导航电文进行播发。

广播星历是通过导航电文向用户播发的，由于各个 GNSS 导航电文的结构、内容等各不相同，不同接收机往往也使用不同的数据存储格式。考虑到与接收机无关的交换格式（RINEX）在 GNSS 测量中的广泛应用，本小节以较新的 RINEX 3.03 版本介绍广播星历文件的格式及内容（图 3-8）。

1. GPS、BDS 和 Galileo 广播星历

GPS、BDS 和 Galileo 的广播星历文件格式完全相同，仅个别位置对应的参数存在差异。表 3-2 对广播星历文件格式及各个参数的含义进行了解释。在这些参数中，$\sqrt{a_s}$、e_s、i_0、ω_s、Ω_0、M_0 定义了一个标准的轨道椭圆，9 个摄动参数 Δn、$\dot{\Omega}$、$\dot{i}$、C_{uc}、C_{us}、C_{rc}、C_{rs}、C_{ic}、C_{is} 直接或间接对上述 6 个开普勒参数进行改正，主要代表地球非球形引力摄动、日月

```
     3.03              NAVIGATION DATA    M (Mixed)        RINEX VERSION / TYPE
BCEmerge           congo                20200117 004602 GMT PGM / RUN BY / DATE
Merged GPS/GLO/GAL/BDS/QZS/SBAS/IRNSS navigation file     COMMENT
based on CONGO and MGEX tracking data                     COMMENT
DLR/GSOC: O. Montenbruck; P. Steigenberger               COMMENT
GAUT  0.0000000000e+00 0.000000000e+00 259200 2088        TIME SYSTEM CORR
GPGA -2.0081643015e-09-4.440892099e-15 345600 2088        TIME SYSTEM CORR
GPUT -1.8626451492e-09-2.664535259e-15 503808 2088        TIME SYSTEM CORR
QZUT  5.5879354477e-09 0.000000000e+00 528384 2088        TIME SYSTEM CORR
    18                                                    LEAP SECONDS
                                                         END OF HEADER
G01 2020 01 16 02 00 00-2.637719735503e-04-1.216449163621e-11 0.000000000000e+00
     6.000000000000e+01 2.171875000000e+01 4.440899266994e-09 1.090574399601e-01
     1.233071088791e-06 9.270325885154e-03 5.342066287994e-06 5.153636754990e+03
     3.528000000000e+05-9.313225746155e-09-8.299327076285e-01 7.450580596924e-08
     9.785277849814e-01 2.827187500000e+02 7.569390744193e-01-8.357133822454e-09
     1.539349834385e-10 2.088000000000e+00 2.088000000000e+03 0.000000000000e+00
     2.000000000000e+00 0.000000000000e+00 5.587935447693e-09 6.000000000000e+01
     3.456000000000e+05 4.000000000000e+00
R01 2020 01 16 00 15 00 5.566142499447e-05 0.000000000000e+00 3.456000000000e+05
    -6.995569824219e+03-2.647719383240e+00 1.862645149231e-09 0.000000000000e+00
     8.675729492188e+03-1.689943313599e+00 0.000000000000e+00 1.000000000000e+00
     2.294077343750e+04-1.670684814453e-01-2.793967723846e-09 0.000000000000e+00
E01 2020 01 16 00 50 00-7.744385511614e-04-8.000711204659e-12 0.000000000000e+00
     6.900000000000e+01 3.209776557220e+00-4.527896117908e-11
    -4.041939973831e-07 1.634813379496e-04 5.472451448441e-06 5.440606376648e+03
     3.486000000000e+05-1.117587089539e-08 3.059189216767e+00-2.607703208923e-08
     9.849003014851e-01 2.353437500000e+02-2.384398181469e-01-5.702023226440e-09
    -2.757257707994e-10 5.160000000000e+02 2.088000000000e+03
     3.120000000000e+00 0.000000000000e+00-1.629814505577e-09-1.862645149231e-09
     3.497140000000e+05
C01 2020 01 16 00 00 00 3.857837291434e-04 4.526778951686e-11 0.000000000000e+00
     1.000000000000e+00-6.085156250000e+02 2.141874931974e-09 1.554593655414e+00
    -1.990143209696e-05 2.383834216744e-04 6.803311407506e-07 6.493356222153e+03
     3.456000000000e+05-8.242204785347e-08-2.817633198784e+00 1.410953700542e-07
     9.453449335253e-02-2.718750000000e+01-2.506881904665e+01-1.162191267074e-09
    -2.246522148093e-10 0.000000000000e+00 7.320000000000e+02 0.000000000000e+00
     2.000000000000e+00 0.000000000000e+00 1.420000000000e-08-1.040000000000e-08
     3.456000000000e+05
J01 2020 01 16 00 00 00-3.255060873926e-04 4.547473508865e-13 0.000000000000e+00
     1.570000000000e+02-8.257500000000e+02 1.358985178616e-09-2.852995411968e+00
    -2.523511648178e-05 7.537638361100e-02 2.803280949593e-05 6.493768545151e+03
     3.456000000000e+05-4.637986421585e-07 6.083814258255e-01 1.396983861923e-06
     7.245597219407e-01-8.422500000000e+02-1.560358224897e+00-2.300452965957e-09
     2.339383158984e-10 2.000000000000e+00 2.088000000000e+03 0.000000000000e+00
     2.800000000000e+00 0.000000000000e+00-5.122274160385e-09 9.250000000000e+02
     3.455760000000e+05
I01 2020 01 16 08 00 00 8.543254807591e-05-1.409716787748e-11 0.000000000000e+00
     4.000000000000e+00-5.375000000000e+00 3.963022218640e-09-1.931961281805e+00
    -2.197921276093e-07 1.681084046140e-03-6.686896085739e-06 6.493411630630e+03
     3.744000000000e+05 1.154839992523e-07 2.948996634301e+00-5.587935447693e-08
     5.025244746529e-01 2.812500000000e+02 3.103707344132e+00-3.863018053065e-09
    -3.553719455251e-10                    2.088000000000e+03
     2.800000000000e+00 0.000000000000e+00-1.396983861923e-09
     3.760440000000e+05
```

图 3-8　RINEX 格式广播星历文件

引力摄动及太阳辐射压力摄动的影响。根据上述数据,选择相应时间的卫星星历参数,便可外推出观测时刻 t 的轨道参数,以计算卫星在不同参考系中的相应坐标。

表 3-2　　　　　　　　　　　GPS/BDS/Galileo 广播星历文件说明

行号	参数			参数说明
	GPS	BDS	Galileo	
1	SV			卫星号,由卫星系统标识符 G、C、E 及卫星编号组成,G、C、E 分别表示 GPS、BDS 和 Galileo
	t_{oc}			卫星钟参考时刻,依次为年(4 位数)、月、日、时、分、秒
	a_0			卫星钟差(s)
	a_1			卫星钟漂(s/s)
	a_2			卫星钟漂速率(s/s^2)

行号	参数			参数说明
	GPS	BDS	Galileo	
2	IODE	AODE	IODN	IODE:星历数据期号 AODE:星历数据龄期 IODN:导航数据期号
	C_{rs}			卫星地心距的正弦调和改正项的振幅(m)
	Δn			平均角速度 n 的改正数(rad/s)
	M_0			参考时刻 t_{oe} 的平近点角(rad)
3	C_{uc}			升交距角的余弦调和改正项的振幅(rad)
	e_s			轨道偏心率
	C_{us}			升交距角的正弦调和改正项的振幅(rad)
	$\sqrt{a_s}$			轨道长半轴的平方根($\sqrt{m}$)
4	t_{oe}			星历参考时刻,从本周周日零时开始计(s)
	C_{ic}			轨道倾角余弦调和改正项的振幅(rad)
	Ω_0			参考时刻的升交点赤经与本周开始时刻的格林尼治真恒星时之差(rad)
	C_{is}			轨道倾角的正弦调和改正项的振幅(rad)
5	i_0			参考时刻的轨道倾角(rad)
	C_{rc}			卫星地心距的余弦调和改正项的振幅(m)
	ω_s			近地点角距(rad)
	$\dot{\Omega}$			升交点赤经的变化率(rad/s)
6	$\dot{i}$			轨道倾角的变化率(rad/s)
	Codes on L2 channel	spare	Data sources	Codes on L2 channel:L2 上的码 Data sources:数据源
	GNSS Week			参考时刻对应的 GNSS 周数
	L2 P data flag	spare	spare	L2 P data flag:L2 P 码标志
7	SV accuracy		SISA	SV accuracy:卫星轨道精度(m) SISA:空间信号精度(m)
	SV health			卫星健康状况
	TGD	TGD B1/B3	BGD E5a/E1	TGD:GPS 群延差改正参数(s) TGD B1/B3:B1/B3 信号的设备时延的差值(s) BGD E5a/E1:E5a/E1 信号的设备时延的差值(s)
	IODC	TGD B2/B3	BGD E5b/E1	IODC:时钟数据期号 TGD B2/B3:B2/B3 信号的设备时延的差值(s) BGD E5b/E1:E5b/E1 信号的设备时延的差值(s)
8	Transmission time of message			电文传输时间(s)
	Fit interval	AODC	spare	Fit interval:拟合间隔(h) AODC:时钟数据龄期
	spare			
	spare			

通常情况下，GPS广播星历每2 h更新一组轨道参数，BDS广播星历每1 h提供一组轨道参数，Galileo广播星历每10 min提供一组轨道参数。但是，在某些特殊或紧急情况下，卫星也可能会加插播发一组广播星历参数。值得注意的是，区域卫星导航定位系统NavIC、QZSS播发的广播星历与GPS、BDS、Galileo的广播星历一样，也是提供参考时刻的开普勒参数和摄动参数，具体可查阅相关文献。

2. GLONASS广播星历

在GLONASS卫星发射的广播星历中，卫星的轨道用给定参考时刻在PZ-90地固坐标系中的卫星位置和速度向量以及太阳和月亮的摄动加速度等参数表示，每30 min更新一次。表3-3给出了GLONASS广播星历参数的定义。

表3-3　　　　　　　　　　　　　　GLONASS广播星历文件说明

行号	参数	参数说明
1	SV	卫星号，由卫星系统标识符R及卫星编号组成
	TOC	卫星钟时间，依次为年(4位数)、月、日、时、分、秒
	TauN	卫星钟差(s)
	GammaN	卫星相对频偏
	t_b	星历参考时间(UTC周内秒)
2	x	卫星的x坐标值(km)
	v_x	x坐标速度(km/s)
	a_x	x坐标加速度(km/s^2)
	health	卫星健康状况(0＝正常)
3	y	卫星的y坐标值(km)
	v_y	y坐标速度(km/s)
	a_y	y坐标加速度(km/s^2)
	frequency number	频率数(1～24)
4	z	卫星的z坐标值(km)
	v_z	z坐标速度(km/s)
	a_z	z坐标加速度(km/s^2)
	Age of oper. information	运行信息龄期(days)

以参考时刻的卫星位置、速度和加速度为初始值，考虑卫星运动的摄动力模型，用数值积分的方法求出卫星的轨道，用于定位时计算卫星的坐标。

3.4.2　精密星历

精密星历是一些机构根据地面跟踪站所获得的GNSS卫星的精密观测资料，采用与确定广播星历计算相似的方法而求得的卫星星历。它可以向用户提供在用户观测时间内的卫星星历，避免了星历外推的误差。由于这种星历是在事后向用户提供的在其观测时间内的精密轨道信息，因此也称为后处理星历，其精度优于广播星历，主要满足大地测量、地球动力学研究等精密应用领域的需要。精密星历不通过GNSS卫星的导航电文向用户传递，而是需要用户在专门的网站下载。

目前,精度最高、使用最为广泛、最为方便的精密星历是国际 GNSS 服务(IGS)组织提供的精密星历。IGS 下设的各个分析中心也发布各自的精密星历,用户可以通过互联网下载获得。精密星历包括最终精密星历(Final)、快速精密星历(Rapid)、超快速精密星历(Ultra-rapid)三种类型。精密星历采用 sp3 格式,其存储方式为 ASCII 文本文件,内容包括文件头信息和记录信息。文件记录按照一定的时间间隔(如 15 min)给出目前在轨卫星的三维坐标和卫星钟差信息,有的还给出卫星的三维速度及相关精度指标信息。

图 3-9 是 IGS 下设的分析中心——欧洲定轨中心(CODE)发布的 2020 年 1 月 16 日的精密星历,该文件按照 5 min 的间隔给出 GPS、GLONASS、Galileo、BDS 和 QZSS 卫星的三维坐标和卫星钟差。文件包括文件头和若干时刻的数据体,数据体的每一行分别为卫星号,卫星的 X、Y、Z 坐标(单位为 km),以及卫星钟差(单位为 ms)。

```
#dP2020  1 16  0  0  0.00000000     289 d+D   IGS14 FIT AIUB
## 2088 345600.00000000    300.00000000 58864 0.0000000000000
+   91   G01G02G03G04G05G06G07G08G09G10G11G12G13G14G15G16G17
+        G18G19G20G21G22G23G24G25G26G27G28G29G30G31G32R01R02
+        R03R04R05R07R08R09R11R12R13R14R15R16R17R18R19R20R21
+        R22R23R26E01E02E03E04E05E07E08E09E11E12E13E14E15E18
+        E19E21E24E25E26E27E30E31E33E36C06C07C08C09C10C11C12
+        C13C14C16J01J02J03  0  0  0  0  0  0  0  0  0  0  0
++        5  5  5  5  5  5  5  5  5  5  5  5  5  5  5  5  5
++        5  5  5  5  5  5  5  5  5  5  5  5  5  5  5  5  5
++        5  5  5  5  5  5  5  5  5  5  5  5  5  5  5  5  5
++        5  5  5  5  5  5  5  5  5  5  5  5  5  5  5  5  5
++        5  5  5  5  5  5  5  5  5 10  5  5  5  5  5  5  5
++        5  5  5  5  5 10  5  0  0  0  0  0  0  0  0  0  0
%f  1.2500000  1.025000000  0.00000000000  0.000000000000000
%f  0.0000000  0.000000000  0.00000000000  0.000000000000000
%i     0     0     0     0      0      0      0      0      0
%i     0     0     0     0      0      0      0      0      0
/* CODE MGEX orbits and clocks
/* of DOY 20016
/*
/* PCV:IGS14    OL/AL:FES2004   NONE     YN ORB:CoN CLK:CoN
*  2020  1 16  0  0  0.00000000
PG01  13838.017189 -22079.970588  -4339.152210     -263.685380
PG02 -19207.787307   9259.211392 -15134.818167     -386.623435
PG03   8133.370205 -13724.276832 -21278.329779      -73.188182
PG04   3148.330122 -21761.401620 -14879.623331 999999.999999
PG05 -25097.428814   3114.567905   8295.287352       -6.149991
PG06 -15160.098006  -4000.639245 -21390.871009     -183.198808
PG07   -309.252270 -19755.754180  17803.605097     -192.956503
PG08   9906.785580 -13209.866074  20783.004886      -20.345860
PG09  -5523.684668 -25156.821425  -6517.440256     -133.330299
PG10  20575.822147  11594.645253  12451.356058     -210.824699
PG11  10080.867441 -23732.598569   6469.175935     -389.044972
PG12 -12668.944763  11380.785507 -20559.027957      161.923031
PG13 -14347.410611   4442.880492  21779.774322      -19.685969
PG14  16359.431256  10539.210404 -17829.792827      -38.539091
PG15  -8867.651687  14893.830665  19722.928855     -258.340773
PG16  25497.568117    452.159484   8011.976486     -113.991626
PG17 -14005.801161 -19840.048033 -10395.087656      199.285563
PG18  17104.940423 -19808.256681   3721.021083      113.669599
PG19 -15725.168109 -13124.914525 -17195.744304     -211.969946
PG20  11272.086586  14399.694285  19235.162404      527.801638
PG21   3634.329354  18894.081803  19200.061805      -55.179247
PG22  16293.337475 -11777.137378 -17083.169416     -782.042155
PG23   1234.712330 -22330.221606 -13678.779795     -142.847545
PG24 -13946.710038  22313.234027  -1767.772499       -7.628374
PG25   2168.632354  15449.505921 -21747.624672      -15.933961
PG26  26299.820964   4158.554762  -1706.053750      128.119028
PG27  15306.483508   -937.204804  21607.257230      182.301936
PG28 -20136.560757 -12997.212782  11890.703111      745.052753
PG29   3533.576900  25427.223426  -6803.889621       -8.482891
PG30 -10139.581085 -12177.159038  21329.903207     -130.170319
PG31  17185.933180   1672.425864 -20334.657439      -16.793218
PG32  15847.315990  18376.226799 -10895.930413      185.989263
```

图 3-9　精密星历实例

从上述介绍可以看出,广播星历与精密星历存在以下五点区别:

(1)星历发布机构主体不同。广播星历是由建立和维护 GNSS 的官方机构发布的,精密星历则是由第三方机构发布的。

（2）星历发布方式不同。广播星历是 GNSS 卫星信号的一个组成部分，在接收 GNSS 信号的同时可实时获得广播星历参数。精密星历则无法通过实时的卫星信号获得，只能通过互联网下载的方式事后或实时获得。

（3）星历内容不同。广播星历是关于卫星的轨道参数，GPS、BDS、Galileo 给出的是开普勒轨道参数及其摄动参数，GLONASS 给出的则是卫星位置、速度等状态矢量参数。而精密星历是按照一定时间间隔直接给出卫星的三维坐标，由此也导致计算卫星位置的方法不同。

（4）星历精度不同。广播星历本质上是预报的结果，精密星历则是实测的结果，因此，精密星历的精度高于广播星历的精度，一般相差 2 个数量级。以 IGS 提供的 GPS 精密星历为例，其最终星历精度在 2.5 cm，而 GPS 广播星历精度水平为 100 cm。

（5）GNSS 观测量参考点为卫星天线相位中心，而精密星历计算的卫星位置是卫星质心的坐标。广播星历则不完全相同，例如，GPS、GLONASS、Galileo 广播星历参数计算的卫星位置为天线相位中心位置，而 BDS 广播星历计算的卫星位置是卫星质心的位置。

在实际应用中，还应注意精密卫星轨道产品通常提供了参考框架一致的 GNSS 卫星轨道，此时不涉及卫星轨道坐标转换的问题。由广播星历计算出的卫星轨道则属于各个 GNSS 专用的坐标系。

第 4 章 GNSS 卫星信号结构

GNSS 卫星发射的信号包括载波、测距码和导航电文三个部分,其作用各不相同。载波是可运载调制信号的高频振荡波。在无线电通信中,为了更好地传送信息,往往先将这些信息调制在高频的载波上,然后将这些调制波播发出去,而不是直接传递这些信息。在 GNSS 卫星信号中,载波起到了传送测距码和导航电文等有用信息的作用,即担当起传统意义上载波的角色。在 GNSS 测量中,载波又被当作一种测距信号使用,其测距精度比测距码高 2~3 个数量级,所以载波相位测量在高精度定位中得到了广泛的应用。此外,利用载波信号还可以获得多普勒频移值,可用于测速等。测距码是用于测定从卫星至接收机间距离的二进制码,在基于码分多址(CDMA)的卫星导航系统中还起着扩频和分址的作用。导航电文是由 GNSS 卫星向用户播发的一组包含卫星星历参数、卫星钟的改正参数、电离层延迟修正参数及卫星的工作状态等信息的二进制代码,也称数据码(D 码),是用户利用卫星导航定位时的一组重要数据。通过导航电文和测距码的异或相加实现扩频调制,然后再将它们的组合码调制到载波上。

了解 GNSS 信号的特性和功能,是理解伪距测量、载波相位测量原理和特点的基础。本章在介绍伪随机码基本理论的基础上,着重介绍各个 GNSS 系统的信号结构,最后介绍利用广播星历和精密星历计算卫星位置和速度的方法。

4.1 伪随机码的基本理论

4.1.1 m 序列

现代数字通信普遍采用二进制数(即"0"和"1")来表示和传递信息,并以二进制数"0"代表正电平(+1),以二进制数"1"代表负电平(−1)。二进制码序列中的一位二进制数称为一个码元、一个码片或一个比特(bit),图 4-1 所示的二进制码序列包含 25 个码元,对应的二进制码为 1111000100110101111000100。一个码元的持续时间称为码元宽度,码元宽度也可以换算成距离表示。码发生器每秒输出的码元个数称为码速率,用"比特数/秒"或"bps"表示。

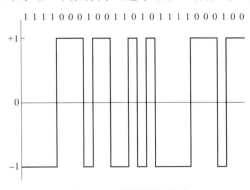

图 4-1 二进制码序列

若完全随机地、相互独立地产生一系列二进制数,则这些数先后排列在一起就形成一个二进制数随机序列。显然,二进制数随机序列不能被预测,不能重现,也没有周期性,序列中出现 0 和 1 的概率均为 0.5。二进制数随机序列自相关性非常好,然而由于随机码不能复制,故很难在实际中加以利用。

伪随机噪声(PRN)码简称伪随机码或者伪码,它不仅是一种能预先确定的、具有周期性的二进制数序列,而且具有接近于二进制数随机序列的良好自相关特性。这种周期性的伪随机码可以由反馈移位寄存器产生。图 4-2 是四级反馈移位寄存器。当移位寄存器开始工作时,各级存储单元处于全"1"状态;此后在时钟脉冲的驱动下,每个寄存器都将自己的状态传递给下一个寄存器,第三、四两级寄存器的状态还要经过模二加后反馈给第一级寄存器,所产生的二进制数序列从第四级寄存器输出,形成一个周期性的二进制数序列。移位寄存器经历 15 种不同的状态,然后再返回到状态"1",从而完成一个周期(表 4-1)。

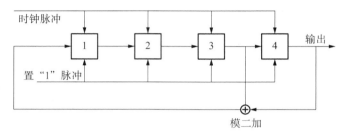

图 4-2 四级反馈移位寄存器

表 4-1   四级反馈移位寄存器状态表

状态编号	各级状态				模二加反馈	末级输出的二进制数
	①	②	③	④	③＋④	
1	1	1	1	1	0	1
2	0	1	1	1	0	1
3	0	0	1	1	0	1
4	0	0	0	1	1	1
5	1	0	0	0	0	0
6	0	1	0	0	0	0
7	0	0	1	0	1	0
8	1	0	0	1	1	1
9	1	1	0	0	0	0
10	0	1	1	0	1	0
11	1	0	1	1	0	1
12	0	1	0	1	1	1
13	1	0	1	0	1	0
14	1	1	0	1	1	1
15	1	1	1	0	1	0

n 级反馈移位寄存器共存在 2^n 个不同的状态,其中,当输出全部都是 0 时为无效状态,

于是剩下 2^n-1 个不同的有效状态。由 n 级反馈移位寄存器产生的、周期等于最大可能值（即 2^n-1 码元）的序列，称为最长线性反馈移位寄存器，简称 m 序列。有时为了表明一个 m 序列的周期长度，通常将一个由 n 级反馈移位寄存器所产生的 m 序列称为 n 级 m 序列。为方便起见，m 序列可以用一种更简单的特征多项式表示，图 4-2 中的 m 序列发生器可表示为

$$f(X) = 1 + X^3 + X^4 \tag{4-1}$$

式(4-1)表示将第三级寄存器与第四级寄存器的状态进行模二加，然后反馈给第一级寄存器。

m 序列具有以下五个特性：

（1）0—1 分布特性。在一个周期 $N = 2^n - 1$ 内，0 元素出现 $(N-1)/2$ 次，1 元素出现 $(N+1)/2$ 次，1 元素比 0 元素多出现 1 次。

（2）游程特性。在序列中，相同的码元连在一起称为一个游程。在一个周期 $N = 2^n - 1$ 内，共有 2^{n-1} 个元素游程，其中 0 元素的游程与 1 元素的游程数目各占一半；长度为 $k(1 \leqslant k \leqslant n-2)$ 的元素游程占游程总数的 $1/2^k$；长度为 $n-1$ 的元素游程只有 1 个，为 0 元素的游程；长度为 n 的元素游程也只有 1 个，为 1 元素的游程。

（3）位移相加特性。m 序列 $x(t)$ 与其位移序列 $x(t+\tau)$ 的模二加序列仍是该 m 序列的另一位移序列 $x(t+\tau')$，即

$$x(t) + x(t+\tau) = x(t+\tau') \tag{4-2}$$

$x(t+\tau)$ 称为 $x(t)$ 的平移等价序列，它们满足同一个递归关系式，即具有相同的特征多项式，因而是同一结构的线性移位寄存器在不同初始状态下的输出序列。

（4）m 序列的自相关函数为

$$R(\tau) = \begin{cases} 1, & \tau \bmod N = 0 \\ -\dfrac{1}{N}, & \tau \bmod N \neq 0 \end{cases} \tag{4-3}$$

式中，mod 表示模除运算，即取两个数值表达式作除法运算后的余数，因此，m 序列的自相关函数只有两种取值。

（5）伪噪声特性。如果对随机噪声取样，并将每次取样按次序排成序列，可以发现其功率谱服从正态分布。由此形成的随机码具有噪声码的特性。

m 序列在出现概率、游程分布和自相关函数等特性上与随机噪声码十分相似。因此，将 m 序列称为伪随机码或人工复制的噪声码。m 序列是一种重要的伪随机序列，也是目前序列研究中理论最完备、应用最广泛的一种伪随机序列。

4.1.2 Gold 码

m 序列是一种重要的伪随机序列，易于产生和复制，并且具有很好的自相关特性。但是 m 序列的互相关特性不是很好，特别用作码分多址通信的地址码时，会使得系统内多址干扰的影响增大，并且 m 序列可用作地址码的数量较少。

由两个或两个以上的序列按照某种特定的运算规则组成新的序列，称为复合序列或组

合序列,参加运算的序列称为子序列。将已有序列(如 m 序列),通过某种特定的准则进行选取后作为子序列,再按照某种特定的运算规则(如模二加运算)组成复合序列,是一种产生新序列的方法。

1967 年,R. Gold 指出:给定移位寄存器级数 n 时,总可以找到一对互相关函数值为最小的码序列,采用移位相加的方法构成新码组,其互相关旁瓣都很小,而且自相关函数和互相关函数均是有界的,这个新码组被称为 Gold 码,其对应序列称为 Gold 序列。Gold 序列是由两个码长相等、码时钟速率相同的 m 序列优选对通过模二加运算构成的。每改变两个 m 序列的相对位移就可得到一个新的 Gold 序列。当相对位移为 1,2,…,$2^n - 1$ 个比特时,就可得到一族 $2^n - 1$ 个 Gold 序列,加上原来的两个 m 序列,共有 $2^n + 1$ 个 Gold 序列。

在由 m 序列优选对通过模二加运算产生的 Gold 序列族中,除两个子序列外的 $2^n + 1$ 个序列已不再是 m 序列,所以不再具有 m 序列的特性。Gold 序列族中任意两序列之间的互相关函数都满足下式:

$$| R(\tau) |_{\max} \leqslant \begin{cases} 2^{\frac{n+1}{2}} + 1, & n \text{ 为奇数} \\ 2^{\frac{n+2}{2}} + 1, & n \text{ 为偶数但不是 4 的整倍数} \end{cases} \tag{4-4}$$

Gold 码的这一特性,使得序列族中任一码序列都可作为地址码。若将 Gold 码作为多址通信的地址码,其地址数将大大超过用 m 序列作地址码的数量。一方面,由于不同的 Gold 码之间只存在着很低(接近于 0)的互相关性,所以多个不同的 Gold 码才可以在同一个载波频率上被同时播发却又互不干扰;另一方面,Gold 码良好的自相关性为接收机精确测量接收到的 Gold 码信号相位提供了条件,加上 Gold 码易于实现的特点,GPS、BDS 和 Galileo 的测距码信号中都广泛使用了 Gold 码。

4.1.3　Weil 码

Weil 码是一种基于 Legendre 序列移位相加形成的伪随机码,具有良好的相关性,且具有相对灵活的可选序列长度。Weil 码的生成过程是:首先生成一个 Legendre 序列,然后根据提供的不同相位差参数对 Legendre 序列移位,移位后的序列与原序列进行模二加运算。

一个码长为 N 的 Weil 码序列可定义为

$$W(k; w) = L(k) \bigoplus L[(k + w) \bmod N] \tag{4-5}$$

式中,$L(k)$ 是码长为 N 的 Legendre 序列,$k = 0, 1, …, N-1$;w 表示两个 Legendre 序列之间的相位差。码长为 N 的 Legendre 序列 $L(k)$ 可根据下式定义产生:

$$L(k) = \begin{cases} 0, & k = 0 \\ 1, & k \neq 0, \text{且存在整数 } x \text{ 使得 } k = x^2 \bmod N \\ 0, & \text{其他} \end{cases} \tag{4-6}$$

通过对上述码长为 N 的 Weil 码序列进行循环截取,可得到码长为 N_0 的测距码,即截短序列为

$$c(n; w; p) = W[(n + p - 1) \bmod N; w] \tag{4-7}$$

式中，p 为截取点，表示从 Weil 码的第 p 位开始截取，取值范围为 $1 \sim N$，$n = 0, 1, \cdots,$ $N_0 - 1$。

北斗三号系统的 B1C、B2a 频率上的测距码和 GPS L1C 测距码本质上都属于 Weil 码。

4.2 GPS 卫星信号

4.2.1 载波

每颗 GPS 卫星所用的载波有两个，均位于微波的 L 波段，分别称为 L1 载波和 L2 载波。其中，L1 载波是由卫星上的原子钟所产生的基准频率 f_0（$f_0 = 10.23$ MHz）倍频 154 倍后形成的，L2 载波是由基准频率 f_0 倍频 120 倍后形成的。随着 GPS 现代化的实施，在 BLOCK IIF 及其之后的卫星上会播发 L5 载波，它是由基准频率 f_0 倍频 115 倍后形成的。对于任一载波，频率 f 与波长 λ 存在以下关系：

$$\lambda = \frac{c}{f} \tag{4-8}$$

式中，c 为光在真空中的速度，其值为 $2.997\,924\,58 \times 10^8$ m/s。

GPS 三个频率载波的中心频率值、波长及调制的测距码信号如表 4-2 所示。

表 4-2   **GPS 载波参数**

载波	频率/MHz	波长/cm	调制的测距码
L1	1 575.42	19.03	L1 C/A、L1 P(Y)、L1M、L1C
L2	1 227.60	24.42	L2 P(Y)、L2M、L2C
L5	1 176.45	25.48	L5C

采用多个载波频率的主要目的是更好地消除电离层延迟的影响，组成更多线性组合观测值。GNSS 都采用 L 波段的无线电信号作为载波，是基于多方面因素考虑的。载波频率过低，信号受电离层延迟影响严重，改正后的残余误差也较大；载波频率过高，信号受水汽吸收和氧气吸收谐振影响严重，而 L 波段的信号则较为适中。

4.2.2 测距码

GPS 卫星所用的测距码本质上属于伪码，伪码具有良好的自相关和互相关特性，这些特性使得 GPS 卫星星座中的所有卫星能在同一波段播发信号而又互不干扰。伪码在 GPS（和 GNSS）中又常被称为测距码，这是因为接收机通过对所接收到的卫星信号与接收机内部所复制的伪码进行相关运算，再检测相关结果的峰值位置，从而确定接收信号中伪码的相位并量测从卫星到接收机的几何距离（确切地说是伪距）。多种不同类型的伪码分别调制在各个不同的 GPS 载波信号上，其中 C/A 码和 P(Y) 码是两类传统伪码，而 GPS 现代化计划中还出现了 L2C、L5C 和 L1C 民用码以及军用码 M 码。表 4-3 给出了 GPS 测距码的类型及其主要参数，本小节主要介绍 GPS 典型的几种测距码。

表 4-3 GPS 测距码主要参数

频率/MHz	测距码	调制方式	码速率/Mbps	码长	调制导航电文类型
1 575.42	L1 C/A	BPSK	1.023	1 023	NAV
	L1 P(Y)	BPSK	10.23	2.35×10^{14}	NAV
	L1 M	BOC	5.115	未公开	MNAV
	L1C$_P$	TMBOC	1.023	10 230	—
	L1C$_D$	BOC	1.023	10 230	CNAV2
1 227.60	L2 P(Y)	BPSK	10.23	2.35×10^{14}	NAV
	L2 M	BPSK	0.511 5	10 230	MNAV
	L2CL	BPSK	0.511 5	767 250	CNAV
	L2CM	BOC	5.115	未公开	CNAV
1 176.45	L5I	QPSK	10.23	10 230	CNAV
	L5Q				—

1. C/A 码

C/A 码是一种周期为 1 023 码元的 Gold 码,由两个 10 级 m 序列 G1 和 G2 进行模二加后形成。G1 和 G2 的特征多项式分别为

$$\begin{cases} f_{G1}(X) = 1 + X^3 + X^{10} \\ f_{G2}(X) = 1 + X^2 + X^3 + X^6 + X^8 + X^9 + X^{10} \end{cases} \tag{4-9}$$

G1 信号最后是由第十级寄存器输出的,G2 信号最后不是从第十级寄存器中输出的,而是从中选择两个不同的寄存器进行模二加后输出,以便形成不同的 G2 信号,供不同卫星使用。GPS 接口规范文件 IS-GPS-200L 详细地给出了每颗 GPS 卫星 C/A 码的相位选择分配情况等信息,据此可以在接收机上复制出任何一颗卫星所播发的 C/A 码。

C/A 码每个周期持续的时间为 1 ms,码元宽度为 1 ms/1 023=0.977 517 μs,对应的距离为 293.052 m。C/A 码的作用主要有两个方面:①捕获卫星信号。由于 C/A 码一个周期只包含 1 023 bit,若以 50 bit/s 的速度进行搜索,最多只需 20.5 s 即可捕获 C/A 码,然后通过导航电文快速捕获 P 码,因而 C/A 码也称为捕获码。②粗略测距。C/A 码的码元宽度为 293.052 m,若测距精度为一个码元宽度的 1/100,则测距精度为 2.93 m,故 C/A 码也被称为粗码。

图 4-3 所示的曲线是 PRN1 卫星 C/A 码的自相关函数。其中,当延时码元数 τ 等于 0 或等于 1 023 码元的整数倍时,自相关函数出现值为 1 的主峰,主峰很窄,只占 2 码元,并且自相关函数值在主峰左右两边附近都接近于 0,左右两边直至远离主峰 9 码元处才出现第一个侧峰,最大侧峰绝对值为 65/1 023,远低于主峰值。这一良好的自相关特性不仅有助于 GPS 接收机快速地检测到自相关函数的主峰,避免锁定侧峰,而且有助于精确测量主峰的位置,降低对码相位的测量误差。

图 4-4 所示的曲线是 PRN1 和 PRN2 卫星 C/A 码之间的互相关函数,其中,最大的峰值绝对值为 65/1 023。因此,假设 GPS 接收天线接收到功率一样强的 PRN1 和 PRN2 卫星信号,同时接收机为了捕获、跟踪 PRN1 卫星信号面内部复制 PRN1 的 C/A 码,那么在不计

噪声的前提下,该复制 C/A 码与接收到的 PRN1 卫星信号成分的最大自相关峰值,就会明显大于该复制 C/A 码与 PRN2 卫星信号成分的最大互相关峰值。不同 C/A 码的互相关很小、接近于正交的良好特性有助于减少不同 GPS 卫星信号之间的相互干扰,从而避免发生接收机将互相关峰值误认为是自相关主峰值的错误。图 4-4 还展示了 Gold 码的一个特性:属于同一系列 Gold 码之间的互相关函数只有三个可能的不同取值。

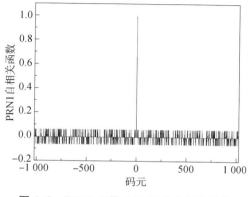

图 4-3　PRN1 卫星 C/A 码的自相关函数

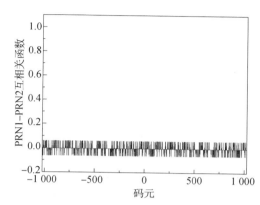

图 4-4　PRN1 和 PRN2 卫星 C/A 码的互相关函数

　　C/A 码具有良好的自相关和互相关特性。GPS 接收机就是利用这一特征使所接收的伪噪声码和机内产生的伪噪声码达到对齐同步,进而捕获和识别来自不同 GPS 卫星的伪噪声码并解译出它们所传送的导航电文,测定从卫星到测站的距离等。

　　2. P(Y)码

　　P 码是 GPS 卫星信号中的另一种伪码,同时调制在 L1 和 L2 两个载波信号上。P 码的周期为 7 天,码速率为 10.23 Mbps,码元宽度为 $0.1~\mu s$ 或 29.3 m。

　　PRN 为 i 的卫星上产生的 P 码 P_i 是序列 X1 与序列 $X2_i$ 的模二和。序列 X1 的生成电路是由两个 12 级 m 序列构成的,每个 12 级 m 序列各能产生一个周期为 4 095 码元的 m 序列,这两个 m 序列首先通过截短,分别形成周期长为 4 092 码元的序列 X1A 和周期长为 4 093 码元的序列 X1B。X1A 和 X1B 异或相加,生成周期为 4 092×4 093 的长码,经过截短后变成周期为 15 s、长为 15 345 000(即 1.5 s×1 023 Mbps)码元的序列 X1。类似地,序列 $X2_i$ 也是由两个 12 级 m 序列 X2A 和 X2B 模二加形成的,$X2_i$ 的长度为 15 345 037 码元。X1 与 $X2_i$ 异或相加后,所得序列的周期长度为 15 345 000×15 345 037≈2.35×10^{14} 码元。最后,P 码发生器对这一周期约为 38 星期长的序列进行截短,得到周期为一星期(即 7 天)长的 P 码。各颗 GPS 卫星产生一个互不相同的 P 码,从而与 C/A 码一样实现码分多址。

　　在每个 GPS 星历的开始时刻,P 码发生器的各个相关寄存器值均被初始化重置,并产生 P 码的第一个码元。在卫星的伪码生成电路控制下,第一个 P 码码元的产生与第一个 C/A 码码元的产生在时间上正好重合。由于 P 码周期很长,若 GPS 接收机通过相关运算逐个依次搜索接收信号中 P 码的码相位,则搜索、捕获 P 码信号需要很长时间。所以接收机一般先搜索、捕获 C/A 码,然后从 C/A 码信号中获取当前时间,并以此估算 P 码的相位,从而较快地捕获 P 码。

　　P 码的码速率为 C/A 码的 10 倍,码元宽度为 29.3 m。若测距精度为一个码元宽度的 1/100,则测距精度为 0.293 m,可以较精确地测定距离,故被称为精码。

为防止敌方使用 P 码进行精密导航定位,P 码与保密的 W 码相加形成 Y 码,Y 码严格保密,这一措施即为 AS 技术。

3. L2C 码

L2C 码是增设在 BLOCK IIR-M 型及随后各种类型的 GPS 卫星 L2 载波上的第二个民用码。L2C 码包含 L2CM 和 L2CL 两种伪码,其码速率均为 0.511 5 Mbps。L2CM 码长度中等,周期为 20 ms,共计 10 230 码元。L2CL 长度较长,周期为 1.5 s,共计 767 250 码元,相当于 L2CM 码周期的 75 倍。

L2CM 和 L2CL 码都是由 27 级 m 序列在频率为 0.511 5 Mbps 的信号驱动下产生的,但都经过截短处理。L2CM 和 L2CL 码均比 C/A 码长,因而具有更好的相关性和抗干扰能力。

4. L5C 码

L5C 码是在 BLOCK IIF 型及随后各种类型的 GPS 卫星 L5 载波上调制的第三个民用码。L5 载波由两个相互正交的分量组成:一个是同相(In-phase)分量,另一个是正交(Quadrature-phase)分量,它们的发射功率相同。两个互相同步、几乎正交、结构不同的测距码被分别调制在这两个载波分量上,但 CNAV 格式的导航电文被调制在同相分量上,正交分量上则仅调制测距码。调制在同相分量上的测距码称为 L5I 码,调制在正交分量上的测距码称为 L5Q 码。

L5I 码和 L5Q 码本质上都属于 Gold 码,码长均为 10 230 bit,每个周期持续 1 ms,码速率均为 10.23 Mbps,是 C/A 码和 L2C 码的 10 倍,与 P(Y)码相同。

L5C 测距码具有许多良好的性能特点:首先,L5C 测距码的信号长度是 C/A 码长度的 10 倍,因而它具有更好的自相关和互相关特性;其次,L5C 测距码信号有着较宽的带宽和较高的发射功率,所以它具有更强的抗干扰能力;最后,L5 载波波段位于受到保护的航空无线电导航服务(ARNS)频段内,故 L5C 测距码信号对精密定位服务和关系到生命安全的服务系统而言特别重要。

5. L1C 码

L1C 码是增设在 GPS III/IIIF 型及随后各种类型的 GPS 卫星 L1 载波上的第四个民用码。L1C 码由数据分量和导频分量组成,数据分量上调制了测距码 L1C$_D$ 和 CNAV2 格式的导航电文,导频分量上仅调制了测距码 L1C$_P$。L1C$_D$ 和 L1C$_P$ 的码速率均为 1.023 Mbps,周期均为 10 ms,即一个周期伪码包含 10 230 码元。

L1C$_D$ 和 L1C$_P$ 的生成流程是一样的:首先,产生一个固定的、长度为 10 223 bit 的 Legendre 序列,每一个测距码都可以导出一个长度为 10 223 码元的序列;其次,根据每颗卫星不同相位差参数对 Legendre 序列移位,移位后的序列与原序列进行模二加;最后,将一个长度为 7 bit 的扩展序列 0110100 通过一定的顺序插入到上一步所得的 Weil 码中。上述步骤中,每颗卫星的相位差和截取点都是预先定义的固定值,因而每颗卫星的 L1C 码序列各不相同。

4.2.3 导航电文

GPS 卫星播发的导航电文有 NAV、CNAV、CNAV2 和 MNAV 四种类型。NAV 调制在 L1 C/A 和 P(Y)上,CNAV 调制在 L2C 和 L5C 上,CNAV2 调制在 L1C 上,MNAV 是军用码 M 码信号上调制的导航电文。总体而言,CNAV 和 CNAV2 与 NAV 一样也是一套开

普勒轨道参数,再加上一套摄动改正数,但是 CNAV 和 CNAV2 中对少数参数的表示方法进行了改进,主要有三个途径:

（1）绝大部分具有相同意义的星历参数在 CNAV 和 CNAV2 电文中占据更多比特。例如,周数（WN）由 10 bit 扩充为 13 bit,轨道偏心率从 32 bit 增加到 33 bit,轨道半径正弦调和校正振幅从 16 bit 增加到 24 bit。

（2）尽量不再播发一个大数值星历参数的整个值,而是播发该参数相对于一个固定参考值的差异量。例如,CNAV 和 CNAV2 电文播发的是卫星轨道长半轴相对于一个固定参考值的差异量 Δa_s,而不是 NAV 电文中直接播发的卫星轨道长半轴平方根 $\sqrt{a_s}$,这一举措使得在提高或者至少在保持精度的前提下,减少这些星历参数值所占的比特数。

（3）除了播发参数在参考时刻的值以外,CNAV 和 CNAV2 电文还增加播发其对时间的变化率,以提高该参数模型的准确度。例如,除了通过播发差异量 Δa_s 给出卫星轨道长半轴以外,还增加播发其变化率 $\dot a_s$。

总之,CNAV 和 CNAV2 电文所含的内容更为丰富,结构更为合理,精度更高,可以看成是 NAV 电文的改进版,三种导航电文在本质上没有区别。本小节对 GPS 导航电文的介绍仍然以传统 NAV 导航电文为参考。

NAV 导航电文是依规定格式组成的二进制码,按帧向外播送。如图 4-5 所示,一个主帧的长度为 1 500 bit,传输速率为 50 bit/s,所以传输一帧电文的时间需要 30 s。一个主帧电文含有 5 个子帧,第 1,2,3 子帧各有 10 个字,每个字 30 bit;第 4,5 子帧各有 25 个页面,共有 37 500 bit。第 1,2,3 子帧每 30 s 重复一次,内容每小时更新一次。第 4,5 子帧的全部信息则需要 750 s 才能够传输完,即第 4,5 子帧是 12.5 min 播完一次,然后重复,其内容仅在给卫星注入新的导航数据后才得以更新。

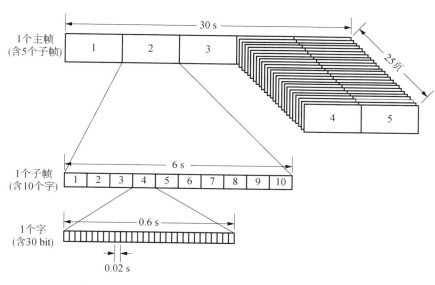

图 4-5　GPS 导航电文格式

每一子帧的前两个字分别为遥测字（TLW）与交接字（HOW）,后八个字（即第 3—10 字）则组成数据块。不同子帧内的数据块侧重于不同方面的导航信息。其中,第 1 子帧中的数据块通常称为第一数据块,第 2 子帧和第 3 子帧中的数据块合称为第二数据块,第 4 子帧和第 5 子帧中的数据块合称为第三数据块。

1. 遥测字与交接字

每一子帧的第 1 个字均为遥测码(TLM),其主要作用是指明卫星注入数据的状态。遥测字的第 1—8 bit 是同步码,便于用户解释导航电文;第 9—22 bit 为遥测电文,包括地面监控系统注入数据时的状态信息、诊断信息和其他信息,以此提示用户是否选用该颗卫星;第 23—24 bit 是空闲备用;第 25—30 bit 为奇偶检验码,用于发现和纠正错误,确保正确地传送导航电文。实际上,每个字的最后 6 个比特均为奇偶检校码。

交接字(HOW)紧接遥测字之后,是每一字帧的第 2 个字,其用途是帮助用户从所捕获的 C/A 码转换到 P 码的捕获。交接字的第 1—17 bit 表示所谓的 Z 计数,即表示 P 码子码 X1 的自星期天 0 时至星期六 24 时的周期(1.5 s)重复数,所以 Z 计数的量程是 0~403 200。因此,若已知 Z 计数,便可较快地捕获到 P 码。交接字的第 18 bit 为警告标志,当该比特设置为 1 时,它应向标准定位服务(SPS)用户提示该卫星信号的用户测距精度(URA)可能比导航电文中给出的更低,用户需要承担使用该卫星的风险。第 19 bit 是反电子欺骗(AS)标志,若设置为 1 则表示该卫星的 AS 模式开启。第 20—22 bit 给出了子帧编号,其值在 1~5 之间有效。

2. 第一数据块

第一数据块包括第 1 子帧中的第 3—10 字,通常称为时钟数据块。由一颗卫星播发的时钟数据块提供该卫星的时钟校正参数和健康状态等信息,具体包括如下内容。

1) 周数(WN)

周数占用 10 bit,其最大表示值为 1 023,当周数为最大值 1 023 时,通过加 1 返回值为 0。因此,在离起始时刻的实际 GPS 周数为 1 024 的整数倍时,WN 均为零。由于曲线拟合间隔跨越周边界,WN 值可能与实际 GPS 周数不一致。

第 3 个字的第 11—12 bit 表示 L2 载波上调制的是 C/A 码还是 P 码,01 表示调制的是 P(Y)码,10 表示调制的是 C/A 码,00 和 11 均表示无效。

2) 用户测距精度(URA)

第 3 个字的第 13—16 bit 给出该卫星的 URA 指数。URA 指数是一个数理统计指标,表示用户利用该卫星测距时可获得的测距精度。URA 指数与 URA 值的对应关系如表 4-4 所示。当 URA 指数为 15 时,表示缺乏精度的预估值,使用这颗卫星存在风险。

表 4-4　　　　　　　　　　　　　URA 指数与 URA 值的关系

URA 指数	URA 值范围/m	URA 指数	URA 值范围/m
0	$0.00 < URA \leqslant 2.40$	8	$48.00 < URA \leqslant 96.00$
1	$2.40 < URA \leqslant 3.40$	9	$96.00 < URA \leqslant 192.00$
2	$3.40 < URA \leqslant 4.85$	10	$192.00 < URA \leqslant 384.00$
3	$4.85 < URA \leqslant 6.85$	11	$384.00 < URA \leqslant 768.00$
4	$6.85 < URA \leqslant 9.65$	12	$768.00 < URA \leqslant 1\,536.00$
5	$9.65 < URA \leqslant 13.65$	13	$1\,536.00 < URA \leqslant 3\,072.00$
6	$13.65 < URA \leqslant 24.00$	14	$3\,072.00 < URA \leqslant 6\,144.00$
7	$24.00 < URA \leqslant 48.00$	15	$6\,144.00 < URA$

3）卫星健康状况（SV Health）

第 3 字的第 17—22 bit 表示卫星的工作状况是否正常。前 1 个比特反映导航资料的总体情况，若为 0 则表示全部导航资料都正常，若为 1 则表示部分导航资料有问题，并利用后 5 个比特具体给出相应的健康状况信息。

4）时钟数据期号（IODC）

第 3 个字的第 23—24 bit 与第 8 个字的第 1—8 bit 组合成总长度为 10 bit 的时钟数据期号。一个 IODC 值对应一套时钟校正参数。因为 IODC 的值在 7 天之内不会出现重复，所以可以帮助用户接收机快速监测时钟校正参数是否已发生了变化：若某卫星播发了一个新的 IODC 值，则该卫星更新了时钟校正参数；否则，时钟校正参数尚未被更新。若时钟校正参数尚未被更新而接收机又已经完整地解译了当前这一套时钟校正参数，则接收机不必每 30 s 重复读解这一数据块中的时钟校正参数。

5）卫星钟参数的参考时刻 t_{oc} 和卫星钟差系数 a_0、a_1、a_2

t_{oc} 为第一数据块的参考时间，在卫星钟差计算模型中被用作时间参考点，因此被称为卫星钟参数的参考时刻。

卫星钟差是卫星的时钟相对于标准 GPS 时间的差值。在导航电文的有效时间段内，任一时刻 t 卫星钟的误差 δt^s 可用下式来表示：

$$\delta t^s = a_0 + a_1(t - t_{oc}) + a_2(t - t_{oc})^2 \tag{4-10}$$

式中，a_0 为参考时刻 t_{oc} 时的卫星钟差；a_1 为参考时刻 t_{oc} 时的卫星钟的钟速（频偏）；a_2 为参考时刻 t_{oc} 时的卫星钟的加速度的一半。需要说明的是，总的卫星钟差还需要考虑相对论效应和群延迟引起的卫星钟改正。

6）群延差改正参数 T_{GD}

信号群延是指从信号生成到离开卫星发射天线的相位中心的时间，不同信号的群延不完全相同。GPS 导航电文中提供的群延差改正参数 T_{GD} 并不是 L1 信号和 L2 信号的群延之差，而是二者群延之差与一个常数的乘积，其详细解释在第 6.3.3 小节中描述。

3. 第二数据块

第 2 子帧和第 3 子帧共同构成第二数据块，其核心内容是卫星的广播星历参数，即给出了参考时刻 t_{oe} 时的开普勒轨道参数以及它们的摄动参数。

（1）参考时刻 t_{oe} 时的开普勒轨道参数如下：①t_{oe} 时的卫星轨道长半轴的平方根 $\sqrt{a_s}$；②t_{oe} 时的卫星轨道偏心率为 e_s；③t_{oe} 时的轨道倾角 i_0；④t_{oe} 时的升交点赤经与本周开始时刻的格林尼治真恒星时之差 Ω_0；⑤t_{oe} 时的近地点角距 ω_s；⑥t_{oe} 时的平近点角 M_0。

（2）9 个轨道摄动参数如下：①卫星平均运动角速度的改正数 Δn；②升交点赤经的变化率 $\dot{\Omega}$；③轨道倾角的变化率 $\dot{i}$；④升交距角的正余弦调和改正项之振幅 C_{us}、C_{uc}；⑤轨道倾角的正余弦调和改正项之振幅 C_{is}、C_{ic}；⑥卫星地心距的正余弦调和改正项之振幅 C_{rs}、C_{rc}。

（3）时间参数为从星期日子夜 0 点开始度量的星历参考时刻 t_{oe}，以周内秒数（SOW）的方式提供。

4. 第三数据块

第三数据块由第 4 子帧和第 5 子帧的数据块组成。每颗卫星播发的第三数据块主要提供所有卫星的历书参数、电离层延迟改正参数、GPST 与 UTC 之差等信息。与前两个数据块不同，第三数据块的内容并不是接收机在实现定位前所急需获得的。

1）卫星历书

历书是一种概略星历。卫星历书参数基本上与广播星历参数一一对应，只不过历书参数的个数较少。一套卫星历书不但比一套星历占用更少的比特，以便于卫星发射和接收机保存，而且有效期通常在半年以上，远长于广播星历的有效期。若用户 GPS 接收机上保存着有效历书，并且用户大致知道自己当前所处的时间和位置，则接收机可通过历书计算出各颗卫星在空间中的大致位置，以此确定其可见性，这可避免接收机去搜索、捕获那些不可见卫星的信号，从而减少接收机实现首次定位所需要的时间。

2）电离层延迟改正参数

第 4 子帧中提供了电离层延迟改正参数 α_i 和 $\beta_i(i=0,1,2,3)$。借助这 8 个参数，并结合克罗布歇(Klobuchar)模型，单频接收机用户可实现电离层延迟改正，具体步骤将在第 6.4.3 小节中介绍。

3）GPST 与 UTC 之差

GPST 与 UTC 均采用原子时秒长作为时间基准，但它们存在两个差异：①为了与 UT1 尽量保持一致，UTC 采用了跳秒的方式，所以是一个不连续的时间系统；GPST 不跳秒，是一个连续的时间系统，因而这两种时间系统间会存在若干整秒的差别。②GPST 和 UTC 是由两个不同的单位用两组不同的原子钟来建立和维持的，由于原子钟的误差、数据处理方法不同等原因，这两种时间系统间还存在细微差别。描述 GPST 和 UTC 之间关系的参数有 8 个，表 4-5 给出了参数的名称和定义。

表 4-5 GPST 和 UTC 的转换参数

参数	定义	单位
A_0	秒内差异一阶线性模型常数项	s
A_1	秒内差异一阶线性模型系数项	s/s
Δt_{LS}	跳秒发生前的跳秒计数值	s
t_{ot}	当前转换参数对应的周内时间	s
WN_t	当前转换参数对应的周数	weeks
WN_{LSF}	最近一次跳秒所发生的周数	weeks
DN	最近一次跳秒所发生的周内天数	days
Δt_{LSF}	跳秒发生后的跳秒计数值	s

利用上述参数可以求出任一时刻的 GPST 与 UTC 之差，同时还可以获取目前的跳秒数及跳秒发生的时间。给定一个由周数（WN）和周内时间（TOW）组成的 GPST，该时刻 GPST 与 UTC 之差根据不同情况计算方法如下：

（1）跳秒还未发生，且离跳秒时间大于 6 h：

$$\Delta t_{UTC}=t_{GPS}-t_{UTC}=\Delta t_{LS}+A_0+A_1[\text{TOW}-t_{0t}+604\,800(WN-WN_t)] \quad (4\text{-}11)$$

（2）离跳秒发生前后时间在 6 h 内：

$$t_{UTC}=W(\text{模为}\ 86\,400+\Delta t_{LSF}-\Delta t_{LS}) \quad (4\text{-}12)$$

$$W = (t_{GPS} - \Delta t_{UTC} - 43\,200)(\text{模为 } 86\,400) + 43\,200 \tag{4-13}$$

（3）离跳秒发生后时间在 6 h 以上：

$$\Delta t_{UTC} = t_{GPS} - t_{UTC} = \Delta t_{LSF} + A_0 + A_1[\text{TOW} - t_{0t} + 604\,800(WN - WN_t)] \tag{4-14}$$

4.3　GLONASS 卫星信号

4.3.1　载波

为了与 GPS 的 L1、L2 载波加以区别，将 GLONASS 卫星的两种载波分别称为 G1、G2 载波。GLONASS 卫星发射不同频率的载波信号，以此区分不同的卫星，一颗 GLONASS 卫星的 G1、G2 载波的中心频率分别为

$$\begin{cases} (f_{G1})_k = 1\,602 + k \times 0.562\,5 \\ (f_{G2})_k = 1\,246 + k \times 0.437\,5 \end{cases} \tag{4-15}$$

式中，$(f_{G1})_k$ 和 $(f_{G2})_k$ 的单位为 MHz；k 为该卫星在发射信号时所采用的频道号，其取值为 $k \in \{-7, -6, \cdots, 5, 6\}$，共计 14 个不同的值。各卫星所采用的频道号 k 值由该卫星所播发的导航电文非即时数据提供。

GLONASS 在轨卫星数量显然要大于 14 颗，因此无法给每颗卫星分配一个独一无二的频道号，实际上 GLONASS 星座中对跖卫星（Antipodal Satellite）采用了相同的频道号。

所谓对跖卫星，是指在同一轨道上位置相隔 180°（即处于地球相对两端）的两颗卫星（图 4-6）。采取让所有对跖卫星共享同一个频道号 k，即在同一个载波频率上发射信号的策略，其目的是使 GLONASS 信号在 G1 波段上所占的带宽减半，以避免对位于该波段上其他信号服务的干扰。地面用户接收机不会同时观测到任何一对对跖卫星，因此不会造成对任何对跖卫星信号之间的干扰。航天用户接收机则有可能会同时接收到两颗对跖卫星的同频信号，此时接收机可以采用特殊方法区分信号。

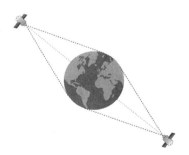

图 4-6　GLONASS 对跖卫星

在数值上，$(f_{G1})_k$ 和 $(f_{G2})_k$ 之间存在如下比例关系：

$$\frac{(f_{G1})_k}{(f_{G2})_k} = \frac{9}{7} \tag{4-16}$$

4.3.2　测距码

GLONASS 让不同卫星在不同的载波频率上发射信号，每颗卫星发射相同的测距码，因此，GLONASS 卫星信号上的测距码不再被用于区分不同的卫星信号，而是仅起到测距作用。与 GPS 信号类似，GLONASS 信号使用两类测距码信号：一类是用来调制民用标准精度信号的 C/A 码，另一类是用来调制军用高精度信号的 P 码。

GLONASS 的 C/A 码是一种 9 级 m 序列，其特征多项式为

$$F(X) = 1 + X^5 + X^9 \qquad (4\text{-}17)$$

式中，所有寄存器的初始状态值均设置为 1，第 7 级寄存器的值作为 C/A 码输出。

C/A 码的一个周期长 1 ms，包含 511 码元，其码速率为 0.511 Mbps，码元宽度为 586.678 m。所有 GLONASS 卫星在 G1、G2 波段上所发射的传统民用信号全部调制有着同一个 C/A 码序列。由于 GLONASS 的 C/A 码的码长很短，仅包含 511 码元，因而对它的搜索和捕获能很快完成。

P 码调制在只对特殊用户开放的 GLONASS 高精度信号上，并且所有卫星在这一信号上都播发同一个 P 码序列。P 码是一种可由一个 25 级反馈移位寄存器产生并经截短所形成的序列。P 码发生器的特征多项式为

$$F(X) = 1 + X^3 + X^{25} \qquad (4\text{-}18)$$

式中，所有寄存器的初始状态值均设置为 1，第 25 级寄存器的值作为 P 码输出。在 511 Hz 的时钟频率的驱动下，若不做任何截短，则该 P 码发生器所产生的一周期伪码将包含 33 554 431（$2^{25}-1$）码元，相当于长 6.564 6 s；经截短后，P 码长 1 s，包含 5 110 000 码元，其码速率为 5.11 Mbps，是 C/A 码码速率的 10 倍。

4.3.3 导航电文

GLONASS 的导航电文包括 C/A 码导航电文和 P 码导航电文两种。由于 P 码是面向特殊用户开放的信号，GLONASS 官方并没有公布 P 码上导航电文的具体情况，本小节只讨论 C/A 码导航电文。

1. GLONASS 导航电文的结构

GLONASS C/A 码信号上所调制的导航电文是一种二进制码，以超帧与帧的结构形式编排数据码，即每颗卫星一超帧接着一超帧地发送导航电文数据码；在发送每一超帧电文时，卫星又以一帧接着一帧的形式进行。每一超帧长 2.5 min，由 5 个帧组成，依次记为帧 1～帧 5；每一帧长 30 s，由 15 串二进制数据码组成，依次记为串 1～串 15，每一串长 2 s，它依次由 1.7 s 的数据码和 0.3 s 的时间志组成。

串（String）是 GLONASS 导航电文的基本结构单位，相当于 GPS NAV 电文结构中的子帧。在每一串长 2 s 的导航电文中，前 1.7 s 的数据流是 85 位码速率为 50 bps 的导航数据比特加汉明校验码与码速率为 100 Hz 的曲码经异或相加而成的结果，后 0.3 s 的数据流是码速率为 100 Hz 的 30 位时间标记（time mark）。时间标记本身不含时间信息，但是通过时间标记实现串同步能帮助接收机获取信号发射时间。

2. GLONASS 导航电文的主要内容

GLONASS 导航电文内容分为即时数据和非即时数据两类。即时数据是与发射该导航电文的 GLONASS 卫星相关的一些关键性数据，主要包括星历参数、卫星时间、卫星时钟改正数、载波频率实际值相对于标称值的偏差等。非即时数据主要提供关于整个 GLONASS 星座中所有卫星的历书参数、卫星健康状况等。

（1）星历参考时间。GLONASS 使用星历参考时间 t_b 标记和区分 GLONASS 星历。t_b 指出一天 24 h 中以 GLONASS 时间计量的某个时间段的序号。

（2）卫星星历参数。GLONASS 卫星星历参数有 9 个，即卫星在星历参考时间 t_b 时刻，在 PZ-90 坐标系统中的位置 (x, y, z)、速度 (v_x, v_y, v_z) 以及由日月引力所引起的加速度值 (a_x, a_y, a_z)，这与 GPS、BDS、Galileo 所用的开普勒轨道参数是截然不同的。需要注意的是，星历参数中的加速度值是日月引力所引起的加速度，而不是卫星在星历参考时间瞬时的加速度。

（3）卫星时钟改正数。卫星时钟改正数 τ_n 是卫星在 t_b 时刻 GLONASS 时间值与卫星时间值之间的差异。

（4）载波频率偏差率。该参数可由下式表示：

$$\gamma_n = \frac{f_n - f_{hn}}{f_{hn}} \tag{4-19}$$

式中，γ_n 为该卫星在 t_b 时刻的载波频率偏差率；f_n 为 t_b 时刻的载波频率估值；f_{hn} 为载波频率标称值。

（5）群延迟参数 T_{GD}。GLONASS 群延迟参数是以 G1 信号为基准的，导航电文提供的群延迟参数 T_{GD} 是 G2 频率信号和 G1 频率信号所经历的群延迟之差：

$$T_{GD} = \tau_{G2} - \tau_{G1} \tag{4-20}$$

4.4 BDS 卫星信号

4.4.1 载波

2012 年 12 月，北斗二号系统（BDS-2）正式开通运行，利用 B1I、B2I 和 B3I 三个公开服务信号为中国及周边提供连续稳定导航、定位、授时以及报文通信服务。2020 年 7 月 31 日，北斗三号系统（BDS-3）正式开通。为了实现与北斗二号系统的平稳过渡，北斗三号系统的信号全面兼容北斗二号系统，具体操作方法是在保留原来北斗二号系统 B1I、B3I 信号的基础上新增 B1C、B2a 两种新频率，并用 B2b 信号取代 BDS-2 卫星播发的 B2I 信号。

与其他 GNSS 类似，BDS 也提供两种不同类型的服务，一种是公开向全球所有用户免费开放的服务，称为公开服务；另一种是仅向特定用户提供的服务，称为授权服务。本小节所描述的信号结构都属于公开服务信号。表 4-6 对比了北斗二号和北斗三号系统公开服务信号。BDS 载波与其他 GNSS 载波类似，其中心频率集中在 1.2 GHz 附近和 1.6 GHz 附近，都是位于 L 波段的微波信号。

表 4-6　　　　　　　　　北斗二号和北斗三号系统公开服务信号

系统	信号中心频率/MHz				
	1 561.098	1 575.420	1 176.450	1 207.140	1 268.520
BDS-2	B1I			B2I	B3I
BDS-3	B1I	B1C	B2a	B2b	B3I

1. B1I 信号

B1I 信号的中心频率为 1 561.098 MHz，带宽为 4.092 MHz。B1I 信号由"测距码＋导航电文"调制在载波上构成，采用二进制相移键控（BPSK）调制。B1I 信号上调制的测距码

为 C_{B1I}，其码长为 2 046，码速率为 2.046 Mbps。B1I 信号上调制的导航电文分为 D1 电文格式和 D2 电文格式。其中，所有 MEO/IGSO 卫星的 B1I 信号播发 D1 导航电文，所有 GEO 卫星的 B1I 信号播发 D2 导航电文。

2. B1C 信号

B1C 信号的中心频率为 1 575.42 MHz，带宽为 32.736 MHz，包含数据分量和导频分量。其中，数据分量由导航电文数据和测距码经子载波调制产生，采用二进制偏移载波 [BOC(1，1)] 调制方式；导频分量由测距码经子载波调制产生，采用正交复用二进制偏移载波 [QMBOC(6，1，4/33)] 调制方式，数据分量与导频分量的功率比为 1∶3。

B1C 信号的数据分量和导频分量均有测距码，分别记为 C_{B1CD} 和 C_{B1CP}。两种测距码具有相同的码长和码速率，其中码长为 10 230，码速率为 1.023 Mbps。测距码 B1CP 上不调制导航电文，B1CD 上则调制了 B-CNAV1 格式的导航电文。

3. B2a 信号

B2a 信号的中心频率为 1 176.45 MHz，带宽为 20.46 MHz。与 B1C 信号类似，B2a 信号由数据分量和导频分量组成。其中，数据分量由导航电文数据和测距码调制产生，导频分量仅包括测距码，数据分量与导频分量的功率比为 1∶1，二者均采用二进制相移键控 [BPSK(10)] 调制方式。

B2a 信号的数据分量和导频分量上的测距码记为 C_{B2aD} 和 C_{B2aP}。两种测距码具有相同的码长和码速率，其中码长为 10 230，码速率为 10.23 Mbps。测距码 B2aP 上不调制导航电文，B2aD 上调制了 B-CNAV2 格式的导航电文。

4. B2b 信号

B2b 信号的中心频率为 1 207.14 MHz，带宽为 20.46 MHz。B2b 信号由 I 支路和 Q 支路组成，目前仅公布了 I 支路的相关参数。B2b 信号的 I 支路分量由导航电文数据和测距码调制产生，调制方式为 BPSK(10)。测距码记为 C_{B2bI}，其码长为 10 230，码速率为 10.23 Mbps，测距码上调制了 B-CNAV3 格式的导航电文。

5. B3I 信号

B3I 信号的中心频率为 1 268.52 MHz，带宽为 20.46 MHz。B3I 信号由测距码和导航电文调制在载波上构成，调制方式与 B1I 信号一致。B3I 信号的测距码 C_{B3I} 的码长为 10 230，码速率为 10.23 Mbps。MEO/IGSO 卫星播发的 B3I 信号采用 D1 导航电文，GEO 卫星播发的 B3I 信号采用 D2 导航电文。

表 4-7 列出了北斗三号系统载波信号的参数。实际上，BDS 载波信号与 GPS 和 Galileo 的信号频率均有重叠或部分重叠。例如，B1C 信号与 GPS L1 和 Galileo E1 的频率一致，B2a 与 GPS L5 和 Galileo E5a 的频率一致，B2b 与 Galileo E5b 的频率一致，这一设计的目的在于增强北斗系统与其他卫星导航系统的兼容与互操作性能。

表 4-7　　　　　　　　　北斗三号系统载波信号参数

信号	频率/MHz	带宽/MHz	波长/cm	调制方式	测距码	导航电文类型
B1I	1 561.098	4.092	19.20	BPSK	C_{B1I}	D1(MEO/IGSO)、D2(GEO)
B1C	1 575.420	32.736	19.03	BOC(1，1)	C_{B1CD}	B-CNAV1
				QMBOC(6，1，4/33)	C_{B1CP}	—

信号	频率/MHz	带宽/MHz	波长/cm	调制方式	测距码	导航电文类型
B2a	1 176.450	20.46	25.48	BPSK(10)	C_{B2aD}	B-CNAV2
				BPSK(10)	C_{B2aP}	—
B2b	1 207.140	20.46	24.83	BPSK(10)	C_{B2bI}	B-CNAV3
B3I	1 268.520	20.46	23.63	BPSK	C_{B3I}	D1(MEO/IGSO)、D2(GEO)

4.4.2　测距码

类似地，BDS 的测距码也是伪随机噪声码。根据上一小节的介绍，BDS 利用 5 种频率的载波播发 7 个不同的用于公开服务的测距码信号（表 4-8）。

表 4-8　　　　　　　　　　　　　　BDS 测距码信号

载波	测距码	码长	码速率/Mbps	周期/ms	码元宽度/m
B1I	C_{B1I}	2 046	2.046	1	146.526
B1C	C_{B1CD}	10 230	1.023	10	293.052
	C_{B1CP}	10 230	1.023	10	293.052
B2a	C_{B2aD}	10 230	10.23	1	29.305
	C_{B2aP}	10 230	10.23	1	29.305
B2b	C_{B2bI}	10 230	10.23	1	29.305
B3I	C_{B3I}	10 230	10.23	1	29.305

与 C_{B1I} 测距码信号相比，其他测距码的码长均为 C_{B1I} 测距码码长的 10 倍。码长的增加有利于改善扩频码的自互相关特性，但也会增加计算的复杂度和扩频码捕获难度。

BDS 的测距码信号就其本质而言可以分成两类：一类是传统的 Gold 码，另一类是基于 Weil 码、Gold 码构成的复合码。根据这一差异，将 BDS 的测距码分成两个基本类型进行介绍。

1. C_{B1I} 码、C_{B3I} 码和 C_{B2bI} 码

C_{B1I} 码、C_{B3I} 码和 C_{B2bI} 码都属于 Gold 码。以 C_{B1I} 码的生成为例，C_{B1I} 码由两个线性序列 G1 和 G2 模二加产生平衡 Gold 码后截短最后一码元生成。G1 和 G2 序列分别由 11 级线性移位寄存器生成，其生成多项式分别为

$$\begin{cases} f_{G1}(X) = 1 + X + X^7 + X^8 + X^9 + X^{10} + X^{11} \\ f_{G2}(X) = 1 + X + X^2 + X^3 + X^4 + X^5 + X^8 + X^9 + X^{11} \end{cases} \tag{4-21}$$

G1 和 G2 序列的初始相位分别为 01010101010 和 01010101010。C_{B1I} 码发生器如图 4-7 所示。

通过对产生 G2 序列的移位寄存器不同抽头的模二加可以实现 G2 序列相位的不同偏移，与 G1 序列模二加后可生成不同卫星的测距码。

C_{B3I} 码和 C_{B2bI} 码均由两个 13 级 m 序列生成，其详细生成过程参见各自的接口控制文件。

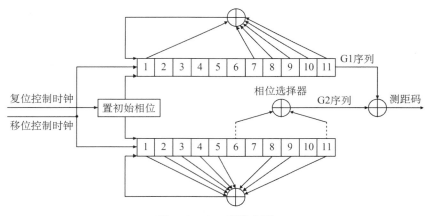

图 4-7　C_{B11} 码发生器

2. B1C 和 B2a 信号测距码

B1C 和 B2a 信号都是由数据分量和导频分量组成的,并且数据分量和导频分量上都调制有测距码。

B1C 和 B2a 信号测距码均采用分层码结构,由主码和子码相异或构成。子码的码元宽度与主码的周期相同,子码码元起始时刻与主码第一个码元的起始时刻严格对齐,时序关系如图 4-8 所示。由于分层码是由主码和子码两个伪码序列组合而成,其长度可以很长,但是在信号较强时,接收机只需在一个层面(比如是主码或者子码)搜索、捕获信号;只有在必要时才对伪码进行逐个码元搜索,由此来提高接收机对长伪码信号搜索与捕获的效率。值得注意的是,Galileo 信号的测距码全部使用了这种分层码结构。

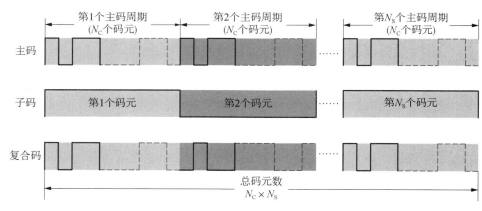

图 4-8　主码、子码时序关系示意图

B1C 和 B2a 信号测距码的主码和子码参数如表 4-9 所示。

表 4-9　　　　　　　　　　　　　B1C 和 B2a 信号测距码参数

测距码	主码			子码		
	类型	码长	周期/ms	类型	码长	周期/ms
C_{B1CD}	Weil 码	10 230	10	—	—	—

测距码	主码			子码		
	类型	码长	周期/ms	类型	码长	周期/ms
C_{B1CP}	Weil 码	10 230	10	Weil 码	1 800	18 000
C_{B2aD}	Gold 码	10 230	1	固定码	5	5
C_{B2aP}	Gold 码	10 230	1	Weil 码	100	100

C_{B1C} 信号主码由长度为 10 243 的 Weil 码通过截短产生，C_{B1C} 信号主码共有 126 个，数据分量和导频分量各有 63 个。C_{B1C} 导频分量的子码码长为 1 800，由长度为 3 607 的 Weil 码通过截短获得，其生成方式与主码相同。

C_{B2a} 信号主码由两个 13 级 m 序列通过移位及模二加生成的 Gold 码扩展获得。C_{B2a} 数据分量的子码码长为 5，采用固定的 5 位码序列作为子码，子码序列为 00010。C_{B2a} 导频分量的子码码长为 100，由长度为 1 021 的 Weil 码通过截短获得。

关于 BDS 卫星 B1C 和 B2a 信号的数据分量和导频分量及其测距码主码、子码参数，可参考接口控制文件中的定义。

4.4.3　导航电文

在 BDS-2 和 BDS-3 卫星混合运行的现状下，BDS 目前实际上有 5 种不同的导航电文。根据 BDS 各个信号的接口控制文件，本小节主要介绍 BDS 导航电文的结构和主要内容。

1. BDS 导航电文的结构

BDS-2 卫星的 B1I、B3I 信号播发 D1、D2 导航电文。MEO/IGSO 卫星播发 D1 导航电文，其速率为 50 bps，并调制有速率为 1 kbps 的二次编码，内容包含基本导航信息，即本卫星基本导航信息、全部卫星历书信息、与其他系统时间同步信息；GEO 卫星播发 D2 导航电文，其速率为 500 bps，内容包含基本导航信息和广域差分信息，即北斗系统的差分及完好性信息和格网点电离层信息。

BDS-3 卫星的 B1C、B2a、B2b 信号分别播发 B-CNAV1、B-CNAV2、B-CNAV3 导航电文。

B-CNAV1 导航电文在 B1C 信号中播发，电文数据调制在 B1C 数据分量上。每帧电文长度为 1 800 符号位，符号速率为 100 sps，播发周期为 18 s。

B-CNAV2 导航电文在 B2a 信号中播发，电文数据调制在 B2a 数据分量上。每帧电文长度为 600 符号位，符号速率为 200 sps，播发周期为 3 s。B-CNAV2 导航电文最多可定义 63 种信息类型。当前定义了 8 种有效信息类型，分别为信息类型 10，11，30，31，32，33，34，40，每种信息类型有固定的编排格式，除了信息类型 10 和 11 保持前后接续播发外，其他信息类型的播发顺序可动态调整。

B-CNAV3 导航电文在 B2b 信号中播发，包括基本导航信息和基本完好性信息。每帧电文长度为 1 000 符号位，符号速率为 1 000 sps，播发周期为 1 s。B-CNAV3 导航电文当前定义了 3 个有效信息类型，分别为信息类型 10，30，40，每种信息类型有固定的编排格式。

2. BDS 导航电文的主要内容

1）系统时间参数

BDS 导航电文播发的系统时间参数包括周数（WN）和周内秒数（SOW）。WN 以北斗时的起始历元(2006 年 1 月 1 日 00 时 00 分 00 秒 UTC)为起点,从零开始计数。SOW 在北斗时每周日 00 时 00 分 00 秒从零开始计数,在每周的结束时刻被重置为零。

2)卫星星历参数

BDS-2 卫星的星历参数与 GPS NAV 导航电文中的广播星历参数完全一致,包括由开普勒轨道参数和摄动参数组成的 15 个轨道参数和 1 个星历参考时间。BDS-3 卫星的星历参数则略有变化,主要有两处调整:①卫星轨道长半轴的平方根 $\sqrt{a_s}$ 被替换为参考时刻长半轴相对于参考值的偏差 Δa_s 和长半轴变化率 $\dot{a}_s$;②卫星平均运动角速度的改正数 Δn 被替换为参考时刻卫星平均角速度与计算值之差 Δn_0 及其变化率 $\Delta \dot{n}_0$。因此,BDS-3 卫星的星历参数有 18 个。式(4-22)给出了利用 BDS-3 星历参数计算卫星轨道长半轴和卫星平均角速度的方法。

$$\begin{cases} a_s = a_{ref} + \Delta a_s + \dot{a}_s t_k \\ n = \sqrt{\dfrac{GM}{a_s^3}} + \Delta n_0 + \dfrac{1}{2}\Delta \dot{n}_0 t_k \end{cases} \tag{4-22}$$

式中,a_{ref} 为长半轴参考值,MEO 卫星取值为 27 906 100 m,IGSO/GEO 卫星取值为 42 162 200 m;GM 为万有引力常数;t_k 为归一化时间,即观测时刻与星历参考时间 t_{oe} 之差。

3)卫星钟差参数

卫星钟差参数包括 t_{oc}、a_0、a_1 和 a_2,这四个参数与 GPS 的卫星时钟校正参数是一致的,计算卫星钟差的公式同式(4-10)。卫星钟差的时间基准均为北斗时,时间起算点均为卫星 B3I 频点发射天线相位中心。

4)群延迟参数

BDS 群延迟参数均以 B3I 信号为基准,星上设备群延迟对码相位测量的影响可通过钟差参数 a_0 和群延迟修正参数共同补偿。表 4-10 给出了 BDS 各类导航电文中的群延迟参数及其定义,详细用法将在第 6.6.3 小节中详细描述。

表 4-10 BDS 群延迟改正参数

导航电文	群延迟参数	定义
D1、D2	T_{GD1}	B1I 信号时延差
	T_{GD2}	B2I 信号时延差
B-CNAV1	T_{GDB1CP}	B1C 导频分量时延差
	T_{GDB2aP}	B2a 导频分量时延差
	ISC_{B1CD}	B1C 数据分量相对于 B1C 导频分量的时延修正项
B-CNAV2	T_{GDB1CP}	B1C 导频分量时延差
	T_{GDB2aP}	B2a 导频分量时延差
	ISC_{B2aD}	B2a 数据分量相对于 B2a 导频分量的时延修正项
B-CNAV3	T_{GDB2bI}	B2b 信号 I 支路时延差

5)电离层改正模型参数

BDS-2 卫星的导航电文提供了电离层改正模型参数 α_i 和 β_i($i=0,1,2,3$)。用户利用这 8 个参数和克罗布歇(Klobuchar)模型,可计算 B1I 信号的电离层垂直延迟改正。

BDS-3 卫星的导航电文提供了电离层改正模型参数 $\alpha_i (i=1, 2, \cdots, 9)$。 用户利用这 9 个参数和北斗全球电离层延迟修正模型（BDGIM），可算出任一频率 BDS 信号的电离层延迟改正值，具体算法流程可参考 BDS 接口控制文件。

6）BDT 与 UTC 及其他 GNSS 系统时间之间的同步参数

为实现与其他 GNSS 的兼容与互操作，北斗导航电文中包含了 BDT 与 UTC 及其他 GNSS 系统时间之间的同步参数。表 4-11 给出了 BDT 和 UTC 的同步参数，相较于 BDS-2，BDS-3 的 BDT 和 UTC 时间同步参数由 6 个增加至 9 个。

表 4-11   **BDT 和 UTC 的同步参数**

系统	参数	定义	单位
BDS-2	A_{0UTC}	BDT 相对于 UTC 的钟差	s
	A_{1UTC}	BDT 相对于 UTC 的钟速	s/s
	Δt_{LS}	新的闰秒生效前 BDT 相对于 UTC 的累积闰秒改正数	s
	WN_{LSF}	新的闰秒生效的周计数	weeks
	DN	新的闰秒生效的周内日计数	days
	Δt_{LSF}	新的闰秒生效后 BDT 相对于 UTC 的累积闰秒改正数	s
BDS-3	A_{0UTC}	BDT 相对于 UTC 的偏差系数	s
	A_{1UTC}	BDT 相对于 UTC 的漂移系数	s/s
	A_{2UTC}	BDT 相对于 UTC 的漂移率系数	s/s^2
	Δt_{LS}	新的闰秒生效前 BDT 相对于 UTC 的累积闰秒改正数	s
	t_{ot}	参考时刻对应的周内秒	s
	WN_{ot}	参考时间周计数	weeks
	WN_{LSF}	闰秒参考时间周计数	weeks
	DN	闰秒参考时间日计数	days
	Δt_{LSF}	新的闰秒生效后 BDT 相对于 UTC 的累积闰秒改正数	s

BDS-2 的导航电文中预留了 BDT 与 GPS、Galileo、GLONASS 系统时之间的同步参数，但电文暂未播发相应的内容。BDS-3 的导航电文中播发了 BDT-GNSS 时间同步（BGTO）参数，如表 4-12 所示，利用这些参数可以计算 BDT 与其他 GNSS 系统时间之间的时间偏差。

表 4-12   **BDT-GNSS 时间同步参数**

参数	定义	单位
GNSS ID	GNSS 系统标识	—
WN_{0BGTO}	参考时间周计数	weeks
t_{0BGTO}	参考时刻对应的周内时间	s
A_{0BGTO}	BDT 相对 GNSS 系统时间的偏差系数	s
A_{0BGTO}	BDT 相对 GNSS 系统时间的漂移系数	s/s
A_{0BGTO}	BDT 相对 GNSS 系统时间的漂移率系数	s/s^2

GNSS ID 占用 3 个比特，用 001、010 和 011 分别表示 GPS、Galileo 和 GLONASS。在

一帧中播发的其他 5 个参数是针对本帧中 GNSS ID 标识的系统,不同帧中播发的 GNSS 系统可能不同,用户应当区分接收。

7）历书参数

BDS-2 卫星历书参数主要包括卫星历书参考时刻、钟差参数、7 个轨道参数以及分时播发识别标识。

BDS-3 卫星历书参数包括中等精度历书和简约历书两类。中等精度历书包括 14 个参数,简约历书包括 6 个参数,简约历书的用户算法与中等精度历书用户算法相同。对于中等精度历书用户算法中出现的参数,但简约历书没有给出的参数值,将相应参数初始值设为 0。

除上述内容外,BDS 导航电文中还有卫星健康状态、卫星完好性状态标识、空间信号精度指数等,此外,BDS-3 还提供了地球定向参数(EOP)等,这里不再一一进行介绍。

4.5　Galileo 卫星信号

4.5.1　载波

Galileo 卫星发射三个相互独立的信号,按照载波频率由高到低的顺序依次是 E1、E6 和 E5 信号,其中 E5 信号又分为 E5a 和 E5b 两个子信号,各个载波信号的参数如表 4-13 所示。Galileo 信号频率同样是位于 1.2 GHz 附近和 1.6 GHz 附近,属于 L 波段微波信号。各个载波频率都基于卫星上同一个原子频率标准所产生的值为 10.23 MHz 的基准频率。

表 4-13　　　　　　　　　　　　Galileo 载波信号概况

载波	频率/MHz	波长/cm	频宽/MHz	信号组成分量
E1	1 575.420	19.03	24.552	E1-A、E1-B、E1-C
E6	1 278.750	23.44	40.920	E6-A、E6-B、E6-C
E5	1 191.795	25.15	51.150	—
E5a	1 176.450	25.48	20.460	E5a-I、E5a-Q
E5b	1 207.140	24.83	20.460	E5b-I、E5b-Q

1. E1 信号

E1 信号的标称载波中心频率为 1 575.420 MHz,这与 GPS L1 载波和 BDS B1C 载波中心频率完全一致。E1 信号包含 E1-A、E1-B 和 E1-C 三个信号分量,由于 E1-A 信号分量提供 PRS 服务,其使用受到限制。

E1-B 是一个数据分量,由 I/NAV 导航电文数据经伪码 C_{E1-B} 调制而成。E1-C 是一个导频分量,它不含导航电文数据,只含有伪码 C_{E1-C}。

2. E6 信号

E6 信号波段上包含 E6-A、E6-B 和 E6-C 三个信号分量。其中,提供 PRS 服务的 E6-A 信号分量的获取受到限制,E6-B 和 E6-C 均提供 CAS 服务,其伪码均被商业加密,因而 E6 信号不对公开服务用户开放。

E6-B 是一个数据分量,由 C/NAV 导航电文数据经加密伪码 C_{E6-B} 调制而成。E6-C 是一个导频分量,它不含导航电文数据,只含有伪码 C_{E6-C}。

3. E5 信号

E5 是一个较为特殊的信号,包含 E5a 和 E5b 两个子信号。通过 AltBOC 调制,使其承载着的 4 个信号分量组合成一个具有恒包络特性的信号,并让其频谱分散在靠近 E5a 和 E5b 这两个频率的波段上。

如图 4-9 所示,E5a 信号由数据分量 I 支路和导频分量 Q 支路组成。I 支路由 F/NAV 导航电文数据经伪码 C_{E5a-I} 调制而成,Q 支路不含导航电文数据,只含有伪码 C_{E5a-Q}。E5b 信号与 E5a 信号的调制过程类似。

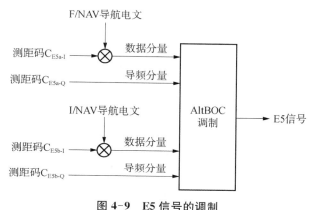

图 4-9 E5 信号的调制

4.5.2 测距码

Galileo 信号上的伪码都具备测距码的功能。具体而言,Galileo 卫星一共发射 10 个导航信号,其中 6 个为数据信号,4 个为导频信号(表 4-14)。C_{E1-A} 和 C_{E6-A} 测距码均作为 PRS 服务使用,调制的是 G/NAV 导航电文,即政府导航电文。C_{E6-B} 和 C_{E6-C} 测距码均作为 CAS 服务使用,调制的是 C/NAV 导航电文,即商用导航电文。面向开放服务的测距码调制的是 I/NAV 或 F/NAV 导航电文。

表 4-14 Galileo 测距码信号概况

频率	测距码	导航电文类型	服务类型
E1	C_{E1-A}	G/NAV	PRS
	C_{E1-B}	I/NAV	OS
	C_{E1-C}	—	OS
E5a	C_{E5a-I}	F/NAV	OS
	C_{E5a-Q}	—	OS
E5b	C_{E5b-I}	I/NAV	OS
	C_{E5b-Q}	—	OS
E6	C_{E6-A}	G/NAV	PRS
	C_{E6-B}	C/NAV	CAS、HAS
	C_{E6-C}	—	CAS

表 4-15 列出了 Galileo 测距码的主要参数,由于 E1-A 和 E6-A 信号是面向 PRS 服务,其主要参数未知。

表 4-15　　　　　　　　　　　　　　　Galileo 测距码主要参数

测距码	周期/ms	码长	码元宽度/m	码速率/Mbps	主码		子码	
					码长	类型	码长	类型
$C_{E1\text{-}B}$	4	4 092	293.052	1.023	4 092	记忆码	—	—
$C_{E1\text{-}C}$	100	102 300	293.052	1.023	4 092	记忆码	25	记忆码
$C_{E5a\text{-}I}$	20	204 600	29.305	10.23	10 230	Gold 码	20	记忆码
$C_{E5a\text{-}Q}$	100	1 023 000	29.305	10.23	10 230	Gold 码	100	记忆码
$C_{E5b\text{-}I}$	4	40 920	29.305	10.23	10 230	Gold 码	4	记忆码
$C_{E5b\text{-}Q}$	100	1 023 000	29.305	10.23	10 230	Gold 码	100	记忆码
$C_{E6\text{-}B}$	1	5 115	58.610	5.115	5 115	记忆码	—	—
$C_{E6\text{-}C}$	100	511 500	58.610	5.115	5 115	记忆码	50	记忆码

从表 4-15 可看出,Galileo 的测距码全部采用了分层码结构,这与 BDS 的 B1C 和 B2a 信号测距码是类似的。关于分层码的概念在 BDS 测距码的介绍中已有涉及,此处不再重复。Galileo 测距码由 Gold 码和记忆码相异或构成。记忆码本质上是一种优化的伪随机噪声码序列。与 m 序列实时生成不同,记忆码的码序列是存储在内存中以供随时读取。

1. 主码

$C_{E5a\text{-}I}$、$C_{E5a\text{-}Q}$、$C_{E5b\text{-}I}$ 和 $C_{E5b\text{-}Q}$ 的主码属于 Gold 码,都可以通过两个 14 级 m 序列生成。但是,每颗卫星对应的 m 序列中反馈移位寄存器的初始值各不相同,由此得到每颗卫星独一无二的 Gold 序列,从而起到分址的作用。

$C_{E1\text{-}B}$ 和 $C_{E1\text{-}C}$ 的主码是记忆码,Galileo 接口控制文件中提供了十六进制表示的记忆码序列。每个信号分量包含 50 组代码,可以供最多 50 颗卫星使用。

$C_{E6\text{-}B}$ 和 $C_{E6\text{-}C}$ 用于 CAS 服务,其主码所用的记忆码序列的详细构成未公开。

2. 子码

Galileo 系统提供代号为 CS4₁、CS20₁、CS25₁ 和 CS100₁～CS100₁₀₀ 的记忆码序列用于生成不同卫星各个信号分量上伪码的子码,各子码序列如表 4-16 所示。为表示方便,各子码序列以十六进制的形式列出。

表 4-16　　　　　　　　　　　　　　　　子码序列

代号	码长	十六进制序列	代号	码长	十六进制序列
$CS4_1$	4	E	$CS100_1$	100	83F6F69D8F6E15411FB8C9B1C
$CS20_1$	20	842E9	...	...	...
$CS25_1$	25	380AD90	$CS100_{100}$	100	64310BAD8EB5B36E38646AF01

表 4-16 中仅有 $CS25_1$ 的码长不是 4 的倍数,它的十六进制序列是通过在其真实序列末尾添加了三个 0 后得到的。定义了上述子码序列后,这些子码按照固定的方式分配给不同卫星,如表 4-17 所示。

表 4-17 子码的分配

测距码	子码	备注	测距码	子码	备注
C_{E1-B}	—	—	C_{E5b-I}	$CS4_1$	不同卫星采用同一个 $CS4_1$
C_{E1-C}	$CS25_1$	不同卫星采用同一个 $CS25_1$	C_{E5b-Q}	$CS100_{51}\sim CS100_{100}$	$CS100_{i+50}$ 分配给第 i 颗卫星
C_{E5a-I}	$CS20_1$	不同卫星采用同一个 $CS20_1$	C_{E6-B}	—	—
C_{E5a-Q}	$CS100_1\sim CS100_{50}$	$CS100_i$ 分配给第 i 颗卫星	C_{E6-C}	$CS100_1\sim CS100_{50}$	$CS100_i$ 分配给第 i 颗卫星

4.5.3 导航电文

Galileo 卫星播发的导航电文也有以下四种不同类型：F/NAV、I/NAV、C/NAV 和 G/NAV。其中，C/NAV 和 G/NAV 分别表示商用导航电文和政府导航电文，目前在 Galileo 信号接口控制文件中暂无介绍。本小节主要介绍 F/NAV 和 I/NAV 两种导航电文。

F/NAV 和 I/NAV 导航电文具有类似的帧与子帧结构形式。其中，一帧由若干个子帧组成，每一子帧又由若干个页（或页面）构成，页是导航电文的基本结构单位。两种导航电文的主要参数如表 4-18 所示。

表 4-18 F/NAV 和 I/NAV 导航电文

导航电文	F/NAV	I/NAV
服务信号	E5a－I	E5b－I、E1B
帧长度	600 s(含 12 个子帧)	720 s(含 24 个子帧)
子帧长度	50 s(含 5 页)	30 s(含 15 页)
页长度	10 s(含 500 个编号符号)	2 s(分偶数和奇数两部分，每一部分含 250 个编号符号)
码速率	20 ms，即 50 bps	4 ms，即 250 bps

事实上，Galileo 在 F/NAV 和 I/NAV 导航电文中播发着相同的星历、历书等参数，各参数所占的比特数相同，但 F/NAV 和 I/NAV 导航电文在不同信号分量上按不同的页面格式播发。本节对 F/NAV 和 I/NAV 导航电文上播发的一些相同的参数和信息作进一步介绍。

1. Galileo 系统时间（GST）

Galileo 系统时间由 12 bit 的周数（WN）和 20 bit 的周内时间（TOW）组成。若某一电文给出 Galileo 系统时间，则该值指的是在该页起始页的信号发射时刻，即该页上的第一个导航电文数据符号对应的第一个伪码周期中第一个码元起始页的发射时刻。WN 占用 12 bit，最大可表示 4 095 周，因此在距起始时刻的实际周数为 4 096 的整数倍时，WN 均为零。

2. 卫星钟改正参数

与 GPS 的卫星时钟校正参数类似，Galileo 卫星播发的卫星时钟校正参数包含 t_{oc}、a_{f0}、a_{f1}、a_{f2}。与 GPS 不同的是，F/NAV 和 I/NAV 两类导航电文上播发的时钟校正参数基于的模型和服务的对象是不一样的，因为相应的卫星时钟模型是基于两个不同频率的信号测量值。表 4-19 列出了 Galileo 卫星钟改正参数及其服务对象，例如对 F/NAV 导航电文而言，其卫星钟改正参数是基于 E1 和 E5a 双频信号求得的，因而可用于 E1/E5a 双频和 E5a 单频观测值，但不能用于 E1 单频观测值。

表 4-19   Galileo 卫星钟改正参数及其服务对象

导航电文	观测值	卫星钟改正参数	服务对象
F/NAV	E1、E5a	t_{oc}(E1, E5a)	E1/E5a 双频 E5a 单频
		a_{f0}(E1, E5a)	
		a_{f1}(E1, E5a)	
		a_{f2}(E1, E5a)	
I/NAV	E1、E5b	t_{oc}(E1, E5b)	E1/E5b 双频 E1 单频 E5b 单频
		a_{f0}(E1, E5b)	
		a_{f1}(E1, E5b)	
		a_{f2}(E1, E5b)	

3. 卫星星历参数

F/NAV 和 I/NAV 导航电文提供的星历参数与 GPS 广播星历完全一致,即由 6 个开普勒轨道参数、9 个摄动参数和 1 个时间参数构成。每颗 Galileo 卫星各个信号分量上播发同一套星历参数,因此,其计算流程和 GPS 卫星完全一致。

4. 电离层延迟改正参数

F/NAV 和 I/NAV 导航电文均提供了三个电离层延迟改正参数 a_{i0}、a_{i1} 和 a_{i2},可用于计算任一纬度处的电离层延迟值,可以改正 E5a、E5b、E6 和 E1 频率信号中约 70% 的电离层延迟误差。此外,Galileo 系统按照纬度将地球表面分成五个条状区域,F/NAV 和 I/NAV 导航电文各用 1 bit 的电离层风暴标志标明各个区域是否正在发生电离层风暴。

5. GST 与 UTC、GPST 的转换参数

与 GPS 类似,Galileo 系统时间也是一个连续的原子时系统。但是,用于维持各自原子时所用的时钟不同,所以在尺度上存在微小差异。

导航电文提供的 GST 与 UTC 之间转换所需的参数与表 4-3 完全一致,也是由 8 个参数组成,所以计算方法也与 GPS 导航电文完全相同。

导航电文还提供了 GST 与 GPST 转换所需的四个参数 t_{0G}、WN_{0G}、A_{0G} 和 A_{1G},这四个参数称为 Galileo/GPS 时间差异(GGTO)参数。其中,t_{0G} 和 WN_{0G} 表示这套 GGTO 参数的参考时间,A_{0G} 和 A_{1G} 为一阶线性模型的常数项和系数项。给定一个由周数(WN)和周内时间(TOW)组成的 GST,此时刻的 GGTO 为

$$\Delta t = t_{Galileo} - t_{GPS} = A_{0G} + A_{1G}\left[TOW - t_{0G} + 604\,800(WN - WN_{0G})\right] \quad (4\text{-}23)$$

6. 群延迟改正参数

Galileo 导航电文采用基于 f_1、f_2 双频的群延迟改正模型,在 F/NAV 和 I/NAV 导航电文中分别提供了 BGD(E1, E5a) 和 BGD(E1, E5b) 两个群延迟参数。这两个参数的使用方法将在第 6.6.3 小节中详细描述。

4.6   利用广播星历计算卫星位置和速度

由前述内容可知,GPS 民用导航电文包含 NAV、CNAV 和 CNAV2 三种类型。利用 CNAV 和 CNAV2 导航电文星历参数计算卫星位置的方法和步骤在本质上与利用 NAV 导

航电文星历参数进行的计算没有区别，只是在少数步骤上略有不同。BDS 目前实际上有五种不同的民用导航电文，与 GPS 导航电文类似，不同导航电文播发的参数略有区别，但计算卫星位置的方法和步骤在本质上是一致的。Galileo 民用导航电文包含 F/NAV 和 I/NAV 两种，但是二者播发相同的星历参数，各参数所占比特数相同，但导航电文在不同信号分量上按不同的页面格式播发。

GPS NAV、BDS D1/D2、Galileo F/NAV 和 I/NAV 导航电文播发的核心星历参数是完全一致的，采用同一套扩展后的开普勒轨道参数模型，因此，利用广播星历计算 GPS、BDS 和 Galileo 三个系统的卫星位置可以采用相同的计算流程。GLONASS 广播星历参数则以卫星在地固系的位置、速度和日月引力摄动加速度给出，属于状态矢量参数模型。因此，本节着重介绍上述广播星历计算卫星位置的两套基本流程。QZSS 和 NavIC 属于区域卫星导航定位系统，服务范围有局限性，其卫星位置和速度的计算流程与 GPS 类似，用户可参考其接口控制文件。

4.6.1 GPS/Galileo/BDS 卫星位置和速度的计算

表 4-20 列出了利用导航电文中的星历参数计算卫星位置的步骤及其计算公式。这些步骤与无摄状态下卫星瞬时位置计算的整体思路是一致的，区别是在相应步骤中加入了摄动参数改正。

表 4-20　　　　　　　　　　　　　GPS/Galileo/BDS 卫星位置的计算

步骤	内容	计算公式	备注
1	计算归一化时间 t_k	$t_k = t - t_{oe}$	t 为观测时刻，t_{oe} 为星历参考时间
2	计算卫星轨道的长半轴 a_s	$a_s = (\sqrt{a_s})^2$	$\sqrt{a_s}$ 为广播星历给出的参数
3	计算卫星运动的平均角速度 n	$n = \sqrt{\dfrac{GM}{a_s^3}} + \Delta n$	Δn 为广播星历中给定的摄动参数
4	计算卫星的平近点角 M_s	$M_s = M_0 + n t_k$	M_0 为参考时刻 t_{oe} 时的平近点角，由广播星历给出
5	迭代求解卫星的偏近点角 E_s	$E_s = M_s + e_s \sin E_s$	e_s 为卫星轨道偏心率，由广播星历给出
6	计算真近点角 f_s 和卫星矢径 r'	$f_s = \arctan \dfrac{\sqrt{1 - e_s^2}\, \sin E_s}{\cos E_s - e_s}$ $r' = a_s(1 - e_s \cos E_s)$	
7	计算升交距角 u'	$u' = \omega_s + f_s$	ω_s 为近地点角距，由广播星历给出
8	计算摄动改正项 δu、δr、δi	$\delta u = C_{uc} \cos 2u' + C_{us} \sin 2u'$ $\delta r = C_{rc} \cos 2u' + C_{rs} \sin 2u'$ $\delta i = C_{ic} \cos 2u' + C_{is} \sin 2u'$	C_{uc}、C_{us}、C_{rc}、C_{rs}、C_{ic}、C_{is} 为广播星历给出的摄动参数
9	计算摄动改正后的升交距角 u、卫星矢径 r 和轨道倾角 i	$u = u' + \delta u$ $r = r' + \delta r$ $i = i_0 + \dot{i} t_k + \delta i$	i_0 为参考时刻 t_{oe} 时的轨道倾角，$\dot{i}$ 为轨道倾角的变化率，i_0 和 $\dot{i}$ 均由广播星历给出

步骤	内容	计算公式	备注
10	计算卫星在轨道面坐标系中的位置 (x,y,z)	$\begin{cases} x = r\cos u \\ y = r\sin u \\ z = 0 \end{cases}$	
11	计算观测时刻升交点的经度 L	$L = \Omega_0 + (\dot\Omega - \omega_e)t_k - \omega_e t_{oe}$	Ω_0 和 $\dot\Omega$ 由广播星历给出，ω_e 为地球自转角速度
12	计算卫星在瞬时地球坐标系中的位置 (X,Y,Z)	$\begin{bmatrix} X \\ Y \\ Z \end{bmatrix} = \begin{bmatrix} x\cos L - y\cos i\sin L \\ x\sin L + y\cos i\cos L \\ y\sin i \end{bmatrix}$	

根据表 4-20 的步骤计算时，需要注意以下事项：

（1）万有引力常数 GM、地球自转角速度 ω_e 的值应选择各 GNSS 坐标系统的对应值，如表 2-2 所示。最终计算的卫星位置分属于各个 GNSS 坐标系，即 GPS 卫星属于 WGS-84 坐标系，BDS 卫星属于 BDCS 坐标系，Galileo 卫星属于 GTRF 坐标系。

（2）卫星星历给出的轨道参数以星历参考时间 t_{oe} 作为基准，归一化时间 t_k 是 t 时刻与参考时间 t_{oe} 之间的差异。t_k 的绝对值必须小于当前 GNSS 广播星历的更新时间，例如对于 GPS 而言，t_k 的绝对值必须小于 7 200 s。由于 GPS、BDS 和 Galileo 广播星历中的周内秒计数（SOW）在每周周日 00 时 00 分 00 秒重新置零，计算 t_k 时可能遇到跨周的问题，即适用于当前时刻的有效星历在时间上是上一周的，处理方法是：当求得的 $t_k > 302\,400$ s 时，t_k 应减去 604 800 s；否则，当 $t_k < 302\,400$ s 时，t_k 应加上 604 800 s。

（3）迭代求解卫星的偏近点角 E_s 时，若前后两次计算 E_s 的差值（单位为弧度）绝对值小于 10^{-12}，则停止迭代。

（4）卫星轨道面坐标系的原点为地心，X 轴指向升交点，Z 轴垂直于轨道平面向上，Y 轴在轨道平面上垂直于 X 轴，构成右手坐标系。

（5）对于 BDS 而言，上述计算步骤仅适用于 MEO/IGSO 卫星。GEO 卫星位置计算的前 10 个步骤与表 4-20 的第 1—10 步一致，最后 3 个步骤采用表 4-21 的流程。

表 4-21　　　　　　　BDS GEO 卫星位置计算的最后 3 个步骤

步骤	内容	计算公式	备注
11	计算观测时刻升交点的经度 L	$L = \Omega_0 + \dot\Omega t_k - \omega_e t_{oe}$	Ω_0 和 $\dot\Omega$ 由广播星历给出，ω_e 为地球自转角速度
12	计算 GEO 卫星在自定义坐标系中的位置 (X',Y',Z')	$\begin{bmatrix} X' \\ Y' \\ Z' \end{bmatrix} = \begin{bmatrix} x\cos L - y\cos i\sin L \\ x\sin L + y\cos i\cos L \\ y\sin i \end{bmatrix}$	
13	计算 GEO 卫星在 BDCS 坐标系中的坐标 (X,Y,Z)	$\begin{bmatrix} X \\ Y \\ Z \end{bmatrix} = \boldsymbol{R}_z(\omega_e t_k)\boldsymbol{R}_x(-5°)\begin{bmatrix} X' \\ Y' \\ Z' \end{bmatrix}$	

表 4-21 中的第 12 个步骤计算的是 BDS GEO 卫星在自定义坐标系中的坐标。该自定义坐标系没有明确的物理意义，引入的目的是消除轨道参数的奇异性。对于轨道倾角 i 接近于 0 的 GEO 卫星，由于升交点赤经 Ω 和近地点角距 ω_s 参数相关，若不采取特殊措施，则

其广播星历拟合精度较低。由于受摄动影响，GEO 卫星的轨道倾角随时间变化，有可能使得某一时间段内的轨道倾角接近于 0，所以必须考虑小倾角情况下的广播星历拟合精度。当轨道倾角下降到 0.000 1°时，已无法正确拟合；当轨道倾角接近 0 时，轨道个数是奇异的。为消除奇异性，可选择其他无奇点广播星历参数。但是，为尽量保持广播星历参数的一致性，可以考虑用简单的方法消除奇异性。BDS 的具体做法是，将坐标系绕 X 轴旋转$-5°$得到新坐标系，并计算新坐标系下的卫星位置，最后将新坐标系下的卫星位置转换为原坐标系下的卫星位置。

利用广播星历同样可以计算卫星运行速度，表 4-22 列出了利用导航电文中的星历参数计算 GPS 卫星速度的步骤及其计算公式。这一流程同样适用于 Galileo 卫星、BDS MEO/IGSO 卫星。

表 4-22　　　　　　　　　　　　GPS 卫星速度计算步骤

步骤	内容	计算公式
1	计算平近点角 M_s 对时间的导数	$\dot{M}_s = n$
2	计算偏近点角 E_s 对时间的导数	$\dot{E}_s = \dfrac{\dot{M}_s}{1 - e_s \sin E_s}$
3	计算真近点角 f_s 对时间的导数	$\dot{f}_s = \dfrac{\sqrt{1 - e_s^2}\sin \dot{E}_s}{1 - e_s \sin E_s}$
4	计算升交距角 u' 对时间的导数	$\dot{u}' = \dot{f}_s$
5	计算摄动改正项 δu、δr、δi 对时间的导数	$\delta \dot{u} = 2\dot{u}'(C_{uc}\cos 2u' - C_{us}\sin 2u')$ $\delta \dot{r} = 2\dot{u}'(C_{rc}\cos 2u' - C_{rs}\sin 2u')$ $\delta \dot{i} = 2\dot{u}'(C_{ic}\cos 2u' - C_{is}\sin 2u')$
6	计算摄动改正后的升交距角 u、卫星矢径 r 和轨道倾角 i 对时间的导数	$\dot{u} = \dot{u}' + \delta \dot{u}$ $\dot{r} = a_s e_s \dot{E}_s \sin E_s + \delta \dot{r}$ $\dot{i} = \dot{i} + \delta \dot{i}$
7	计算卫星在轨道面坐标系中的速度	$\dot{x} = \dot{r}\cos u - r\dot{u}\sin u$ $\dot{y} = \dot{r}\sin u + r\dot{u}\cos u$
8	计算观测时刻升交点的经度 L 对时间的导数	$\dot{L} = \dot{\Omega} - \omega_e$
9	计算卫星在瞬时地球坐标系中的速度 $(\dot{X}, \dot{Y}, \dot{Z})$	$\dot{X} = (\dot{x} - y\dot{L}\cos i)\cos L - (x\dot{L} + \dot{y}\cos i - z\dot{i})\sin L$ $\dot{Y} = (\dot{x} - y\dot{L}\cos i)\sin L + (x\dot{L} + \dot{y}\cos i - z\dot{i})\cos L$ $\dot{Z} = \dot{y}\sin i + y\dot{i}\cos i$

4.6.2　GLONASS 卫星位置和速度的计算

GLONASS 的广播星历每半小时给出一组卫星在地固坐标系下的位置矢量、速度矢量和日月引力摄动加速度，用户采用 Runge-Kutta 积分法、Euler 积分法或 Adams 积分法等获取实时位置和速度，其中 Runge-Kutta 积分法应用最为广泛。

由式（3-55）所示的 GLONASS 卫星运动微分方程，以 GLONASS 广播星历提供在星历

参考时刻 t_b 处状态向量值为初始值,利用四阶 Runge-Kutta 积分法求解 GLONASS 卫星运动微分方程。设定状态向量 x 为

$$\boldsymbol{x} = \begin{bmatrix} x & y & z & \dot{x} & \dot{y} & \dot{z} \end{bmatrix}^{\mathrm{T}} \qquad (4\text{-}24)$$

将星历参考时刻 t_b 当作初始时刻 t_0,并将 t_b 时刻的卫星位置和速度参数值当作初始时刻 t_0 处的初始状态向量 $\boldsymbol{x}$,即

$$\boldsymbol{x}_0 = \begin{bmatrix} x_n & y_n & z_n & \dot{x}_n & \dot{y}_n & \dot{z}_n \end{bmatrix}^{\mathrm{T}} \qquad (4\text{-}25)$$

同时,式(3-55)等号右边并不显性地包含积分变量 t,该式可简写为

$$\frac{\mathrm{d}\boldsymbol{x}}{\mathrm{d}t} = f(\boldsymbol{x}) \qquad (4\text{-}26)$$

式(4-26)由 6 个函数式组成。以 h 为积分步长,积分计算可以等价表示为如下形式:

$$\boldsymbol{x}_k = \boldsymbol{x}_{k-1} + \frac{h}{6}\left[f(\boldsymbol{y}_1) + 2f(\boldsymbol{y}_2) + 2f(\boldsymbol{y}_3) + f(\boldsymbol{y}_4) \right] \qquad (4\text{-}27)$$

式中,

$$\begin{cases} \boldsymbol{y}_1 = \boldsymbol{x}_{k-1} \\ \boldsymbol{y}_2 = \boldsymbol{x}_{k-1} + \dfrac{h}{2}f(\boldsymbol{y}_1) \\ \boldsymbol{y}_3 = \boldsymbol{x}_{k-1} + \dfrac{h}{2}f(\boldsymbol{y}_2) \\ \boldsymbol{y}_4 = \boldsymbol{x}_{k-1} + hf(\boldsymbol{y}_3) \end{cases} \qquad (4\text{-}28)$$

在第 k 步的计算中,从初始值 $\boldsymbol{x}_{k-1}$ 出发,根据式(4-29)依次计算 $\boldsymbol{y}_1 \sim \boldsymbol{y}_4$,最后将各个值代入式(4-27),得到在 t_k 时刻的状态向量 $\boldsymbol{x}_k$ 的值。

积分步长 h 的选择直接影响计算效率与精度。步长较短时,计算精度较高,但运算量较大;步长较长时,计算精度较差,但运算量较小。为了平衡计算精度和运算量这两个因素,应恰当地选取 Runge-Kutta 积分法的积分步长 h,一般是在保证计算精度的前提下尽可能地减少运算量。已有研究表明:当积分步长 $h > 60\,\mathrm{s}$ 时,计算结果误差可随着 h 的减小而显著降低;当积分步长 $h < 60\,\mathrm{s}$ 时,进一步减小 h 则不再能显著降低计算结果误差。

经若干次循环后,当前积分时间 t 就由初始的 t_0 变为 t_m。此时,若 t_m 刚好等于所要求计算卫星位置的时间点 t_{end},则计算完成;若 $t_m < t_{\mathrm{end}}$ 且 $t_m < t_{\mathrm{end}} < t_m + h$,此时只需要将步长积分缩短为 $t_{\mathrm{end}} - t_m$,接着再根据式(4-27)得到在 t_{end} 时刻的状态向量。

通过比较上述卫星位置和速度计算的流程可以看出,GPS、BDS 和 Galileo 广播星历的轨道参数数量相对较多,但用户算法简单;GLONASS 广播星历的轨道参数数量相对较少,用户以这些初始值对卫星运动方程进行积分,得出相应时刻卫星的位置和速度,用户算法较为复杂。在实际使用时,前者拟合精度高、外推能力强,而后者的外推能力差。

4.6.3 卫星轨道拟合

利用广播星历计算卫星轨道涉及迭代、积分运算,若按公式直接计算,需要占用较多的

内存空间和计算时间。为此常将卫星轨道表示为时间多项式,即将一定时间段内的卫星轨道拟合于选定的多项式,在内存中仅保存拟合好的多项式系数,以备以后计算卫星位置时调用。在各种多项式中,切比雪夫多项式的逼近效果最佳,即使在时间段的两端近似性也很好。

使用 n 阶切比雪夫多项式对弧段 $[t_0, t_0 + \Delta t]$ 进行拟合时,先将任意时刻 $t \in [t_0, t_0 + \Delta t]$ 变换为变量 $\tau \in [-1, 1]$:

$$\tau = \frac{2}{\Delta t}(t - t_0) - 1 \tag{4-29}$$

则卫星位置的切比雪夫多项式为

$$\begin{cases} X(t) = \displaystyle\sum_{i=0}^{n} C_{X_i} T_i(\tau) \\ Y(t) = \displaystyle\sum_{i=0}^{n} C_{Y_i} T_i(\tau) \\ Z(t) = \displaystyle\sum_{i=0}^{n} C_{Z_i} T_i(\tau) \end{cases} \tag{4-30}$$

速度的切比雪夫多项式为

$$\begin{cases} \dot{X}(t) = \displaystyle\sum_{i=0}^{n} C_{X_i} \dot{T}_i(\tau) \\ \dot{Y}(t) = \displaystyle\sum_{i=0}^{n} C_{Y_i} \dot{T}_i(\tau) \\ \dot{Z}(t) = \displaystyle\sum_{i=0}^{n} C_{Z_i} \dot{T}_i(\tau) \end{cases} \tag{4-31}$$

式中,n 为切比雪夫多项式的阶数;C_{X_i}、C_{Y_i}、C_{Z_i} 分别是 X、Y、Z 方向的切比雪夫多项式系数。切比雪夫多项式 $T_i(\tau)$ 及其导数按如下递推公式计算:

$$\begin{cases} T_0(\tau) = 1 \\ T_1(\tau) = \tau \\ T_n(\tau) = 2\tau T_{n-1}(\tau) - T_{n-2}(\tau) \\ \dot{T}_1(\tau) = \dot{\tau} \\ \dot{T}_2(\tau) = 4\tau\dot{\tau} \\ \dot{T}_n(\tau) = \dfrac{2n}{n-1}\tau \dot{T}_{n-1}(\tau) - \dfrac{n}{n-2}\dot{T}_{n-2}(\tau) \end{cases} \tag{4-32}$$

由于 X、Y、Z 方向求解的相似性,下面仅以 X 坐标分量为例说明如何求解其切比雪夫多项式系数。设 $X(k)$ 为观测值,则误差方程为

$$\begin{bmatrix} V_{X(1)} \\ V_{X(2)} \\ \vdots \\ V_{X(m)} \end{bmatrix} = \begin{bmatrix} T_0(\tau_1) & T_1(\tau_1) & \cdots & T_n(\tau_1) \\ T_0(\tau_2) & T_1(\tau_2) & \cdots & T_n(\tau_2) \\ \vdots & \vdots & \vdots & \vdots \\ T_0(\tau_m) & T_1(\tau_m) & \cdots & T_n(\tau_m) \end{bmatrix} \begin{bmatrix} C_{X_1} \\ C_{X_2} \\ \vdots \\ C_{X_n} \end{bmatrix} - \begin{bmatrix} X(1) \\ X(2) \\ \vdots \\ X(m) \end{bmatrix} \tag{4-33}$$

令

$$\begin{cases} \boldsymbol{V} = \begin{bmatrix} V_{X(1)} & V_{X(2)} & \cdots & V_{X(m)} \end{bmatrix}^{\top} \\ \boldsymbol{l} = \begin{bmatrix} X(1) & X(2) & \cdots & X(m) \end{bmatrix}^{\top} \\ \boldsymbol{X} = \begin{bmatrix} C_{X_1} & C_{X_2} & \cdots & C_{X_n} \end{bmatrix}^{\top} \\ \boldsymbol{B} = \begin{bmatrix} T_0(\tau_1) & T_1(\tau_1) & \cdots & T_n(\tau_1) \\ T_0(\tau_2) & T_1(\tau_2) & \cdots & T_n(\tau_2) \\ \vdots & \vdots & \vdots & \vdots \\ T_0(\tau_m) & T_1(\tau_m) & \cdots & T_n(\tau_m) \end{bmatrix} \end{cases} \tag{4-34}$$

则式(4-33)可写成向量表达式：

$$\boldsymbol{V} = \boldsymbol{BX} - \boldsymbol{l} \tag{4-35}$$

利用最小二乘法，解得

$$\boldsymbol{X} = (\boldsymbol{B}^{\top}\boldsymbol{B})^{-1}\boldsymbol{B}^{\top}\boldsymbol{l} \tag{4-36}$$

$\boldsymbol{X}$ 中各分量即为切比雪夫多项式拟合系数 C_{X_i}，同理可求得 C_{Y_i}、C_{Z_i}。利用求得的系数，根据式(4-30)、式(4-31)即可求得区间 $t \in [t_0, t_0 + \Delta t]$ 内任意时刻卫星的位置和速度。

4.7　利用精密星历计算卫星位置和速度

精密星历按一定的时间间隔直接给出卫星的坐标，因而用户需要采用内插法求得所需时刻的卫星位置。内插方法有很多，如 Newton-Neville 插值、拉格朗日多项式插值和切比雪夫多项式插值等。其中，以拉格朗日多项式插值使用较为广泛，下面介绍拉格朗日多项式插值的原理。

若已知在时间轴的 $n+1$ 个节点 $t_j(j=0, 1, \cdots, n)$ 及其对应的函数值 $f(t_j)$，首先定义插值基函数：

$$\ell_j(t) = \frac{(t-t_0)(t-t_1)\cdots(t-t_{j-1})(t-t_{j+1})\cdots(t-t_n)}{(t_j-t_0)(t_j-t_1)\cdots(t_j-t_{j-1})(t_j-t_{j+1})\cdots(t_j-t_n)} \tag{4-37}$$

则 t 时刻函数值的插值公式为

$$f(t) = \sum_{j=0}^{n} f(t_j)\ell_j(t) \tag{4-38}$$

用一个简单的例子说明上式的应用，若已知 $f(t_0)=f(-3)=13$，$f(t_1)=f(+1)=17$，$f(t_2)=f(+5)=85$，则对应的基函数为

$$\begin{cases} \ell_0(t) = \dfrac{(t-t_1)(t-t_2)}{(t_0-t_1)(t_0-t_2)} = \dfrac{1}{32}(t^2-6t+5) \\[2mm] \ell_1(t) = \dfrac{(t-t_0)(t-t_2)}{(t_1-t_0)(t_1-t_2)} = -\dfrac{1}{16}(t^2-2t-15) \\[2mm] \ell_2(t) = \dfrac{(t-t_0)(t-t_1)}{(t_2-t_0)(t_2-t_1)} = \dfrac{1}{32}(t^2+2t-3) \end{cases} \tag{4-39}$$

根据式(4-38),可以计算 $f(+4)=62$。

插值计算时,t 必须位于 $t_0 \sim t_n$ 之间,最好位于 $t_0 \sim t_n$ 的中点附近。实践表明:对于一个 3 h 的测量时段,用 8 阶拉格朗日多项式插值即可保证插值精度。由于采用高阶多项式作为逼近函数进行内插可能产生一些问题,特别是高阶多项式在给定点所定义的区间边界处有摆动的趋势,因而要避免进行外推。另外,在给定点间的"振荡"还可能降低多项式逼近的整体精确性。若采用对称内插的方法,即内插点位于数据点的中央,则可保证最佳的内插结果。对于 15 min 间隔的精密星历,一般 10 阶拉格朗日多项式插值即可兼顾计算精度与效率,这意味着 SP3 文件要直接给出位于待内插历元之前后各 5 个历元的卫星位置,这也是为何在处理某一天内的数据时需要当天和前后各一天的精密轨道数据的原因。

由于卫星钟变化不如轨道信息平滑,精密星历中卫星钟差不宜使用高阶插值,建议使用线性插值或最多三次插值方法。

利用精密星历计算卫星速度一般采用数值差分法,t 时刻卫星速度可用下式表示:

$$\dot{\boldsymbol{r}}(t) = \frac{\boldsymbol{r}(t+\Delta t) - \boldsymbol{r}(t)}{\Delta t} \tag{4-40}$$

式中,$\boldsymbol{r}(t)$ 是卫星在 t 时刻的位置向量;Δt 是很短的时间变化量。例如,可取 $\Delta t = 0.001\ \mathrm{s}$,$\boldsymbol{r}(t+\Delta t)$ 和 $\boldsymbol{r}(t)$ 均由精密星历内插计算求得。

第 5 章　GNSS 定位原理

　　GNSS 接收机要实现定位必须解决两个问题：一是获取各颗可见卫星在空间的准确位置，二是测量从接收机到各颗可见卫星的精确距离。利用 GNSS 信号中的导航电文可以解决第一个问题，解决第二个问题则需要使用 GNSS 信号中的载波和测距码。GNSS 卫星发射信号的三个部分既分工又合作，提供定位解算所需的卫星位置和距离观测值。

　　GNSS 接收机可以获得每颗卫星的伪距和载波相位两个基本距离测量值，本章在介绍伪距测量、载波相位测量、多普勒频移观测值和观测值线性组合的基础上，分别介绍单点定位、差分 GNSS、相对定位、RTK 测量等常用定位方法的原理。

5.1　伪距测量

　　伪距是 GNSS 领域中一个非常重要的概念，它是接收机对卫星测距码信号的一个最基本的距离测量值。GNSS 测距码在结构上有一定的差异，但本质上都是伪随机噪声码。本节以 GPS C/A 码的伪距测量为例，阐述伪距测量原理及其观测方程，其观测方程也同样适用于 GLONASS、BDS 和 Galileo 的测距码信号。

5.1.1　伪距测量原理

　　如图 5-1 所示，设卫星 s 按照其自备的卫星时钟在 t^s 时刻发射出某一信号，t^s 时刻称为 GPS 信号发射时间。经过传播时间 τ 后，该信号在 t_r 时刻被用户接收机 r 接收到，t_r 时刻称为 GPS 信号接收时间，从接收机时钟上读取获得。

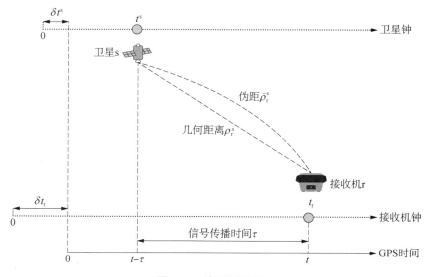

图 5-1　伪距测量原理

94

用户接收机时钟的时间通常与 GPS 时间不同步。设对应于信号接收时间 t_r 的 GPS 时间为 t，称此时的接收机时钟的时间超前 GPS 时间的量为接收机时钟钟差，用 δt_r 表示，则

$$t_r = t + \delta t_r \qquad (5-1)$$

式中，δt_r 通常简称为接收机钟差，其值通常是未知的。接收机一般采用高精度石英钟，其稳定性远不如卫星原子钟，因此接收机钟差是一个随时间变化的量。

各个卫星时钟的时间也不可能与 GPS 时间严格同步。设对应于信号发射时间 t^s 的 GPS 时间为 $t - \tau$，则

$$t^s = t - \tau + \delta t^s \qquad (5-2)$$

式中，卫星钟差 δt^s 是卫星钟时间值 t^s 超前相应的 GPS 时间值的量。根据第 4 章的介绍，导航电文中的第一数据块含有卫星时钟校正参数，通过校正可实现卫星时钟的时间与 GPS 时间保持同步，因此卫星钟差通常可以作为已知量对待。

如前所述，信号接收时间 t_r 是直接从接收机时钟上读出的。若接收机能够获得信号发射时间 t^s，则可以得到传播时间 τ，再乘以光速便得到传播距离。由于卫星和接收机时钟的误差和信号传输媒介的影响，测得的距离 $\tilde{\rho}_r^s$ 与卫星至接收机天线的几何距离 ρ_r^s 是不相等的，因此测得的距离 $\tilde{\rho}_r^s$ 通常称为伪距。

实际上，接收机直接测量的不是信号发射时间 t^s，更不是伪距 $\tilde{\rho}_r^s$，而是码相位。码相位是通过接收机内部码跟踪环路上的 C/A 码发生器和 C/A 码相关器获得的。如图 5-2 所示，接收机通过码相关器对接收到的卫星信号与其内部复制的 C/A 码进行相关分析，结合 C/A 码良好的自相关特性，从而测得在接收时刻 t_r 所接收到的卫星信号中的 C/A 码相位值。码相位是指最新接收到的片刻 C/A 码在一整周期 C/A 码中的位置，其值在 0～1 023 码元之间，且通常不是整数。经过 C/A 码相关器的相关运算，若相关系数达到最大值时码相位值为 CP，在当前子帧中，接收机已接收到 w 整个导航电文数据码的字，在当前字中已接收到 b 整个导航电文的比特，在当前比特中已接收到 c 整周 C/A 码的导航电文，则信号发射时间可由下式计算：

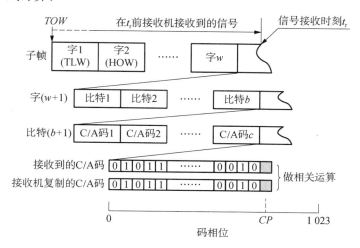

图 5-2　卫星信号发射时间的组成

$$t^s = TOW + (30w + b) \times 0.020 + \left(c + \frac{CP}{1\,023} \right) \times 0.001 \tag{5-3}$$

式中，TOW 为每一子帧中以秒为单位的周内时。

实际上，还可以用一种更为通俗的方式来完整阐述伪距这一重要概念：在 GPS 时间为 $t - \tau$ 时，卫星开始播发某信号片刻，并在信号上刻下当时用卫星时间计的信号发射时间 t^s；在 GPS 时间为 t 时，该卫星信号片刻刚好传播到接收机，而接收机用接收机时钟记下当时的信号接收时间 t_r；信号接收时间与信号发射时间之差 τ 乘以光速 c 就是伪距。

5.1.2 伪距测量观测方程

如图 5-1 所示，信号在 t^s 时刻从卫星 s 出发，经过传播时间 τ 后，在 t_r 时刻到达接收机 r。GPS 接收机可以根据码相位值获得 t^s，并结合 t_r 得到伪距 $\tilde{\rho}_r^s$，可表示为

$$\tilde{\rho}_r^s = c(t_r - t^s) \tag{5-4}$$

式中，c 为光速。

考虑接收机钟差和卫星钟差的影响，将式(5-1)和式(5-2)代入式(5-4)得

$$\tilde{\rho}_r^s = c\tau + c(\delta t_r - \delta t^s) \tag{5-5}$$

信号传播时间 τ 由以下两部分组成：一是信号以真空光速 c 穿越卫星 s 到接收机 r 之间几何距离 ρ_r^s 所需的传播时间，二是由大气折射所造成的传播延迟，即

$$\tau = \frac{\rho_r^s}{c} + \frac{I_r^s}{c} + \frac{T_r^s}{c} \tag{5-6}$$

式中，I_r^s 和 T_r^s 分别表示电离层和对流层延迟，均是以米为单位的距离值。将式(5-6)代入式(5-5)，可得

$$\tilde{\rho}_r^s = \rho_r^s + c(\delta t_r - \delta t^s) + I_r^s + T_r^s \tag{5-7}$$

式中，忽略了未知的伪距测量噪声量，它代表着所有未直接体现在上述伪距观测方程式中的其他各种误差总和。例如，由卫星星历参数得到的卫星位置、卫星时钟校正模型和大气延迟估计值等存在着不可避免的误差，并且伪距测量值还受到多路径、接收机噪声等多种误差源的影响，式(5-7)中的钟差和各项测量误差再次说明了 $\tilde{\rho}_r^s$ 是伪距，而不是真正的几何距离。几何距离 ρ_r^s 可以展开为

$$\rho_r^s = \sqrt{(x_r - x^s)^2 + (y_r - y^s)^2 + (z_r - z^s)^2} \tag{5-8}$$

式中，(x^s, y^s, z^s) 为信号发射时刻卫星 s 的三维地心坐标，(x_r, y_r, z_r) 则是信号接收时刻接收机 r 的三维地心坐标，因而在真正计算时，伪距测量的观测方程为

$$\tilde{\rho}_r^s = \sqrt{(x_r - x^s)^2 + (y_r - y^s)^2 + (z_r - z^s)^2} + c(\delta t_r - \delta t^s) + I_r^s + T_r^s \tag{5-9}$$

以上公式中，各个变量的表达均省略了其时间函数形式，$\tilde{\rho}_r^s$、δt_r、I_r^s、T_r^s 均可视为信号接收时刻 t 的函数，δt^s 则是信号发射时刻 $t - \tau$ 的函数值。计算几何距离 ρ_r^s 时，卫星位置对应的是信号发射时刻 $t - \tau$，接收机位置对应的是信号接收时刻 t。

通常认为伪距测量的误差一般为伪测距码码元(或码元)宽度的 1%。对于码宽约为 300 m 的 GPS C/A 码而言,其测距误差约为 3 m,P 码则约为 0.3 m。

5.2 载波相位测量

伪距是 GNSS 最基本的距离测量值,但由于测距码的码元宽度较大,对于一些高精度应用而言,其精度无法满足需要。接收机从卫星信号中获得的另一个基本测量值是载波相位,其在 GNSS 精密定位中越来越重要。GNSS 卫星播发的载波信号均位于 L 波段,波长为 15~30 cm,例如 GPS 的 L1 和 L2 载波,其相应波长分别为 19.03 cm 和 24.42 cm。若把载波作为量测信号,则可达到很高的精度。相对于伪距而言,理解载波相位测量值的概念及其测量原理对后续数据处理及应用非常关键。实际上,载波相位测量值指的是载波相位差,只有载波相位差或载波相位变化量才包含距离信息,而某点某一时刻的载波相位通常不具有使用价值。

5.2.1 载波相位测量原理

载波的主要功能之一是搭载其他调制信号。利用调相的方式在载波上调制了测距码和导航电文,因而接收到的载波相位已不再连续。因此,在接收机进行载波相位测量以前,首先要进行解调工作,设法将调制在载波上的测距码和卫星电文去掉,重新获取载波,这一工作称为重建载波。重建载波是在接收机通道中完成的。

载波相位测量是通过测量载波信号在从卫星发射天线到接收机接收天线的传播路程上的相位变化来确定传播距离的方法。如图 5-3(a)所示,卫星 s 发射载波信号,在 t 时刻的相位为 $\varphi^s(t)$,该信号经过距离 ρ 到达接收机,其相位为 φ_r,相位变化 $\varphi^s - \varphi_r$ 为其相位变化量。因此,若能测定 $\varphi^s - \varphi_r$,则可计算出卫星到接收机间的距离为

$$\rho = \lambda(\varphi^s - \varphi_r) \tag{5-10}$$

式中,相位以周为单位,λ 为载波波长。

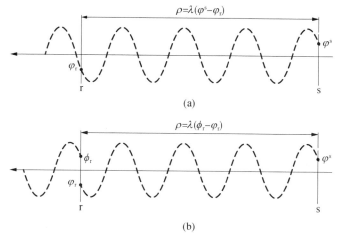

图 5-3 载波相位测量原理

为了获取同一时刻卫星信号发射端的载波信号 φ^s，GNSS 接收机振荡器产生一个频率和初相均与卫星载波完全相同的基准信号，而要测定的某一时刻的相位差即为接收机产生的基准信号与接收的卫星载波相位之差。这里接收机并不需要物理性地产生一个载波信号，这个基准信号仅存在于数学公式计算上。

如图 5-3(b)所示，在某一时刻 t，卫星信号的相位等于接收机振荡器产生的基准相位，即 $\phi_r = \varphi^s$，相同时刻接收的 GNSS 卫星信号的载波相位为 φ_r，则

$$\rho = \lambda(\phi_r - \varphi_r) \tag{5-11}$$

由于载波信号是一种周期性的正弦信号，并且不带任何识别标记，因此接收机无法判断正在量测的是第几周的信号。另外，相位测量只能测定其不足一周的小数部分，因而存在着整周数不确定的问题。下面分析接收机载波相位测量实际观测值的构成。

假设接收机在 t_0 时刻进行首次载波相位测量，此时接收机振荡器产生的基准信号的相位为 $\phi_r(t_0)$，接收到卫星载波信号的相位为 $\varphi_r(t_0)$，如图 5-4(a)所示，这两个相位之差由 N 个整周以及不足一整周的部分组成：

$$\phi_r(t_0) - \varphi_r(t_0) = N + \Delta\varphi_0 \tag{5-12}$$

式中，N 通常称为整周模糊度或整周未知数；$\Delta\varphi_0$ 为不足一整周的部分。在 t_0 时刻，接收机的实际观测值是 $\Delta\varphi_0$，N 在观测过程中是一个未知量。

由于卫星与地球间的相对运动，卫星至接收机的距离也在不断变化，相应地，上述两个信号的相位之差也在不断变化。具有多普勒频移的卫星载波与接收机所产生的稳定基准振荡信号的相位差的变化率，即为这两个信号的拍频信号相位。接收机锁定卫星信号并进行首次载波相位测量后，便可用多普勒计数器记录下拍频信号相位变化过程中的整波段数。每当拍频信号的相位从 $360°$ 变为 $0°$（即相位变化一周）时，计数器的计数加 1。该计数器中记录的整波段数称为整周计数。如图 5-4(b)所示，从第二个载波相位观测值开始，其余各次观测值中不仅有不足一整周部分 $\Delta\varphi_i$，还有整周计数 $\mathrm{int}(\varphi_i)$，即接收机的实际观测值为 $\Delta\varphi_i + \mathrm{int}(\varphi_i)$。

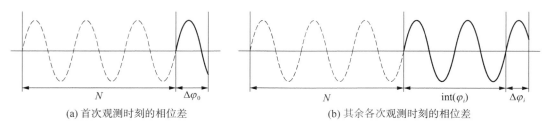

(a) 首次观测时刻的相位差　　　　　　　(b) 其余各次观测时刻的相位差

图 5-4　载波相位测量的观测值

对比图 5-4 的两种情况可以看出，在首次观测时刻，其整周计数值可以看成是零，而在随后的各次观测值中，$\mathrm{int}(\varphi_i)$ 可以是正整数，也可以是负整数，但始终是连通 $\Delta\varphi_i$ 一起输出的观测值，与整周模糊度 N 具有本质的区别。

值得注意的是，对于载波相位测量，只要接收机能保持对卫星信号的连续跟踪而不失锁，那么对同一卫星信号所进行的连续载波相位观测值中整周模糊度 N 将保持不变。一旦接收机对载波信号失锁，在重新锁定并接收信号后，其载波相位观测值所对应的整周模糊度

N 一般不再等于上一次锁定时的值,而是一个新的未知数。

在连续跟踪过程中,接收机无法给出整周模糊度 N 值。只有设法求得 N 值后,联合载波相位观测值才能计算出从卫星到接收机的完整距离。因此,只有在整周模糊度 N 值被正确确定后,单个的载波相位观测值才有应用价值。

5.2.2 载波相位测量观测方程

假设媒介为真空且不考虑误差,在接收机接收信号的时刻 t_r,载波相位观测值与相位差的关系可表示为

$$\widetilde{\varphi}_r^s(t_r) + N_r^s = \phi_r(t_r) - \varphi^s(t_r) \tag{5-13}$$

式中,下标 r 和上标 s 分别表示接收机和卫星;ϕ_r 表示接收机振荡器产生的载波;φ^s 表示接收的卫星信号的相位;N_r^s 为接收机 r 和卫星 s 间对应的整周模糊度。

根据电磁波传播原理,接收时刻接收的卫星信号相位恰好等于发射时刻发射的卫星信号相位,即

$$\varphi^s(t_r) = \varphi_e^s(t_r - \tau) \tag{5-14}$$

式中,φ_e^s 为卫星发射的相位;τ 为信号传播的时间,在不考虑电离层和对流层影响时,它可以表示为

$$\tau = \frac{\rho_r^s}{c} \tag{5-15}$$

式中,ρ_r^s 表示接收机 r 和卫星 s 间的几何距离;c 为光速。

$$\widetilde{\varphi}_r^s(t_r) = \phi_r(t_r) - \varphi_e^s(t_r - \tau) - N_r^s \tag{5-16}$$

假定初始时间为零,接收的卫星信号与接收机参考信号标称频率为 f,则有

$$\begin{cases} \phi_r(t_r) = f t_r \\ \varphi_e^s(t_r - \tau) = f(t_r - \tau) \end{cases} \tag{5-17}$$

代入式(5-16)得

$$\widetilde{\varphi}_r^s(t_r) = \frac{f}{c}\rho_r^s - N_r^s \tag{5-18}$$

考虑电离层效应、对流层效应、卫星和接收机钟差的影响,在 t_r 时刻的载波相位观测值可进一步表示为

$$\widetilde{\varphi}_r^s(t_r) = \frac{f}{c}\rho_r^s + f(\delta t_r - \delta t^s) - \frac{f}{c}I_r^s + \frac{f}{c}T_r^s - N_r^s \tag{5-19}$$

或

$$\lambda\widetilde{\varphi}_r^s(t_r) = \rho_r^s + c(\delta t_r - \delta t^s) - I_r^s + T_r^s - \lambda N_r^s \tag{5-20}$$

式中,δt_r 和 δt^s 分别表示接收机和卫星的钟差;I_r^s 和 T_r^s 分别表示电离层和对流层延迟。

式(5-20)与式(5-7)同等重要,它是利用载波相位测量值进行定位的基本公式。值得注

意的是,式(5-20)与式(5-7)在电离层延迟 I 前面分别用了加号与减号,主要是考虑到电离层延迟对伪距与载波相位测量值的影响大小相同、符号相反的特点。类似地,将几何距离展开后得到载波相位观测方程为

$$\lambda \widetilde{\varphi}_r^s(t_r) = \sqrt{(x_r - x^s)^2 + (y_r - y^s)^2 + (z_r - z^s)^2} + c\delta t_r - c\delta t^s - I_r^s + T_r^s - \lambda N_r^s$$

$$(5-21)$$

式中,(x^s, y^s, z^s) 为信号发射时刻卫星 s 的三维地心坐标,(x_r, y_r, z_r) 则是信号接收时刻接收机 r 的三维地心坐标。

5.3 多普勒频移观测值

如第 1 章所述,子午卫星系统采用多普勒测量的原理进行导航定位。当 GNSS 卫星在其轨道上绕地球运行时,卫星 s 与接收机 r 之间存在相对运动,此时接收机 r 接收到的信号频率并不等于信号的发射频率,这种信号接收频率随信号发射源与接收机的相对运动而发生变化的现象称为多普勒效应,信号接收频率与发射频率的差异称为多普勒频移。

如图 5-5 所示,假定卫星瞬时运动速度矢量为 $\boldsymbol{V}$,接收机处于静止,设接收机和卫星的地心空间直角坐标分别为 (x_r, y_r, z_r) 和 (x^s, y^s, z^s),则接收机到卫星构成的单位观测矢量 $\boldsymbol{I}$ 可表示为

$$\boldsymbol{I} = \frac{1}{\sqrt{\Delta x^2 + \Delta y^2 + \Delta z^2}} \begin{bmatrix} \Delta x \\ \Delta y \\ \Delta z \end{bmatrix}$$

$$(5-22)$$

$$\begin{bmatrix} \Delta x \\ \Delta y \\ \Delta z \end{bmatrix} = \begin{bmatrix} x^s - x_r \\ y^s - y_r \\ z^s - z_r \end{bmatrix}$$

$$(5-23)$$

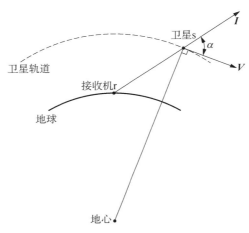

图 5-5 多普勒效应

设卫星的发射频率为 f_s,则接收机接收到的带有多普勒频移的信号频率 f_r 为

$$f_r = f_s \left(1 - \frac{\boldsymbol{V} \cdot \boldsymbol{I}}{c} \right) \tag{5-24}$$

式中，$\boldsymbol{V} \cdot \boldsymbol{I}$ 表示卫星运动速度矢量 $\boldsymbol{V}$ 与单位矢量 $\boldsymbol{I}$ 的点积，即该矢量在单位矢量方向上的投影长度，计算式为 $\boldsymbol{V} \cdot \boldsymbol{I} = |\boldsymbol{V}| \times |\boldsymbol{I}| \times \cos \alpha = |\boldsymbol{V}| \cos \alpha$，其中 α 为信号的入射角。

对应的多普勒频移为

$$f_d = f_s - f_r = f_s \frac{|\boldsymbol{V}| \cos \alpha}{c} = \frac{|\boldsymbol{V}| \cos \alpha}{\lambda} \tag{5-25}$$

式中，λ 是与信号发射频率 f_s 相对应的信号波长；c 为光速。

根据式(5-25)可知，根据信号入射角的不同，f_d 有正负之分。当 $\alpha < 90°$ 时，卫星运行远离接收机而去，多普勒频移为正，接收机收到的信号频率比卫星发射的信号频率低；当 $\alpha > 90°$ 时，卫星运行与接收机越来越近，多普勒频移为负，接收机收到的信号频率比卫星发射的信号频率高；当 $\alpha = 90°$ 时，多普勒频移为零。

式(5-25)可以扩展到更为普遍的情况，即接收机也处于运动状态。设卫星运动速度为 $\boldsymbol{V}$，接收机运动速度为 $\boldsymbol{v}$，则该接收机接收到的卫星载波信号的多普勒频移为

$$f_d = \frac{(\boldsymbol{v} - \boldsymbol{V}) \cdot \boldsymbol{I}}{\lambda} = -\frac{(\boldsymbol{V} - \boldsymbol{v}) \cdot \boldsymbol{I}}{\lambda} \tag{5-26}$$

式中，接收机相对于卫星的运行速度 $\boldsymbol{v} - \boldsymbol{V}$ 与单位矢量 $\boldsymbol{I}$ 的点积，表示接收机向卫星靠近的距离变化率。当卫星与接收机相对远离时，多普勒频移 f_d 为负，即接收机接收到的卫星载波频率小于发射频率；反之则 f_d 为正，接收机接收到的卫星载波频率大于发射频率。式(5-26)还揭示了多普勒频移测量值与接收机运动速度 $\boldsymbol{v}$ 的关系。若将卫星运动速度 $\boldsymbol{V}$ 所引起的多普勒频移从式中扣除，则剩下的多普勒频移反映的正是接收机的运动速度 $\boldsymbol{v}$，这为求解接收机运动速度 $\boldsymbol{v}$ 提供了途径。

多普勒频移是一个独立的观测量，是瞬时距离变化率的测量值，不仅可用于测定载体的运动速度、GNSS 数据预处理(如探测周跳和粗差)，还可以用于计算电离层总电子含量的相对变化等。

5.4 观测值的线性组合

观测值的线性组合是指一台接收机获取同一卫星的同类型不同频率观测值或不同类型观测值之间所进行的线性组合。其主要目的是消除电离层延迟、钟差等误差影响；同时，载波相位观测值特定的线性组合具有更长的波长，有利于整周模糊度的解算。因此，观测值的线性组合在实际数据处理中应用非常广泛。

本节以 GPS 三频观测值为例，介绍观测值线性组合的模型，并介绍常用的线性组合观测值，其原理同样适用于其他 GNSS 观测值的线性组合。

5.4.1 不同频率载波相位观测值的线性组合

1. 组合标准

GPS 三个载波频率从高到低依次为 f_1、f_2、f_3，波长依次为 λ_1、λ_2、λ_3，接收机观测到

某卫星各频率上以周为单位的载波相位观测值分别为 $\widetilde{\varphi}_1$、$\widetilde{\varphi}_2$、$\widetilde{\varphi}_3$，三频载波相位组合观测值的一般形式为

$$\widetilde{\varphi} = i\widetilde{\varphi}_1 + j\widetilde{\varphi}_2 + k\widetilde{\varphi}_3 \tag{5-27}$$

式中，i、j、k 为组合系数。

下面不加证明地给出组合观测值 $\widetilde{\varphi}$ 的相应频率、波长、整周模糊度和噪声分别为

$$\begin{cases} f = if_1 + jf_2 + kf_3 \\ \lambda = \dfrac{c}{f} \\ N = iN_1 + jN_2 + kN_3 \\ \varepsilon = i\varepsilon_1 + j\varepsilon_2 + k\varepsilon_3 \end{cases} \tag{5-28}$$

忽略高阶次电离层延迟量，组合观测值电离层延迟影响系数为

$$K = \frac{f_1^2}{c}\left(\frac{i}{f_1} + \frac{j}{f_2} + \frac{k}{f_3}\right) \tag{5-29}$$

式中，K 是以周为单位的组合观测值电离层延迟与 L1 载波上电离层延迟的比值。K 值越小，则组合观测值的电离层延迟越小。

若希望组合观测值的整周模糊度仍能保持整数特性，则组合系数 i、j、k 均应为整数。显然，若不加任何限制，可组成无穷多个线性组合观测值，为获得那些对 GPS 测量有实际价值的线性组合观测值，线性组合后构成的新"观测值"至少应符合下列标准之一：①能保持模糊度的整数特性，以利于正确确定整周模糊度；②具有适当的波长；③不受或基本不受电离层延迟的影响；④具有较小的测量噪声。

2. 常见的线性组合

1) 无几何距离组合（Geometry-Free）

无几何距离组合观测值要求组合频率为 0，此时波长无穷大，即

$$if_1 + jf_2 + kf_3 = 0 \tag{5-30}$$

常见的无几何距离组合为

$$\widetilde{\varphi}_{GF} = \lambda_1\widetilde{\varphi}_1 - \lambda_2\widetilde{\varphi}_2 \tag{5-31}$$

无几何距离载波相位组合观测量与接收机至卫星的几何距离无关，消除了诸如轨道误差、接收机钟差、卫星钟差和对流层延迟误差的影响，仅包含电离层延迟误差和整周模糊度，适用于电离层研究、周跳探测以及分析载波相位观测值的噪声。

2) 无电离层组合（Ionosphere-Free）

由于电离层属于弥散介质，电离层延迟量的大小与频率有关，所以组合双频或三频观测数据可以消除电离层影响，即

$$\frac{i}{f_1} + \frac{j}{f_2} + \frac{k}{f_3} = 0 \tag{5-32}$$

常用的无电离层组合观测值为

$$\tilde{\varphi}_{\mathrm{IF}} = \frac{f_1^2}{f_1^2 - f_2^2}\tilde{\varphi}_1 - \frac{f_1 f_2}{f_1^2 - f_2^2}\tilde{\varphi}_2 \qquad (5\text{-}33)$$

该组合观测值对于双频用户的使用极其方便,适用于中长基线的整周模糊度求解,因为在该情况下基线两端的电离层误差已不相关或弱相关,用无电离层组合可以显著改进基线解算的精度。此外,该组合观测值也是精密单点定位最常用的函数模型。载波 L1 和 L2 上的伪距观测值也可以构成无电离层组合观测值:

$$\tilde{\rho}_{\mathrm{IF}} = \frac{f_1^2}{f_1^2 - f_2^2}\tilde{\rho}_1 - \frac{f_2^2}{f_1^2 - f_2^2}\tilde{\rho}_2 \qquad (5\text{-}34)$$

3)长波长组合观测值

构成长波长组合观测值的主要目的是以较快的速度和较高的准确率确定其整周模糊度,并以此为约束条件进一步求解各载波上的整周模糊度。长波长组合观测值除了考虑波长以外,还要顾及测量噪声和电离层延迟的大小在合理水平。

对于双频用户,常用的长波长组合观测值为

$$\tilde{\varphi}_{\mathrm{w}} = \tilde{\varphi}_1 - \tilde{\varphi}_2 \qquad (5\text{-}35)$$

该组合称为宽巷(Wide Lane)观测值,其频率为 347.83 MHz,波长为 86.19 cm。若假定双频载波的观测噪声均为 0.01 周,其相应的距离测量噪声为 1.22 cm。由于宽巷观测值的波长达 86 cm,大约是载波 L1 和 L2 波长的 4 倍,且宽巷模糊度保持了整数特性,因而很容易准确确定其整周模糊度。由于测量噪声较大,所以宽巷观测值一般并不用于最终的定位,而是将其作为中间过程确定载波 L1 和 L2 的整周模糊度。

对于三频用户,常用的长波长组合观测值为

$$\tilde{\varphi}_{\mathrm{w}} = \tilde{\varphi}_2 - \tilde{\varphi}_3 \qquad (5\text{-}36)$$

该组合的波长为 5.86 m,相应的距离测量噪声约为 7 cm,在各种长度的基线中都比较容易解算整周模糊度。

5.4.2　载波相位和伪距观测值的线性组合

载波相位观测值和伪距观测值的线性组合常用于修复周跳和解算整周模糊度,常见的组合观测值有以下三种。

第一种组合观测值可表示为

$$\tilde{\varphi}_1 - \tilde{\varphi}_2 - \frac{f_1 - f_2}{f_1 + f_2}\left(\frac{\tilde{\rho}_1}{\lambda_1} + \frac{\tilde{\rho}_2}{\lambda_2}\right) = N_2 - N_1 \qquad (5\text{-}37)$$

式(5-37)是由 Melbourne 和 Wubbena 提出的,被称为 Melbourne-Wubbena 组合,简称 M-W 组合。式中右边项 $N_2 - N_1$ 是宽巷观测值的整周模糊度。该线性组合不仅消除了电离层延迟,也消除了卫星钟差、接收机钟差和卫星至接收机的几何距离,仅受测量噪声和多路径误差的影响,而这些误差影响可通过多历元观测进行平滑和削弱。在存在轨道误差、站坐标误差和大气延迟误差的情况下,仍可正确确定宽巷观测值的整周模糊度。

第二种组合观测值为

$$\lambda_1 \varphi_1 - \lambda_2 \widetilde{\varphi}_2 + (\widetilde{\rho}_1 - \widetilde{\rho}_2) - \lambda_2 N_2 + \lambda_1 N_1 = 0 \qquad (5\text{-}38)$$

式(5-38)也消除了电离层延迟、卫星至接收机的几何距离、卫星钟差和接收机钟差的影响，也可用于确定 N_1 和 N_2。

由于式(5-37)和式(5-38)中只留下模糊度参数 N_1 和 N_2，周跳会使 $N_2 - N_1$ 或者 $\lambda_1 N_1 - \lambda_2 N_2$ 发生变化，故上述两式不仅可用于模糊度分解，也可用于周跳的探测和修复。

第三种组合观测值为

$$\frac{\widetilde{\rho} + \lambda \widetilde{\varphi}}{2} = \widetilde{\rho} - \frac{\lambda N}{2} \qquad (5\text{-}39)$$

式中，伪距观测值和载波相位观测值均未加注下标，适用于单频伪距观测值和载波相位观测值。单点定位时，采用上述线性组合观测值可显著改善解的精度。上述"观测值"的噪声主要来自伪距测量的噪声，为保证精度，通常会进行较长时间的观测。

在多频情况下，可以有更多具有较好特性的伪距相位组合观测量。

5.5　单点定位

根据卫星星历和一台接收机的观测值来独立确定该接收机在地球坐标系中的绝对坐标的方法称为单点定位，也称为绝对定位。单点定位的优点是只需一台接收机即可独立定位，外业观测的组织和实施较为简便，数据处理也较为简单。单点定位的观测值可以是伪距观测值，也可以是载波相位观测值。

在伪距单点定位中，由于测距码观测值的测距误差，加上受卫星星历误差、电离层和对流层延迟等因素的影响，其定位精度无法满足精密测量的要求。但是，在飞机、船舶和车辆的导航、资源调查、地质勘探、环境监测、防灾减灾等定位精度要求不高的领域中有着广泛的应用。另外，在航空物探和卫星遥感等领域也有广泛的应用。

使用载波相位观测值的绝对定位称为精密单点定位，该方法随着近些年来精密星历和精密卫星钟差精度的改善、误差模型的精化，得到越来越广泛的关注和应用。为了方便表述，如未特别指出，后面述及的单点定位都是指采用测距码为观测值和广播星历轨道及钟差所进行的传统意义上的单点定位。

根据用户接收机所处的状态不同，单点定位又可分为动态单点定位和静态单点定位。将用户接收设备安置在运动载体上确定载体瞬时绝对位置的定位方法称为动态单点定位。在动态单点定位模式下，接收机位置随时间变化，待求参数较多，多余观测量较少。飞机、船舶以及陆地车辆等运动载体的导航都属于动态单点定位。当接收机处于静止状态确定测站绝对坐标的方法，称为静态单点定位，其原理与动态单点定位相同。在该模式下，由于接收机位置不随时间变化，待求参数较少，所以可获得足够的多余观测量，以便在测后通过数据处理提高定位的精度。

5.5.1　伪距单点定位

伪距单点定位(SPP)指的是用户利用一台 GNSS 接收机的测距码观测值来计算接收机位置的定位方法。

1. 伪距观测方程的线性化

伪距测量的观测方程如下

$$\tilde{\rho}_r^s = \sqrt{(x_r - x^s)^2 + (y_r - y^s)^2 + (z_r - z^s)^2} + c(\delta t_r - \delta t^s) + I_r^s + T_r^s \quad (5-40)$$

若测站的近似坐标为 (x_r^0, y_r^0, z_r^0),对应改正数为 $(\delta x_r, \delta y_r, \delta z_r)$,$(x^s, y^s, z^s)$ 为根据导航电文计算出的卫星在测距码信号发射时刻的坐标,则信号发射时刻只需由接收时刻减去测距码信号传播时间即可。事实上,信号从 GNSS 卫星到接收机天线的传播时间很短,其值大致变化范围为

$$\frac{a_s(1-e_s) - a_m}{c} \sim \frac{a_s(1+e_s)}{c} \quad (5-41)$$

式中,a_s、e_s 分别为卫星轨道的长半轴和偏心率;a_m 为地球的平均半径。以 GPS 卫星的轨道参数为例,信号传播时间为 $0.067 \sim 0.086$ s,平均为 0.077 s。计算卫星位置时需要迭代计算,直到求得的信号传播时间收敛。

对式(5-40)在 (x_r^0, y_r^0, z_r^0) 处用泰勒级数展开并取一次项,可得线性化的观测方程:

$$\tilde{\rho}_r^s = (\rho_r^s)_0 + \left(\frac{\partial \rho_r^s}{\partial x_r}\right)_0 \delta x_r + \left(\frac{\partial \rho_r^s}{\partial y_r}\right)_0 \delta y_r + \left(\frac{\partial \rho_r^s}{\partial z_r}\right)_0 \delta z_r + c(\delta t_r - \delta t^s) + I_r^s + T_r^s \quad (5-42)$$

式中,$(\rho_r^s)_0 = \sqrt{(x_r^0 - x^s)^2 + (y_r^0 - y^s)^2 + (z_r^0 - z^s)^2}$。

若记

$$\begin{cases} \left(\dfrac{\partial \rho_r^s}{\partial x_r}\right)_0 = -\dfrac{x_r^0 - x^s}{(\rho_r^s)_0} = -k_r^s \\[2mm] \left(\dfrac{\partial \rho_r^s}{\partial y_r}\right)_0 = -\dfrac{y_r^0 - y^s}{(\rho_r^s)_0} = -l_r^s \\[2mm] \left(\dfrac{\partial \rho_r^s}{\partial z_r}\right)_0 = -\dfrac{z_r^0 - z^s}{(\rho_r^s)_0} = -m_r^s \end{cases} \quad (5-43)$$

则式(5-42)可表示为

$$\tilde{\rho}_r^s = (\rho_r^s)_0 - k_r^s \delta x_r - l_r^s \delta y_r - m_r^s \delta z_r + c(\delta t_r - \delta t^s) + I_r^s + T_r^s \quad (5-44)$$

2. 伪距单点定位的解算

若伪距单点定位仅使用单个系统的伪距观测值,则在对不同卫星的伪距观测方程中,实际使用的卫星钟差还必须根据所用信号是单频还是双频组合的不同,加上相对论效应改正量和信号在卫星内的群延迟而引起的卫星钟差改正,具体改正方法见 6.3 节。对流层、电离层的影响可采用一些比较成熟的模型加以改正,因此可以认为是已知量,所以式(5-44)中共有 4 个未知数,接收机必须同时至少测定 4 颗卫星的距离才能解算出接收机的三维坐标值和接收机钟差。

令 $s = 1, 2, \cdots, n$,将式(5-44)写成矩阵形式为

$$\begin{bmatrix} k_r^1 & l_r^1 & m_r^1 & -1 \\ k_r^2 & l_r^2 & m_r^2 & -1 \\ \vdots & \vdots & \vdots & \vdots \\ k_r^n & l_r^n & m_r^n & -1 \end{bmatrix} \begin{bmatrix} \delta x_r \\ \delta y_r \\ \delta z_r \\ c\delta t_r \end{bmatrix} - \begin{bmatrix} (\rho_r^1)_0 - \widetilde{\rho}_r^1 - c\delta t^1 + I_r^1 + T_r^1 \\ (\rho_r^2)_0 - \widetilde{\rho}_r^2 - c\delta t^2 + I_r^2 + T_r^2 \\ \vdots \\ (\rho_r^n)_0 - \widetilde{\rho}_r^n - c\delta t^n + I_r^n + T_r^n \end{bmatrix} = \mathbf{0} \qquad (5\text{-}45)$$

令

$$\boldsymbol{A} = \begin{bmatrix} k_r^1 & l_r^1 & m_r^1 & -1 \\ k_r^2 & l_r^2 & m_r^2 & -1 \\ \vdots & \vdots & \vdots & \vdots \\ k_r^n & l_r^n & m_r^n & -1 \end{bmatrix}, \ \boldsymbol{X} = \begin{bmatrix} \delta x_r \\ \delta y_r \\ \delta z_r \\ c\delta t_r \end{bmatrix}, \ \boldsymbol{L} = \begin{bmatrix} (\rho_r^1)_0 - \widetilde{\rho}_r^1 - c\delta t^1 + I_r^1 + T_r^1 \\ (\rho_r^2)_0 - \widetilde{\rho}_r^2 - c\delta t^2 + I_r^2 + T_r^2 \\ \vdots \\ (\rho_r^n)_0 - \widetilde{\rho}_r^n - c\delta t^n + I_r^n + T_r^n \end{bmatrix}$$

式(5-45)简写为

$$\boldsymbol{AX} - \boldsymbol{L} = \boldsymbol{0} \qquad (5\text{-}46)$$

当在某时刻观测卫星的个数 $n \geqslant 4$ 时,通过最小二乘法求解:

$$\boldsymbol{X} = (\boldsymbol{A}^{\mathrm{T}}\boldsymbol{A})^{-1}\boldsymbol{A}^{\mathrm{T}}\boldsymbol{L} \qquad (5\text{-}47)$$

其精度为

$$\boldsymbol{D}_X = \sigma_0^2 \boldsymbol{Q}_X = \sigma_0^2 (\boldsymbol{A}^{\mathrm{T}}\boldsymbol{A})^{-1} \qquad (5\text{-}48)$$

式中,σ_0 为伪距测量的误差因子,即用户等效距离误差 UERE 的标准偏差,它来自星历误差、卫星钟差、大气传播误差以及本身的测量误差。

若伪距单点定位使用了多个系统的伪距观测值,由于接收机的各系统时间存在较小的同步误差,需要针对每个系统分别引入接收机钟差参数。设接收机同时观测 n 颗 GPS 卫星和 m 颗 BDS 卫星,则观测方程的形式为

$$\begin{bmatrix} k_r^{\mathrm{G},1} & l_r^{\mathrm{G},1} & m_r^{\mathrm{G},1} & -1 & 0 \\ k_r^{\mathrm{G},2} & l_r^{\mathrm{G},2} & m_r^{\mathrm{G},2} & -1 & 0 \\ \vdots & \vdots & \vdots & \vdots & \vdots \\ k_r^{\mathrm{G},n} & l_r^{\mathrm{G},n} & m_r^{\mathrm{G},n} & -1 & 0 \\ k_r^{\mathrm{C},1} & l_r^{\mathrm{C},1} & m_r^{\mathrm{C},1} & 0 & -1 \\ k_r^{\mathrm{C},2} & l_r^{\mathrm{C},2} & m_r^{\mathrm{C},2} & 0 & -1 \\ \vdots & \vdots & \vdots & \vdots & \vdots \\ k_r^{\mathrm{C},m} & l_r^{\mathrm{C},m} & m_r^{\mathrm{C},m} & 0 & -1 \end{bmatrix} \begin{bmatrix} \delta x_r \\ \delta y_r \\ \delta z_r \\ c\delta t_r^{\mathrm{G}} \\ c\delta t_r^{\mathrm{C}} \end{bmatrix} - \begin{bmatrix} (\rho_r^{\mathrm{G},1})_0 - \widetilde{\rho}_r^{\mathrm{G},1} - c\delta t^{\mathrm{G},1} + I_r^{\mathrm{G},1} + T_r^{\mathrm{G},1} \\ (\rho_r^{\mathrm{G},2})_0 - \widetilde{\rho}_r^{\mathrm{G},2} - c\delta t^{\mathrm{G},2} + I_r^{\mathrm{G},2} + T_r^{\mathrm{G},2} \\ \vdots \\ (\rho_r^{\mathrm{G},n})_0 - \widetilde{\rho}_r^{\mathrm{G},n} - c\delta t^{\mathrm{G},n} + I_r^{\mathrm{G},n} + T_r^{\mathrm{G},n} \\ (\rho_r^{\mathrm{C},1})_0 - \widetilde{\rho}_r^{\mathrm{C},1} - c\delta t^{\mathrm{C},1} + I_r^{\mathrm{C},1} + T_r^{\mathrm{C},1} \\ (\rho_r^{\mathrm{C},2})_0 - \widetilde{\rho}_r^{\mathrm{C},2} - c\delta t^{\mathrm{C},2} + I_r^{\mathrm{C},2} + T_r^{\mathrm{C},2} \\ \vdots \\ (\rho_r^{\mathrm{C},m})_0 - \widetilde{\rho}_r^{\mathrm{C},m} - c\delta t^{\mathrm{C},m} + I_r^{\mathrm{C},m} + T_r^{\mathrm{C},m} \end{bmatrix} = \mathbf{0}$$

$$(5\text{-}49)$$

式中,δt_r^{G} 和 δt_r^{C} 分别对应 GPS 和 BDS 两个系统的接收机钟差。

利用多个系统组合进行伪距绝对定位时,需要分别估计每个系统对应的接收机钟差,否则将有可能导致结果无法收敛。

3. 伪距单点定位的精度评定

在卫星导航定位中,常用精度因子(DOP)评定精度,通常数据处理软件也会将 DOP 值

与定位结果一起输出，以供用户参考。

以接收机观测单个系统的卫星为例，定义精度矩阵 $\boldsymbol{Q}_x$ 如下：

$$\boldsymbol{Q}_x = (\boldsymbol{A}^{\mathrm{T}}\boldsymbol{A})^{-1} = \begin{bmatrix} q_x & q_{xy} & q_{xz} & q_{xt} \\ & q_y & q_{yz} & q_{yt} \\ \text{对} & & q_z & q_{zt} \\ & \text{称} & & q_t \end{bmatrix} \tag{5-50}$$

不难看出，$\boldsymbol{Q}_x$ 是一个 4×4 的对称矩阵。若将该空间直角坐标系的各个坐标分量定位误差转换到站心坐标系，根据方差-协方差传播定律可得

$$\boldsymbol{Q}_B = \boldsymbol{R}\boldsymbol{Q}_x\boldsymbol{R}^{\mathrm{T}} = \begin{bmatrix} q_n & q_{ne} & q_{nu} & q_{nt} \\ & q_e & q_{eu} & q_{et} \\ \text{对} & & q_u & q_{ut} \\ & \text{称} & & q_t \end{bmatrix} \tag{5-51}$$

$$\boldsymbol{R} = \begin{bmatrix} -\sin B_0 \cos L_0 & -\sin B_0 \sin L_0 & \cos B_0 & 0 \\ -\sin L_0 & \cos L_0 & 0 & 0 \\ \cos B_0 \cos L_0 & \cos B_0 \sin L_0 & \sin B_0 & 0 \\ 0 & 0 & 0 & 1 \end{bmatrix} \tag{5-52}$$

式中，L_0 和 B_0 分别为测站的近似经度和纬度。

根据上述定义，常见的几个精度因子如下：

（1）几何精度因子 GDOP：

$$GDOP = \sqrt{q_n + q_e + q_u + q_t} \tag{5-53}$$

（2）三维几何精度因子 PDOP：

$$PDOP = \sqrt{q_x + q_y + q_z} = \sqrt{q_n + q_e + q_u} \tag{5-54}$$

（3）钟差精度因子 TDOP：

$$TDOP = \sqrt{q_t} \tag{5-55}$$

（4）高程精度因子 VDOP：

$$VDOP = \sqrt{q_u} \tag{5-56}$$

（5）水平位置精度因子 HDOP：

$$HDOP = \sqrt{q_n + q_e} \tag{5-57}$$

由以上各式不难看出，各 DOP 值的大小都是由设计矩阵 $\boldsymbol{A}$ 决定的。矩阵 $\boldsymbol{A}$ 是由观测矢量的方向余弦构成的，在地面点一定的情况下，与所观测卫星的几何位置有关。因此，DOP 值与卫星的分布有关，观测时应对观测卫星进行选择。在相同的测量误差条件下，较小的 DOP 值意味着可能较小的定位误差。

因此，在 GNSS 观测时，应选择几何精度因子最小的卫星组进行观测，以获取较高的精

度。为了达到一定的精度,在观测时应对几何精度因子加以限制。在 GNSS 测量规范中,不同等级的 GNSS 测量对 GDOP 都有相应的限差要求。

5.5.2 精密单点定位

精密单点定位(PPP)指的是用户利用一台 GNSS 接收机的测距码和载波相位观测值,采用高精度的卫星轨道和钟差产品,并通过模型改正或参数估计的方法精细考虑与卫星端、信号传播路径及接收机端有关误差对定位的影响,实现高精度定位的一种方法。

PPP 使用测距码和载波相位两种观测量,但是考虑的误差改正更为精细。对于接收机 r 观测到的卫星 s,其伪距 $\widetilde{\rho}$ 和载波相位观测值 $\widetilde{L}$ 的观测方程如下:

$$\begin{cases} \widetilde{\rho}_{r,j}^{s} = \rho_{r,j}^{s} + c(\delta t_{r} - \delta t^{s}) + I_{r,j}^{s} + T_{r}^{s} + b_{r,j} - b_{j}^{s} \\ \widetilde{L}_{r,j}^{s} = \lambda_{j}\widetilde{\varphi}_{r,j}^{s} = \rho_{r,j}^{s} + c(\delta t_{r} - c\delta t^{s}) - I_{r,j}^{s} + T_{r}^{s} - \lambda_{j}(N_{r,j}^{s} + B_{r,j} - B_{j}^{s}) \end{cases} \quad (5\text{-}58)$$

式中,下标 j 代表信号频率,λ_{j} 表示第 j 频率载波波长;$b_{r,j}$ 为第 j 频率接收机天线与信号相关器之间的码伪距硬件延迟;b_{j}^{s} 为第 j 频率卫星端信号发射器至卫星天线之间的码伪距硬件延迟;$B_{r,j}$ 与 B_{j}^{s} 分别为第 j 频率接收机端和卫星端相位硬件延迟(单位为周);$I_{r,j}^{s}$ 表示第 j 频率倾斜路径电离层延迟;其他各项符号意义同前。此外,GNSS 观测值还受到其他误差项如天线相位中心偏移和变化、相位缠绕、相对论效应、固体潮与海洋潮汐、地球自转等的影响,这些误差项均可通过已有模型精确改正,上述误差项已经在原始观测值上进行了改正。

在 PPP 中,电离层延迟误差通常采用组合消除或参数估计两种方法来改正。因此,按照不同的组合(或非组合)方式,可以构建出不同的模型。常用的模型有无电离层组合模型、UofC 模型、基于原始观测值的非组合模型。

1. 无电离层组合模型

无电离层组合模型是 PPP 中最为常用的函数模型,通过形成无电离层组合观测值,消除伪距和载波相位观测值中的一阶电离层延迟,即

$$\begin{cases} \widetilde{\rho}_{r,IF}^{s} = \dfrac{f_{1}^{2}}{f_{1}^{2} - f_{2}^{2}}\widetilde{\rho}_{r,1}^{s} - \dfrac{f_{2}^{2}}{f_{1}^{2} - f_{2}^{2}}\widetilde{\rho}_{r,2}^{s} \\ \widetilde{L}_{r,IF}^{s} = \dfrac{f_{1}^{2}}{f_{1}^{2} - f_{2}^{2}}\widetilde{L}_{r,1}^{s} - \dfrac{f_{2}^{2}}{f_{1}^{2} - f_{2}^{2}}\widetilde{L}_{r,2}^{s} \end{cases} \quad (5\text{-}59)$$

其组合观测值的观测方程为

$$\begin{cases} \widetilde{\rho}_{r,IF}^{s} = \rho_{r,IF}^{s} + c(\delta t_{r} - \delta t^{s}) + T_{r}^{s} + b_{r,IF} - b_{IF}^{s} \\ \widetilde{L}_{r,IF}^{s} = \rho_{r,IF}^{s} + c(\delta t_{r} - c\delta t^{s}) + T_{r}^{s} - \lambda_{IF}(N_{r,IF}^{s} + B_{r,IF} - B_{IF}^{s}) \end{cases} \quad (5\text{-}60)$$

式中,

$$\begin{cases} b_{r,IF} = (f_{1}^{2}b_{r,1} - f_{2}^{2}b_{r,2})/(f_{1}^{2} - f_{2}^{2}) \\ b_{IF}^{s} = (f_{1}^{2}b_{1}^{s} - f_{2}^{2}b_{2}^{s})/(f_{1}^{2} - f_{2}^{2}) \\ N_{r,IF}^{s} = c(f_{1}N_{r,1}^{s} - f_{2}N_{r,2}^{s})/(f_{1}^{2} - f_{2}^{2})/\lambda_{IF} \\ B_{r,IF} = c(f_{1}B_{r,1} - f_{2}B_{r,2})/(f_{1}^{2} - f_{2}^{2})/\lambda_{IF} \\ B_{IF}^{s} = c(f_{1}B_{1}^{s} - f_{2}B_{2}^{s})/(f_{1}^{2} - f_{2}^{2})/\lambda_{IF} \end{cases} \quad (5\text{-}61)$$

该模型通过双频组合消除了电离层延迟的一阶项。由于一般采用精密星历和精密卫星钟差产品,利用上述模型不再考虑卫星轨道误差、卫星钟差。对流层延迟按干分量和湿分量两部分分别处理。其中,天顶对流层干延迟可用相应模型(如 Saastamoinen 模型)进行改正,天顶湿延迟分量则需要附加参数进行估计,并利用投影函数将天顶对流层延迟投影至斜路径方向。单系统接收机钟差通常当作白噪声逐历元估计;在多系统组合 PPP 中,则可将某一系统接收机钟差当作白噪声估计,将其他系统相对该系统接收机钟差之差当作随机游走参数进行估计。

在浮点解 PPP 中,码延迟可被钟差吸收,初始相位和相位延迟则会被整周模糊度参数吸收,在浮点解中一般不单独考虑,而是将整周模糊度当作浮点参数进行估计。对于模糊度固定 PPP 解,通常将无电离层组合模糊度分解为宽巷模糊度与窄巷模糊度的线性组合,用户端获得了事先确定的宽巷和窄巷相位小数周偏差改正数后,即可依次固定星间单差宽巷和窄巷模糊度,从而恢复无电离层组合整周模糊度整数特性。

无电离层组合模型的基本参数包括接收机的三维坐标、接收机钟差、天顶对流层湿延迟和无电离层组合模糊度四类参数。若采用滤波作为参数估计器,还可附加载体的速度和加速度等状态参数。

2. UofC 模型

UofC 模型也是一种消电离层组合模型,但与传统的无电离层组合模型有所不同。该模型利用两个伪距与相位观测值求半和的观测方程代替双频伪距无电离层组合观测方程,故又称之为"半和模型",其观测模型的简化形式为

$$\begin{cases} \widetilde{P}_{r, \text{IF1}}^{s} = \dfrac{1}{2}(\widetilde{\rho}_{r, 1}^{s} + \widetilde{L}_{r, 1}^{s}) \\[2mm] \widetilde{P}_{r, \text{IF2}}^{s} = \dfrac{1}{2}(\widetilde{\rho}_{r, 2}^{s} + \widetilde{L}_{r, 2}^{s}) \\[2mm] \widetilde{L}_{r, \text{IF}}^{s} = \dfrac{f_1^2}{f_1^2 - f_2^2}\widetilde{L}_{r, 1}^{s} - \dfrac{f_2^2}{f_1^2 - f_2^2}\widetilde{L}_{r, 2}^{s} \end{cases} \tag{5-62}$$

UofC 模型利用电离层延迟在测码伪距与载波相位观测值上具有数值相等、符号相反的特性,消除了电离层延迟误差,组合后伪距观测噪声减半。

3. 基于原始观测值的非组合模型

该模型大部分误差的处理方法与无电离层组合模型一致,但其电离层延迟需附加参数进行估计。码延迟可利用 IGS 分析中心提供的差分码偏差(DCB)改正数进行改正。该模型的基本待估参数包括接收机三维坐标、接收机钟差、天顶对流层湿延迟、站星视线方向的电离层延迟和模糊度参数。

通过长时间观测,静态 PPP 可以达到厘米级甚至更高的精度水平。目前,PPP 面临的主要挑战是其相对较长的初始化时间,通常需要 20 min 以上才能使解算结果收敛,这在一定程度上限制了其实时应用。如何进一步缩短 PPP 的初始化时间,仍然是 PPP 发展和商业化推广应用需要持续解决的技术问题。

5.6 差分 GNSS

单点定位(绝对定位)无法满足航空导航等特定应用场合对米级甚至亚米级定位精度的

要求。测量误差是影响单点定位精度的主要因素,考虑到卫星星历误差、电离层延迟和对流层延迟等误差具有空间相关性,差分 GNSS(DGNSS)可以有效降低误差的影响,从而使差分定位精度要明显地高于单点定位精度。DGNSS 技术应用在 GPS 上称为差分 GPS(DGPS),应用在 GLONASS 上则称为差分 GLONASS(DGLONASS),其他以此类推,在原理上是基本一致的,只是星座不同。

对于处在同一区域内的不同接收机,它们的测量值中所包含的卫星星历误差、电离层和对流层延迟误差成分近似相等或者高度相关。差分 GNSS 的基本工作原理是将一台 GNSS 接收机安置在基准站上进行观测,根据基准站已知精密坐标,计算出基准站到卫星的距离改正数或基准站坐标改正数,并由基准站实时地将这一改正数发送出去。用户接收机(流动站或移动站)在进行 GNSS 观测的同时,也接收到基准站的改正数,并对其定位结果进行改正,从而提高定位精度。

通常将这种由基准站播发的、用来降低流动站测量误差的改正数称为差分改正信息或差分改正数。根据基准站所提供的差分改正信息类型的不同,差分 GNSS 分为位置差分和距离差分两种形式。

差分 GNSS 按观测值类型可分为伪距差分和相位差分。前者精度较低,但数据处理比较方便,被广泛使用;后者精度较高,但存在整周模糊度的确定和周跳探测等问题,数据处理较为复杂,只有在精度要求较高的领域中才会被用到。本节主要介绍采用伪距观测值的实时差分技术。

差分 GNSS 按其工作原理及数学模型大体可分为三种类型:单基准站差分、多基准站局部区域差分和广域差分。本节首先介绍差分改正信息的类型,然后分别介绍上述三种类型的差分 GNSS。

5.6.1　差分改正信息的类型

位置差分是最简单的一种差分方法。如图 5-6(a)所示,设基准站设置于 P 点,其精密坐标(x_0,y_0,z_0)已知,在基准站上的接收机单点定位所求得的基准点位置为 P',受卫星轨道误差、卫星钟差、大气折射误差、多路径效应及其他误差的影响,其单点定位实际解算出的坐标为(x,y,z),可按下式求出其坐标改正数:

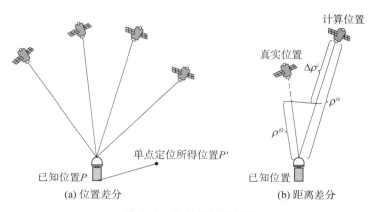

(a) 位置差分　　　　　　　　(b) 距离差分

图 5-6　差分定位示意图

$$\begin{cases} \Delta x = x_0 - x \\ \Delta y = y_0 - y \\ \Delta y = z_0 - z \end{cases} \tag{5-63}$$

基准站通过数据链将坐标改正数发送出去,用户接收机在解算时加入这些改正数:

$$\begin{cases} x_P = x'_P + \Delta x \\ y_P = y'_P + \Delta y \\ z_P = z'_P + \Delta z \end{cases} \tag{5-64}$$

式中,(x'_P, y'_P, z'_P) 为用户接收机自身定位结果;(x_P, y_P, z_P) 为经过改正后的坐标。顾及用户接收机位置改正值随时间的变化,式(5-64)可进一步写成:

$$\begin{cases} x_P = x'_P + \Delta x + \dfrac{\mathrm{d}(\Delta x)}{\mathrm{d}t}(t - t_0) \\ y_P = y'_P + \Delta y + \dfrac{\mathrm{d}(\Delta y)}{\mathrm{d}t}(t - t_0) \\ z_P = z'_P + \Delta z + \dfrac{\mathrm{d}(\Delta z)}{\mathrm{d}t}(t - t_0) \end{cases} \tag{5-65}$$

式中,t_0 为校正的有效时刻。

经改正后的用户坐标消去了基准站与用户站的共同误差,如卫星星历误差、大气折射误差、卫星钟差等,提高了定位精度。该方法的优点是需要传输的差分改正数较少,计算简单,适用于各种型号的接收机。其缺点是基准站和用户必须观测同一组卫星,这在近距离时可以做到,但距离较长时很难满足,故位置差分的适用范围为 100 km 以内。

距离差分是应用最广的一种差分。如图 5-6(b)所示,在基准站上观测所有卫星,根据基准站已知坐标 (x_0, y_0, z_0) 和测出的各卫星的地心坐标 (x^i, y^i, z^i),按下式求出每颗卫星每一时刻到基准站的计算距离 ρ^{ic}:

$$\rho^{ic} = \sqrt{(x^i - x_0)^2 + (y^i - y_0)^2 + (z^i - z_0)^2} \tag{5-66}$$

其伪距观测值为 ρ^{i0},则伪距改正数及其变化率为

$$\begin{cases} \Delta \rho^i = \rho^{ic} - \rho^{i0} \\ \mathrm{d}\rho^i = \dfrac{\Delta \rho^i}{\Delta t} \end{cases} \tag{5-67}$$

基准站将 $\Delta \rho^i$ 和 $\mathrm{d}\rho^i$ 发送给用户,用户在测出的伪距 ρ^i 上加改正,求出经改正后的伪距:

$$\rho_P^i(t) = \rho^i(t) + \Delta \rho^i(t) + \mathrm{d}\rho^i(t - t_0) \tag{5-68}$$

用户接收机使用经改正后的伪距进行定位解算。距离差分的优点是基准站提供所有卫星的改正数,用户接收机只要观测任意 4 颗卫星就可完成定位。其缺点是差分精度随基准站到用户距离的增加而降低。

5.6.2　单基准站差分

单基准站差分是根据一个基准站所提供的差分改正信息进行改正的差分 GNSS。

1. 系统构成

单基准站差分系统包括基准站、数据通信链及用户等部分。

1）基准站

基准站上一般需配备能同时跟踪视场中所有 GNSS 卫星的接收机,以保证播发的距离改正数能满足所有用户的需要。当然,基准站上还应配备能计算差分改正数并对改正数进行编码的硬件和软件。

基准站应满足下列条件:①站坐标已准确测定,测站位于地质条件良好、点位稳定的地方;②视野开阔,周围无高度角超过 10°的障碍物,以保证 GNSS 观测能顺利进行;③周围无信号反射物(如大面积水域、大型建筑物等),以消除或削弱多路径误差;④能方便地播发或传送差分改正信号。

2）数据通信链

将差分改正信号传送给用户的通信设备以及相应软件称为数据链。它是由信号调制器、信号发射机及发射天线、用户差分信号接收机及信号解调器等部件和相应软件组成的。

为多种用户服务的公用差分 GNSS 系统所播发的差分改正信号内容、结构和格式应具有通用性,一般采用 RTCM - SC - 104 格式。该格式是由国际海事无线电技术委员会(RTCM)第 104 专业委员会(SC - 104)所制定和完善的差分 GNSS 数据通信格式,现已被世界各国所采用。

3）用户

用户可根据各自需要配备不同类型的 GNSS 接收机。为了接收和处理差分改正信号,用户还需要配备差分改正信号接收装置、信号解调器、计算软件及相应的接口。

2. 数学模型

单基准站差分的数学模型较为简单。用户只需按通常方法进行单点定位,然后在定位结果上加上坐标改正数(位置差分);或在伪距观测值上加上距离改正数(距离差分),然后按通常方法进行单点定位。

3. 优缺点

单基准站差分的结构和算法都十分简单,技术上也较为成熟,特别适用于小范围的差分定位。由于用户只能收到一个基准站的改正信号,所以系统的可靠性较差。当基准站或数据通信链出现故障时,该系统中的所有用户便无法开展工作;当改正信号出现错误时(如在数据传输过程中出现误码),用户的定位结果就会出错。

单基准站差分建立在用户的位置或距离误差与基准站的误差完全相同这一基础之上。当用户与基准站的距离不断增加时,这种误差相关性将变得越来越弱,从而导致定位精度迅速下降。

5.6.3 多基准站局部区域差分

多基准站局部区域差分是在某一局部区域中布设若干个基准站,用户根据多个基准站所提供的改正信息经平差计算后求得本测站的改正数,简称局域差分。

1. 系统构成

局域差分系统由多个基准站构成。各基准站独立进行观测,分别计算差分改正数并向外播发,但应对改正数的类型,信号的内容、结构、格式,各站的标识符等作统一规定。各站的信号应具有足够大的覆盖区域,以保证系统中的用户能同时收到多个基准站的改正信息。由于需要有较大的信号覆盖区域,局域差分中通常采用长波和中波无线电通信。其他方面与单基准站差分相似,此处不再赘述。

2. 数学模型

如前所述,在局域差分中,用户需按照某种算法对来自多个基准站的改正信息(坐标改正数或距离改正数)进行平差计算,以求得本测站的改正数。算法主要有加权平均法和偏导数法。

1)加权平均法

用户将来自各基准站的改正数的加权平均值作为本测站的改正数。常用的定权方法是按照改正数的权 P_i 与用户至基准站的距离 D_i 成反比的规则来定权:

$$P_i = \frac{\mu}{D_i} \tag{5-69}$$

用户改正数 V 为

$$V_u = \frac{[P_i V_i]}{[P_i]} \tag{5-70}$$

严格地讲,差分改正数应是位置的函数,所以不同基准站所求得的差分改正数应该是有差别的。通过加权平均可以在一定程度上顾及位置对差分改正数的影响。

2)偏导数法

首先根据基准站的站坐标(L, B)和差分改正数 V 求得改正数在 L 方向和 B 方向的变化率 $\frac{\partial V}{\partial L}$ 和 $\frac{\partial V}{\partial B}$:

$$\begin{cases} V_2 = V_1 + \frac{\partial V}{\partial L}(L_2 - L_1) + \frac{\partial V}{\partial B}(B_2 - B_1) \\ V_3 = V_1 + \frac{\partial V}{\partial L}(L_3 - L_1) + \frac{\partial V}{\partial B}(B_3 - B_1) \\ \vdots \end{cases} \tag{5-71}$$

式中,L_i、B_i 分别表示第 i 个基准站的经度和纬度。显然,采用偏导数法进行二维定位时,局域差分系统中至少需要 3 个基准站。求得偏导数值 $\frac{\partial V}{\partial L}$ 和 $\frac{\partial V}{\partial B}$ 后,即可根据本测站的近似坐标 L_u、B_u 计算用户处的改正数 V_u:

$$V_u = V_1 + \frac{\partial V}{\partial L}(L_u - L_1) + \frac{\partial V}{\partial B}(B_u - B_1) \tag{5-72}$$

L_u、B_u 可取不加差分改正的单点定位结果。当覆盖区域较大时,也可将上述公式扩充至二阶偏导数,当然基准站个数也需相应增加。

3. 优缺点

由于局域差分具有多个基准站,所以整个系统的可靠性和用户的定位精度都有较大的提高。一般而言,当个别基准站出现故障时,整个系统仍能维持运行。用户通过对来自不同基准站的改正信息进行相互比较,通常可以识别并剔除个别的错误信息(如误码等)。

改正数计算模型顾及了位置变化对差分改正数的影响,局域差分定位精度较单站差分有明显的提高,但当用户位于由基准站所连成的多边形以外时(即需要进行外推时),其效果会不太理想。

5.6.4　广域差分

无论是单基准站差分还是局域差分,在处理过程中都是将各种误差源所造成的影响合起来加以考虑的。实际上,不同的误差源对差分定位的影响方式是不同的。例如,卫星星历误差对差分定位的影响可视为是与用户至基准站的距离成正比的,而卫星钟差对差分定位的影响则与用户至基准站的距离无关。因此,若不将各种误差源分离,用一个统一的模式对各种误差源所造成的综合影响统一进行处理,则必然会产生矛盾,影响定位的精度。随着用户至基准站距离的增大,各种误差源的影响将越来越大,从而使上述矛盾越来越显著,导致差分定位精度迅速下降。

局域差分系统利用数量不多的基准站给一个局部地区提供满足一定精度要求的差分服务,当服务需覆盖很大的区域(比如洲际范围)时,就需建立大量的基准站。为了避免部署数量过多的基准站,同时也为了避免定位精度过多地依赖于用户与附近某个基准站的距离,广域差分系统对误差的处理方式进行了调整。

1. 系统构成

广域差分系统由基准站、监测站、数据通信链、数据处理中心及用户等部分构成(图5-7)。

图 5-7　广域差分系统的构成

基准站的数量视覆盖面积及用途而定。为了建立区域性的电离层延迟模型,各基准站上应配备双频接收机;为了确定卫星钟差,最好能在部分基准站上配备原子钟。

广域差分数据通信链包括两个部分:一是基准站、监测站、数据处理中心等固定站间的数据通信链,一般可通过计算机网络和其他公用通信网络进行;二是系统与用户之间的数据通信链,主要完成差分改正信息的传输,可采取卫星通信、短波广播、长波广播和电视广播等方式进行。若差分改正信息由卫星(通常是 GEO 卫星)播发,则称这种类型的差分 GNSS 为星基增强系统(SBAS)。

2. 数学模型

单站差分和局域差分是将各种误差对基准站定位的综合影响(坐标改正)或对基准站上的伪距计算值与伪距观测值之差的综合影响(距离改正)播发给用户;广域差分则是将这些误差分别估算出来播发给用户,使用户能利用改正后的卫星星历、大气延迟模型和卫星钟差进行单点定位。

相较于局域差分,广域差分在操作运行上有两个明显不同的特点:第一,它不再对卫星伪距产生一个标量型的误差差分校正量,而是产生一个误差校正向量,即对伪距测量值中的各个误差成分分别提供差分校正;第二,它是集中式系统,通过收集、分析来自系统内所有基准站的丰富信息,对伪距中的各个不同误差组成部分分别产生更为准确的差分校正量或者差分校正模型。

流动站根据接收到的差分校正量或者差分校正模型,计算出各部分测量误差校正量,并将它们整合形成一个伪距误差校正量。广域差分校正量的精度在整个服务区域内大致相同,不再与用户附近是否存在基准站密切相关,但在其服务区域的边缘地带精度可能会略有下降。

3. 优缺点

由于对各种误差进行了分离和估计,用户能利用较准确的卫星星历、卫星钟差改正和大气延迟模型进行单点定位,这不但提高了定位精度,而且使定位误差基本上与用户至基准站的距离无关。广域差分只需利用稀疏分布的少量基准站,就能建立起覆盖面很大、能同时为多种用户服务的差分 GNSS 系统,这是一种技术先进、经济效益显著的方案,是建立大范围差分 GNSS 服务体系的一种首选方案。

4. 广域差分系统的典型实例

2003 年正式投入运行的广域增强系统(WAAS)是美国联邦航空局(FAA)开发的一个星基型广域差分系统,它利用地球同步轨道卫星播发差分改正信息,为整个北美地区免费提供 WAAS 差分服务。WAAS 能使 GPS 在 95% 的时间里提供水平与竖直定位精度约 7 m 的服务,可主要用于航路导航和非精密进近等与生命安全相关的定位领域。

WAAS 主要包括 38 个地面基准站、3 个主站、6 个注入站和 3 颗地球同步轨道卫星,其中,地面基准站和主站一起组成一个地面监测网。每个基准站配备双频 GPS 接收机、原子钟和气象站,其中,基准站接收天线的位置坐标经精密测定后是已知的。WAAS 的运行机制大致如下:首先,各个基准站跟踪、接收 GPS 卫星信号,并将 GPS 测量值、卫星星历和当地气象信息等数据通过地面监测网传输给主站;其次,根据来自多个基准站的测量数据,主站估算出卫星在轨道运行中的真实位置、卫星时钟状况、电离层延迟,并将对前三种误差的差分校正量和卫星完好性评价结果打包成信息语句,通过地面注入站上传给地球同步轨道卫星;再次,地球同步轨道卫星将这些信息语句按 GPS 导航电文的形式调制在 GPS 信号所在的 L1 频率波段上,并向地面发射;最后,用户接收机接收和利用 WAAS 信号,以此提高定位性能。

5.7 相对定位

确定同步观测相同 GNSS 卫星信号的若干台接收机之间的相对位置(坐标差)的定位方法称为相对定位。两点间的相对位置可以用一条基线向量表示,故相对定位有时也称为定基线向量或简称为基线测量。由于用同步观测资料进行相对定位时,两站所受到的许多误差(如卫星星历误差、卫星钟差、电离层延迟、对流层延迟等)是相同的或大体相同的,在相对定位的过程中,这些误差得以消除或大幅度削弱,故可获得很高精度的相对位置,从而使该方法成为精密定位中的主要作业方式。但相对定位至少需用两个接收机进行同步观测,外业观测的组织实施及数据处理均较为麻烦,实时定位的用户还必须配备数据通信设备。

相对定位是 GNSS 精密测量技术中非常重要的一个概念,在许多参考资料上经常与差分定位相混淆。事实上,相对定位和差分定位是有明显区别的:一般所说的差分定位本质上是一种改进型单点定位(绝对定位),它是利用差分 GNSS(DGNSS)所提供的差分校正量来减小或消除伪距等测量值中的误差,从而提高绝对定位精度;相对定位一般涉及一个基准站和一个用户流动站,这两个测站的接收机同时对相同卫星的信号进行同步观测,然后基准站和流动站双方的伪距或载波相位测量值通过求差形成新的虚拟观测值,从而求解出基准站到流动站的基线向量来实现相对定位。

相对定位中所用的观测值可以是载波相位观测值,也可以是伪距观测值。考虑到修复了周跳并确定了整周模糊度后的载波相位观测值具有非常高的测距精度,远高于测距码的测距精度,故本节不再对使用测距码的相对定位进行介绍。如未特别指出,下文提及的相对定位都是指采用载波相位观测值的相对定位。相对定位是目前 GNSS 精密测量技术中定位精度最高的方法,它广泛地应用于大地测量、精密工程测量、地球动力学的研究等领域。

5.7.1 相对定位的观测值

在基准站和流动站同步观测相同卫星的情况下,卫星星历误差、卫星钟差、电离层延迟、对流层延迟等对观测值的影响大致相同,通过观测值的求差可以消除或削弱误差,从而提高相对定位的精度。

观测值可以在卫星间求差或在接收机间求差,也可以在不同历元间求差。考虑到实际应用情况,通常采用以下类型和步骤求差:在接收机之间求一次差,在接收机和卫星间求二次差,在接收机、卫星和历元间求三次差(图 5-8)。

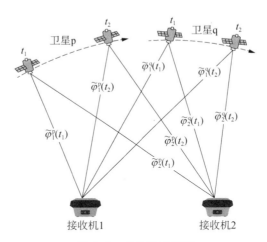

图 5-8　求差法示意图

1. 在接收机之间求一次差

如图 5-8 所示,若在 t_1 时刻,接收机 1、接收机 2 同时对卫星 p 进行了载波相位测量,得到观测方程:

$$
\begin{cases}
\widetilde{\varphi}_1^{\mathrm{p}}(t_1) = \dfrac{f}{c}\rho_1^{\mathrm{p}} + f\delta t_1 - f\delta t^{\mathrm{p}} - \dfrac{f}{c}I_1^{\mathrm{p}} + \dfrac{f}{c}T_1^{\mathrm{p}} - N_1^{\mathrm{p}} \\[2mm]
\widetilde{\varphi}_2^{\mathrm{p}}(t_1) = \dfrac{f}{c}\rho_2^{\mathrm{p}} + f\delta t_2 - f\delta t^{\mathrm{p}} - \dfrac{f}{c}I_2^{\mathrm{p}} + \dfrac{f}{c}T_2^{\mathrm{p}} - N_2^{\mathrm{p}}
\end{cases}
\tag{5-73}
$$

将式(5-73)中两式相减后可得

$$\widetilde{\varphi}_2^{\mathrm{p}}(t_1) - \widetilde{\varphi}_1^{\mathrm{p}}(t_1) = \frac{f}{c}(\rho_2^{\mathrm{p}} - \rho_1^{\mathrm{p}}) + f(\delta t_2 - \delta t_1) - \frac{f}{c}(I_2^{\mathrm{p}} - I_1^{\mathrm{p}}) + $$

$$\frac{f}{c}(T_2^{\mathrm{p}} - T_1^{\mathrm{p}}) - (N_2^{\mathrm{p}} - N_1^{\mathrm{p}}) \tag{5-74}$$

为方便起见,令

$$\begin{cases} \Delta\widetilde{\varphi}_{12}^{\mathrm{p}}(t_1) = \widetilde{\varphi}_2^{\mathrm{p}}(t_1) - \widetilde{\varphi}_1^{\mathrm{p}}(t_1) \\ \Delta\rho_{12}^{\mathrm{p}} = \rho_2^{\mathrm{p}} - \rho_1^{\mathrm{p}} \\ \Delta\delta t_{12} = \delta t_2 - \delta t_1 \\ \Delta I_{12}^{\mathrm{p}} = I_2^{\mathrm{p}} - I_1^{\mathrm{p}} \\ \Delta T_{12}^{\mathrm{p}} = T_2^{\mathrm{p}} - T_1^{\mathrm{p}} \\ \Delta N_{12}^{\mathrm{p}} = N_2^{\mathrm{p}} - N_1^{\mathrm{p}} \end{cases} \tag{5-75}$$

则式(5-74)可简化为

$$\Delta\widetilde{\varphi}_{12}^{\mathrm{p}}(t_1) = \frac{f}{c}\Delta\rho_{12}^{\mathrm{p}} + f\Delta\delta t_{12} - \frac{f}{c}\Delta I_{12}^{\mathrm{p}} + \frac{f}{c}\Delta T_{12}^{\mathrm{p}} - \Delta N_{12}^{\mathrm{p}} \tag{5-76}$$

式中,$\Delta\widetilde{\varphi}_{12}^{\mathrm{p}}(t_1)$ 是在接收机间求差后组成的虚拟观测值,称为一次差观测值或单差观测值。两个接收机上的原始载波相位观测值由此变为一个单差观测值,观测方程的数量减少了。此外,由式(5-76)可知,卫星钟差参数已被消除,同时大大削弱了对流层延迟和电离层延迟的影响,而且在短距离内几乎可以完全消除其影响。

在图5-9中,1 和 2 为接收机的近似位置,S 为卫星的正确位置。设卫星的星历存在误差 ds,则由星历求出卫星的位置 S'。当在接收机 1 上进行单点定位时,ds 对测距的影响为 $\mathrm{d}D_1 = \mathrm{d}s \cdot \cos\alpha_1$。 在接收机间求差后,ds 对测距的影响为

$$\mathrm{d}D_2 - \mathrm{d}D_1 = \mathrm{d}s \cdot (\cos\alpha_2 - \cos\alpha_1) = -2\mathrm{d}s \cdot \sin\frac{\alpha_2 + \alpha_1}{2} \cdot \sin\frac{\alpha_2 - \alpha_1}{2} \tag{5-77}$$

式中,$\dfrac{\alpha_2 - \alpha_1}{2}$ 是一个微小量,当接收机 1 与接收机 2 的距离为 100 km 时,$\dfrac{\alpha_2 - \alpha_1}{2} \leqslant 8.5'$,因此 $\sin\dfrac{\alpha_2 - \alpha_1}{2} \approx \dfrac{\alpha_2 - \alpha_1}{2}$。 从图 5-9 可以看出,$\dfrac{\alpha_2 - \alpha_1}{2} \approx \dfrac{b\sin\theta}{-2\rho}$,其中 b 为基线长度,ρ 为接收机到卫星的距离,θ 的含义如图 5-9 所示。因此,式(5-77)可表示为

$$\mathrm{d}D_2 - \mathrm{d}D_1 = -\mathrm{d}s \cdot \sin\frac{\alpha_2 + \alpha_1}{2} \cdot \sin\theta \cdot \frac{b}{\rho} \tag{5-78}$$

式中,$\sin\dfrac{\alpha_2 + \alpha_1}{2} \leqslant 1$, $\sin\theta \leqslant 1$, b 与 ρ 的比值远小于 1。当 $b = 10$ km,$\rho = 2.3\times10^4$ km 时,$b/\rho \approx 0.000\,435$,当卫星星历误差 ds

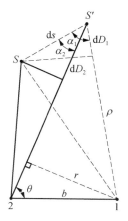

图 5-9 卫星星历
误差影响

为 1 m 时，$dD_2 - dD_1 \leqslant 0.4 \, mm$，这表明在接收机间求差后，卫星星历误差对测距的影响只有原来的 1/2 000，说明卫星星历误差对相对定位的影响比单点定位要小得多。

由以上讨论可知，单差观测值具有下列优点：①消除了卫星钟差的影响；②大大削弱了卫星星历误差的影响；③大大削弱了对流层延迟和电离层延迟的影响，在短距离内几乎可以完全消除其影响。

在实际应用中，在 n 个同步观测接收机间求单差，通常以某一个接收机为已知参考站，将其余 $n-1$ 个接收机分别与参考站构成单差观测值。

2. 在接收机和卫星间求二次差

设接收机 1、接收机 2 在 t_1 时刻同时观测了 p、q 两颗卫星，则对 p、q 两颗卫星分别有如式（5-76）所示的单差模型：

$$\begin{cases} \Delta\widetilde{\varphi}_{12}^{p}(t_1) = \dfrac{f}{c}\Delta\rho_{12}^{p} + f\Delta\delta t_{12} - \dfrac{f}{c}\Delta I_{12}^{p} + \dfrac{f}{c}\Delta T_{12}^{p} - \Delta N_{12}^{p} \\ \Delta\widetilde{\varphi}_{12}^{q}(t_1) = \dfrac{f}{c}\Delta\rho_{12}^{q} + f\Delta\delta t_{12} - \dfrac{f}{c}\Delta I_{12}^{q} + \dfrac{f}{c}\Delta T_{12}^{q} - \Delta N_{12}^{q} \end{cases} \tag{5-79}$$

将式（5-79）中两式相减，并令

$$\begin{cases} \Delta\widetilde{\varphi}_{12}^{pq}(t_1) = \Delta\widetilde{\varphi}_{12}^{q}(t_1) - \Delta\widetilde{\varphi}_{12}^{p}(t_1) \\ \Delta\rho_{12}^{pq} = \Delta\rho_{12}^{q} - \Delta\rho_{12}^{p} \\ \Delta I_{12}^{pq} = \Delta I_{12}^{q} - \Delta I_{12}^{p} \\ \Delta T_{12}^{pq} = \Delta T_{12}^{q} - \Delta T_{12}^{p} \\ \Delta N_{12}^{pq} = \Delta N_{12}^{q} - \Delta N_{12}^{p} \end{cases} \tag{5-80}$$

可得

$$\Delta\widetilde{\varphi}_{12}^{pq}(t_1) = \frac{f}{c}\Delta\rho_{12}^{pq} - \frac{f}{c}\Delta I_{12}^{pq} + \frac{f}{c}\Delta T_{12}^{pq} - \Delta N_{12}^{pq} \tag{5-81}$$

式中，$\Delta\widetilde{\varphi}_{12}^{pq}(t_1)$ 是在接收机和卫星间二次求差后得到的虚拟观测值，称为双差观测值。由上式可知，双差观测值中已经消除了接收机钟差（严格来说是接收机相对钟差）的影响。

在实际工作中，在卫星间求双差往往采用以下方式：选择视场中可观测时间较长、高度角较大的一颗卫星作为参考星，然后将其余各卫星的单差观测方程分别与参考星的单差观测方程相减，组成双差观测方程。当所用的卫星来自多个系统时，通常在单一系统内选择各自的参考星。在每个观测历元中，双差观测方程的数量均比单差观测方程数量少一个，但与此同时，该历元接收机钟差参数也已被消去。

与原始的载波相位观测值相比，双差观测值的优势如下：一方面，减少了待定参数的数量（尤其是接收机钟差，它是为了保持观测模型的精度而不得不引入的参数，但并非定位用户所感兴趣的参数），从而减少了数据处理的工作量；另一方面，观测方程中引入的卫星钟差、接收机钟差参数被消去（在 PPP 中需要考虑的码延迟和相位延迟也同样被消去），卫星星历误差、对流层延迟和电离层延迟均被大幅度削弱。

双差观测值的整周模糊度仍然具有整数特性。在数据处理环节，用修复周跳、剔除粗差后的"干净"载波相位观测值进行基线向量解算，求得的基线向量及整周模糊度的估计值被称为初始解。受各种残余误差的影响,初始解中的整周模糊度估计值通常不是整数,需要通过特定方法将各个双差整周模糊度一一固定为整数,将固定为整数的整周模糊度作为已知值回代法方程,重新求解基线向量,从而获得固定解(整数解)。反之,若不能确定地将实数整周模糊度固定为整数,只能将初始解当作最终解,则其解称为浮点解(实数解)。

双差固定解具有非常高的精度,能够满足很多精密测量的需要,因而各接收机厂家所提供的实时或事后数据处理软件中广泛采用了双差观测值。《全球定位系统(GPS)测量规范》(GB/T 18314—2009)明确要求:长度小于 15 km 的基线应采用双差固定解,长度大于 15 km 的基线可在双差固定解和双差浮点解中选择最优结果。

3. 在接收机、卫星和历元间求三次差

设接收机 1、接收机 2 在 t_2 时刻同时观测了 p、q 两颗卫星,类似地可以写出双差观测方程:

$$\Delta\widetilde{\varphi}_{12}^{pq}(t_2) = \frac{f}{c}\Delta\rho_{12}^{pq} - \frac{f}{c}\Delta I_{12}^{pq} + \frac{f}{c}\Delta T_{12}^{pq} - \Delta N_{12}^{pq} \tag{5-82}$$

将 t_1、t_2 两个历元的双差观测方程相减,并令

$$\begin{cases} \Delta\widetilde{\varphi}_{12}^{pq}(t_2, t_1) = \Delta\widetilde{\varphi}_{12}^{pq}(t_2) - \Delta\widetilde{\varphi}_{12}^{pq}(t_1) \\ \Delta\rho_{12}^{pq}(t_2, t_1) = \Delta\rho_{12}^{pq}(t_2) - \Delta\rho_{12}^{pq}(t_1) \\ \Delta I_{12}^{pq}(t_2, t_1) = \Delta I_{12}^{pq}(t_2) - \Delta I_{12}^{pq}(t_1) \\ \Delta T_{12}^{pq}(t_2, t_1) = \Delta T_{12}^{pq}(t_2) - \Delta T_{12}^{pq}(t_1) \end{cases} \tag{5-83}$$

可得

$$\Delta\widetilde{\varphi}_{12}^{pq}(t_2, t_1) = \frac{f}{c}\Delta\rho_{12}^{pq}(t_2, t_1) - \frac{f}{c}\Delta I_{12}^{pq}(t_2, t_1) + \frac{f}{c}\Delta T_{12}^{pq}(t_2, t_1) \tag{5-84}$$

式中,$\Delta\widetilde{\varphi}_{12}^{pq}(t_2, t_1)$ 为虚拟的三差观测值。在三差观测方程中,整周模糊度参数已消去,因而只含 3 个待定位置参数。由于在三差解中根本未做整周模糊度的搜索、固定和回代等工作,只是简单地将 t_1、t_2 两个时刻的双差观测方程相减将其消去而已,故三差解本质上是浮点解,因此,在 GNSS 精密测量中广泛采用双差固定解而不采用三差解。三差解通常仅被当作较好的初始值,或用于解决整周跳变的探测与修复、整周模糊度的确定等问题。当基线较长、整周模糊度参数无法固定为整数时,也可采用三差解。

5.7.2　相对定位的观测方程

在相对定位中,观测值求差的同时,待定参数也进行了求差。以单差观测值为例:

$$\widetilde{\varphi}_2^p(t_1) - \widetilde{\varphi}_1^p(t_1) = \frac{f}{c}(\rho_2^p - \rho_1^p) + f(\delta t_2 - \delta t_1) - \frac{f}{c}(I_2^p - I_1^p) + \tag{5-85}$$
$$\frac{f}{c}(T_2^p - T_1^p) - (N_2^p - N_1^p)$$

若接收机 1 和接收机 2 的近似坐标分别为 (x_1^0, y_1^0, y_1^0) 和 (x_2^0, y_2^0, y_2^0),对应改正数分别为 $(\delta x_1, \delta y_1, \delta y_1)$ 和 $(\delta x_2, \delta y_2, \delta y_2)$,则 $\rho_2^p - \rho_1^p$ 可展开为

$$\rho_2^p - \rho_1^p = [(\rho_2^p)_0 - (\rho_1^p)_0] - (k_2^p\delta x_2 - k_1^p\delta x_1) - \tag{5-86}$$
$$(l_2^p\delta y_2 - l_1^p\delta y_1) - (m_2^p\delta z_2 - m_1^p\delta z_1)$$

式中，系数 k、l、m 的表达式可参考式(5-43)。显然，根据式(5-85)不能分别求解 N_2^p、N_1^p 两个未知参数，只能将两个未知参数之差 $N_2^p - N_1^p$ 当作一个独立的待定参数求解。类似地，$\delta t_2 - \delta t_1$ 也被当作一个独立的待定参数。该过程称为参数重组，它不影响基线向量的求解。然而，对坐标差则不能简单采用参数重组的方法。在式(5-86)中，接收机 1 和接收机 2 的各个方向坐标改正数对应的系数并不相同，例如 $k_2^p \delta x_2 - k_1^p \delta x_1$ 无法直接合并为 $\delta x_2 - \delta x_1$，其他方向也是如此。在相对定位中，通常需要基线向量中某一端点的坐标为已知值，已知坐标的端点称为起算点。

根据式(5-86)，假设接收机 1 为起算点，若接收机 1 沿 X 轴方向移动 m，即在 X 中加上 m，则在 δx_2 中必须加上 $m k_1^p / k_2^p$ 后才能使得式(5-79)仍然成立。这意味着在相对定位中，基线向量的一端移动 m 后，另一端并不会相应地平移 m，基线向量本身会发生变化。变化的大小取决于 m 的大小以及基线向量的长短；基线越长，两端的方向余弦 k_1^p 和 k_2^p 的差异就会越大。因此，在 GNSS 测量规范中，会根据控制网的等级对已知端点的坐标精度作出相应的规定。进行低等级的 GNSS 测量时，利用观测文件进行单点定位所获得的结果即可作为起算数据。

设接收机 1 为基线的起算点，仅考虑接收机 1 和接收机 2 对 p、q 两颗卫星构成的双差观测值，式(5-81)中各项以距离为单位可改写为

$$\lambda \Delta \widetilde{\varphi}_{12}^{pq}(t_1) = -(k_2^q - k_2^p)\delta x_2 - (l_2^q - l_2^p)\delta y_2 - (m_2^q - m_2^p)\delta z_2 - \tag{5-87}$$
$$\Delta I_{12}^{pq} + \Delta T_{12}^{pq} - \lambda \Delta N_{12}^{pq} + L_{12}^{pq}$$

式中，常数项 $L_{12}^{pq} = (\rho_2^q)_0 - \rho_1^q - (\rho_2^p)_0 + \rho_1^p$，其余各项符号的含义同前。式(5-87)中仅含 3 个坐标未知数和 1 个双差模糊度参数。若接收机 1 和接收机 2 同步观测了 n 颗卫星，则待定参数有 3 个坐标未知数和 $n-1$ 个双差模糊度参数。

根据式(5-87)直接求得接收机 2 的坐标改正数，并由此得到接收机 2 的坐标，但该坐标实际上是相对于起算点 1 的。由前述讨论可知，相对定位对起算点坐标的要求并不高，有时误差可超过 10 m，而相对位置(基线向量)的精度通常能达到厘米级甚至毫米级，所以在相对定位中求得的绝对位置并无太大的实际意义，而真正有意义的是测站间的相对位置。从这种意义上讲，用静态相对定位技术布设的控制网往往会更多地具有"独立网"的性质。若 GPS 网 A 和网 B 的起算点都是用单点定位测定的，虽然它们从理论上同属 WGS-84 坐标系，但这两个 GPS 网往往不能相互拼接。

若取接收机 2 的近似坐标 (x_2^0, y_2^0, y_2^0) 与起算点 1 的已知坐标 (x_1, y_1, y_1) 之差作为基线向量 $\overrightarrow{12}$ 的近似值 $\overrightarrow{12}_0$，即

$$\overrightarrow{12}_0 = \begin{bmatrix} \delta x_{12}^0 \\ \delta y_{12}^0 \\ \delta z_{12}^0 \end{bmatrix} = \begin{bmatrix} x_2^0 - x_1 \\ y_2^0 - y_1 \\ z_2^0 - z_1 \end{bmatrix} \tag{5-88}$$

由于接收机 2 的坐标可表示为近似坐标 (x_2^0, y_2^0, z_2^0) 与坐标改正数 $(\delta x_2, \delta y_2, \delta z_2)$ 之和，则基线向量 $\overrightarrow{12}$ 可表示为

$$\begin{bmatrix} x_2 - x_1 \\ y_2 - y_1 \\ z_2 - z_1 \end{bmatrix} = \begin{bmatrix} x_2^0 + \delta x_2 - x_1 \\ y_2^0 + \delta y_2 - y_1 \\ z_2^0 + \delta z_2 - z_1 \end{bmatrix} = \begin{bmatrix} \delta x_{12}^0 + \delta x_2 \\ \delta y_{12}^0 + \delta y_2 \\ \delta z_{12}^0 + \delta z_2 \end{bmatrix} \tag{5-89}$$

这说明接收机 2 的坐标改正数等于基线向量近似值的改正数,因此,根据式(5-87)直接解得的接收机 2 的坐标改正数,即为基线向量近似值的改正数。

相对定位是目前 GNSS 精密测量中使用较多的一种定位方式。相对定位包括静态相对定位和动态相对定位两类。静态相对定位通常用于控制测量、变形监测等领域,通过事后处理,中长基线的静态定位可以达到厘米级甚至毫米级的精度,2 000 km 的甚长基线,单点定位模糊度固定解的精度也能达到厘米级。对于几十千米左右的中短基线,只需要 5~15 min 的观测数据就能固定模糊度,实现 2 cm 左右的基线解算精度。动态相对定位通过数十秒到几分钟的初始化,获得整周模糊度固定解后,单个历元的基线解算精度通常在 2~3 cm。

5.8 RTK 测量

5.8.1 常规 RTK

RTK 是一种利用 GNSS 载波相位观测值进行实时动态相对定位的技术。进行 RTK 测量时,位于基准站上的 GNSS 接收机通过数据通信链实时地将载波相位观测值以及已知的基准站坐标等信息播发给在附近工作的流动站用户,流动站用户就能根据基准站及流动站接收机所采集的载波相位观测值进行实时相对定位,进而根据基准站的坐标求得流动站的三维坐标,并估计其精度。

1. RTK 测量的仪器配备

进行 RTK 测量时需配备的仪器设备包括 GNSS 接收机、数据通信链和 RTK 数据处理软件(图 5-10)。

进行 RTK 测量时,需配备 $1+n$ 台 GNSS 接收机,其中 1 台接收机作为基准站使用,观测视场中所有可见卫星;另外 $n(n \geqslant 1)$ 台接收机在基准站附近进行观测和定位,这些接收机被称为移动站或流动站。

数据通信链由调制解调器、无线电台或移动通信模块等组成,通常可与接收机一起成套地购买。其作用是把基准站上采集的载波相位观测值及站坐标等信息实时地传递给流动用户。

RTK 数据处理软件随移动站接收机一起使用,通常安装在电子手簿中。RTK 测量成果的精度和可靠性在很大程度上取决于 RTK 数据处理软件的质量和性能。RTK 软件一般应具有下列功能:快速而准确地确定整周模糊度、基线向量解算、解算结果的质量分析与精度评定、坐标转换等。

2. RTK 的特点和用途

用户利用 RTK 技术可以在很短的时间内获得厘米级精度的定位结果,并能对所获得的结果进行精度评定,降低了由于成果不合格而导致返工的概率,因而 RTK 被广泛地应用于图根控制测量、像片

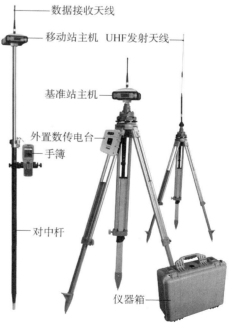

图 5-10 常规 RTK 的构成

控制测量、施工放样、工程测量及地形测量等。但是,RTK 也存在以下不足之处:

(1) 随着流动站与基准站距离的增加,各种误差的空间相关性将迅速下降,导致观测时间的增加,甚至无法固定整周模糊度而只能获得浮点解。因此,在 RTK 测量中,流动站与基准站的距离一般只能在 15 km 以内,否则定位精度将随距离增大而迅速下降,当流动站与基准站间的距离大于 50 km 时,常规 RTK 的单历元解一般只能达到分米级的精度。当工作范围较大时,用户需要频繁调整基准站位置,造成工作效率低下。

(2) 在工作期间,流动站需要利用数据通信链实时接收基准站播发的信号,否则基准站将无法工作。在无数据通信链的情况下,可以用 PPK 技术。与 RTK 的实时处理不同,PPK 技术是一种利用载波相位观测值进行事后处理的动态相对定位技术。由于是事后处理,因此用户无需配备数据通信链,自然也无需考虑流动站能否接收到基准站播发的无线电信号等问题,观测更为方便、自由,适用于无需实时获取定位结果的应用领域。

5.8.2 网络 RTK

近年来,随着网络技术、计算机技术和无线通信技术的迅猛发展,为弥补常规 RTK 技术的不足,网络 RTK 技术应运而生。网络 RTK 也称多基准站 RTK,是在常规 RTK、计算机技术、通信网络技术的基础上发展起来的一种实时动态定位技术。

1. 网络 RTK 的组成

网络 RTK 通常由基准站网、数据处理中心、数据通信链路和用户部分组成(图 5-11)。

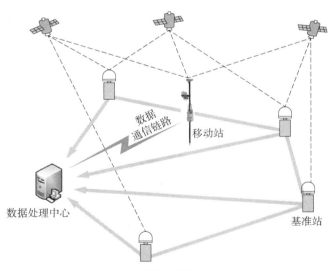

图 5-11 网络 RTK 系统构成

(1) 基准站网。基准站的数量取决于覆盖范围的大小、定位精度要求以及所在区域的外部环境(如电离层延迟的空间相关性等)等因素,但至少应有 3 个基准站。每个基准站配备有高精度测量型 GNSS 接收机、数据通信设备和气象仪器等。基准站的精确坐标一般可采用长时间 GNSS 静态相对定位等方法确定。基准站 GNSS 接收机按一定采样率进行连续观测,通过数据通信链路实时将观测数据传送给数据处理中心。

(2) 数据处理中心。数据处理中心首先对各个站的数据进行预处理和质量分析,然后对整个基准站网数据进行统一解算,实时估计出网内的电离层、对流层和轨道误差的改正项,建立误差模型。

（3）数据通信链路。网络 RTK 数据通信分为两类:第一类是基准站与数据处理中心的数据通信,一般可以通过光纤、光缆、数据通信线等方式实现;第二类是数据播发中心与流动用户的移动通信,目前广泛采用移动通信技术(如 GSM、GPRS、CDMA 等方式)实现。根据数据处理中心与用户通信方式的不同,网络 RTK 数据通信分为单向数据通信和双向数据通信两种。在单向数据通信中,数据处理中心直接通过数据播发设备将误差参数广播出去,用户收到这些误差改正参数后,根据自己的位置和相应的误差改正模型计算出误差改正数,从而实现高精度定位。在双向数据通信中,数据处理中心实时侦听流动站的服务请求和接收流动站发送的近似坐标,根据流动站的近似坐标和误差模型求出流动站处的误差,直接播发改正数或虚拟观测值给用户。

（4）用户。用户除了需配备 GNSS 接收机外,还应配备数据通信设备及相应的数据处理软件,与常规 RTK 的设备需求基本一致。

2. 网络 RTK 系统工作原理

目前,市场上已有较多成熟的商业化网络 RTK 产品。不同厂商的软件采用了不同的解算原理,典型的代表有 Trimble 公司的虚拟参考站技术、Leica 公司的主辅站技术和 GEO＋＋公司的区域改正数法等。下面以虚拟参考站技术为例简要介绍网络 RTK 系统的工作原理。

虚拟参考站技术综合利用基准站网的观测信息,通过建立精确的误差模型修正距离相关误差,在用户站附近产生一个物理上不存在的虚拟参考站(VRS),由于 VRS 一般通过流动站用户接收机的单点定位解建立,故 VRS 与用户站构成的基线通常只有几米至十几米,数据处理中心生成 VRS 的观测值或 RTCM 差分改正数,就可以在 VRS 与用户站之间实现常规基线解算。如图 5-12 所示,基于 VRS 技术的网络 RTK 系统的具体工作流程如下。

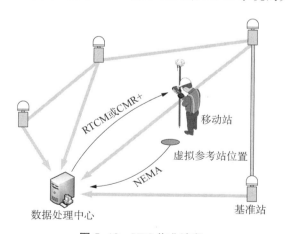

图 5-12 VRS 作业流程

（1）各个基准站连续采集载波相位以及伪距观测数据、先验基准站精确坐标、广播星历、气象参数等观测数据,实时传输到数据处理中心。

（2）数据处理中心在线解算基准站网内各独立基线的载波相位整周模糊度值,然后利用高精度基准站相位观测值计算每条基线上各种误差源的实际或综合误差影响值,并依此建立电离层、对流层、轨道误差等距离相关误差的空间参数模型。

（3）移动站用户将单点定位确定的用户概略坐标通过移动通信数据链传送给数据处理中心，数据处理中心在该位置创建一个虚拟参考站（VRS）；中央计算服务器结合用户、基准站和 GNSS 卫星的相对几何关系，通过内插得到 VRS 上各误差源影响的改正值，并按 RTCM 格式发给流动用户。

（4）流动站用户接收数据处理中心发送的虚拟参考站差分改正信息或虚拟观测值，流动站与 VRS 构成短基线，利用相对定位模型解算得到用户的位置。

3. 网络 RTK 的优势

与常规 RTK 相比，网络 RTK 的主要优势表现如下：

（1）简化了生产作业流程，提高了劳动效率。在网络 RTK 基准站网覆盖范围内，用户无需再架设基准站，减少了生产投资。

（2）提高了定位精度。在网络 RTK 基准站网覆盖范围内，由于采用内插法内插流动站的误差，受流动站与基准站之间距离的影响比较小，流动站的定位精度分布较均匀（图 5-13）。

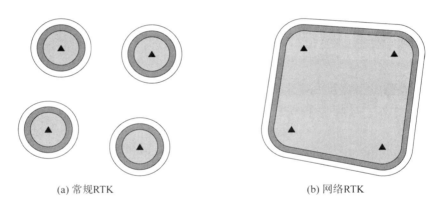

(a) 常规RTK　　　　　　　　　　　　　　　　　　(b) 网络RTK

图 5-13　RTK 精度分布比较

（3）具有较高的可靠性。由于网络 RTK 采用多个基准站，当一个或者多个参考站出现故障时，网络 RTK 利用其余基准站仍可正常定位，因此提高了系统的可靠性，扩大了作业范围。

（4）应用范围广。网络 RTK 可以广泛应用于城市规划、市政建设、交通管理、地面沉降监测、建筑物变形监测、机械控制和自动化管理等领域。

5.8.3　精密单点实时动态定位(PPP-RTK)

精密单点实时动态定位(PPP-RTK)融合了 PPP 和 RTK 两种技术的优势，其实施方案如下：首先，利用已建立的密集基准站网设施，逐站进行 PPP 整数解，精化求解相位偏差、大气延迟等参数，并进行空域和时域建模；然后，将这些增强的改正信息播发给用户使用，解决用户接收机非差整周模糊度的快速固定问题，实现用户端 PPP-RTK 定位。已有或正在发展的一些商业 PPP-RTK 系统大都采用该方案。因此，PPP-RTK 是一种采用 PPP 定位模型实现非差整周模糊度固定的实时定位。

表5-1对常见的几种RTK技术进行了对比。在常规RTK和网络RTK测量中，大部分误差均通过在测站和卫星间构建双差模型消除，待估参数通常只有基线向量和双差模糊度，并且双差模糊度仍然具有整数特性，所以在很短的时间内模糊度就能得到固定。由于自身的技术特点，PPP-RTK无法通过站间差分消除误差的影响，大部分误差是通过模型进行改正的。电离层无法很好地模型化，通常采用消电离层组合的方式予以消除，但这会导致噪声放大的问题。对流层延迟未被模型化的部分也需要与坐标、接收机钟差以及模糊度一起进行估计，造成待估参数相对较多，实时定位的初始化时间相对于PPP有所改善，但仍然比常规RTK和网络RTK的初始化时间长。

表5-1   RTK 技术比较

指标	常规 RTK	网络 RTK	PPP-RTK
覆盖范围	较小范围的区域	较大范围的区域	适用于任何范围
时效性	实时	实时	实时
定位模型	相对定位	相对定位	精密单点定位
观测值	载波相位	载波相位	载波相位
整周模糊度是否固定	是	是	是
收敛时间	0～1 min	0～1 min	0～5 min
精度	0～2 cm	0～2 cm	0～5 cm

QZSS利用L6D信号播发多种误差改正数据，实现了PPP-RTK服务——厘米级增强服务（CLAS），其改正数据分为全局改正项和局部改正项。全局改正项包括卫星轨道改正数、卫星钟改正数和码相位偏差，局部改正项包括电离层延迟和对流层延迟改正数。在有效服务区域内的用户据此定位方法可获得厘米级精度的定位结果。此外，国内外也有一些商业公司提供全球范围的PPP-RTK服务。

目前，PPP-RTK技术还处于初步应用阶段，其成熟度还不及网络RTK技术。PPP-RTK的性能与服务端提供的数据量和数据采样率密切相关，如何平衡数据传输量、采样率与带宽的关系是目前仍需要关注的问题。此外，如何构建高精度的大气模型并确定其播发方式是目前PPP-RTK应用实践需要解决的重要问题之一。

5.9 整周跳变

5.9.1 周跳的产生及其影响

接收机输出的载波相位观测值由不足一整周部分的相位观测值 $\Delta\varphi_i$ 和整周计数 $\mathrm{int}(\varphi_i)$ 两个部分组成。在进行首次载波相位测量的 t_0 时刻，整周计数 $\mathrm{int}(\varphi_0)=0$。不足一整周的部分 $\Delta\varphi_i$ 是在观测时刻 t_i 时的一个瞬时观测值，是由卫星的载波信号和接收机的基准振荡信号所生成的差频信号中小于一周的部分，可由接收机载波跟踪回路中的鉴相器测定。只要在 t_i 时刻上述两种信号能正常地生成差频信号，就能获得正确的观测值 $\Delta\varphi_i$。整周计数 $\mathrm{int}(\varphi_i)$ 是从 t_0 时刻开始至当前观测时刻 t_i 为止用计数器逐个累计下来的差频信号中的整波段数。若由于某种原因在两个观测历元间的某一段时间内计数器无法连续计数，待计数器恢复正常工作后，后续观测历元的整周计数便会出现一个同样大小的系统偏差。

这种整周计数不正确、但不足一整周部分的相位观测值仍保持正确的现象,称为整周跳变,简称周跳。

引起周跳的原因主要有以下四个方面:

(1)障碍物的遮挡。卫星信号被树木、电线杆、建筑物、桥梁或山丘等障碍物遮挡,无法到达接收机天线。

(2)接收机的运动。接收机在锁定信号时,需要预测由于接收机与卫星间的相互运动所引起的信号多普勒频移,接收机的运动使得该过程的难度增加,甚至导致信号丢失。

(3)到达接收机处的卫星信号信噪比低。当到达接收机卫星信号的信噪比过低时,接收机无法正常锁定信号,从而引起周跳。当卫星高度角较小时,信号需在大气层中传播更远的距离,信号损耗增加,从而使到达接收机的卫星信号信噪比下降。此外,电离层的活动、其他射频信号的干扰以及多路径效应,也会导致信号的信噪比下降。

(4)接收机或卫星故障。接收机软件故障会导致无法正确处理信号,卫星振荡器故障会引起所产生的信号不正确。

在进行连续载波相位测量时,若接收机对某卫星的载波相位观测值在某一历元上发生周跳,则从该历元开始,将在该卫星后续所有的载波相位观测值中引入一个相同大小的整周数偏差,如图5-14所示。周跳将严重影响数据处理结果,必须对其进行适当处理。

表5-2分析了周跳对相对定位观测值的影响,假定接收机2观测的卫星p自采样历元 t_3 开始包含 n 周的周跳,可以看出:①单差观测值是不同接收机在对同一颗卫星观测值之间求差,周跳会影响从周跳发生时刻之后所有包含周跳的卫星单差观测值;②周跳会影响从周跳发生时刻后所有的双差观测值;③周跳只影响一个三差观测值。

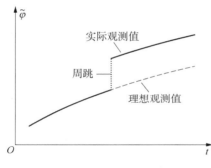

图 5-14　周跳的影响

表 5-2　　　　　　　　　　　周跳对相对定位观测值的影响

历元	原始相位观测值				相对定位观测值			
	接收机 1		接收机 2		单差观测值		双差观测值	三差观测值
	卫星 p	卫星 q	卫星 p	卫星 q	卫星 p	卫星 q		
t_1	$\tilde{\varphi}_1^p(t_1)$	$\tilde{\varphi}_1^q(t_1)$	$\tilde{\varphi}_2^p(t_1)$	$\tilde{\varphi}_2^q(t_1)$	$\Delta\tilde{\varphi}_{12}^p(t_1)$	$\Delta\tilde{\varphi}_{12}^q(t_1)$	$\Delta\tilde{\varphi}_{12}^{pq}(t_1)$	$\Delta\tilde{\varphi}_{12}^{pq}(t_2,t_1)$
t_2	$\tilde{\varphi}_1^p(t_2)$	$\tilde{\varphi}_1^q(t_2)$	$\tilde{\varphi}_2^p(t_2)$	$\tilde{\varphi}_2^q(t_2)$	$\Delta\tilde{\varphi}_{12}^p(t_2)$	$\Delta\tilde{\varphi}_{12}^q(t_2)$	$\Delta\tilde{\varphi}_{12}^{pq}(t_2)$	$\Delta\tilde{\varphi}_{12}^{pq}(t_3,t_2)-n$
t_3	$\tilde{\varphi}_1^p(t_3)$	$\tilde{\varphi}_1^q(t_3)$	$\tilde{\varphi}_2^p(t_3)+n$	$\tilde{\varphi}_2^q(t_3)$	$\Delta\tilde{\varphi}_{12}^p(t_3)+n$	$\Delta\tilde{\varphi}_{12}^q(t_3)$	$\Delta\tilde{\varphi}_{12}^{pq}(t_3)-n$	$\Delta\tilde{\varphi}_{12}^{pq}(t_4,t_3)$
t_4	$\tilde{\varphi}_1^p(t_4)$	$\tilde{\varphi}_1^q(t_4)$	$\tilde{\varphi}_2^p(t_4)+n$	$\tilde{\varphi}_2^q(t_4)$	$\Delta\tilde{\varphi}_{12}^p(t_4)+n$	$\Delta\tilde{\varphi}_{12}^q(t_4)$	$\Delta\tilde{\varphi}_{12}^{pq}(t_4)-n$	$\Delta\tilde{\varphi}_{12}^{pq}(t_5,t_4)$
t_5	$\tilde{\varphi}_1^p(t_5)$	$\tilde{\varphi}_1^q(t_5)$	$\tilde{\varphi}_2^p(t_5)+n$	$\tilde{\varphi}_2^q(t_5)$	$\Delta\tilde{\varphi}_{12}^p(t_5)+n$	$\Delta\tilde{\varphi}_{12}^q(t_5)$	$\Delta\tilde{\varphi}_{12}^{pq}(t_5)-n$	

5.9.2　周跳的探测与修复

若能探测出周跳产生的时刻、位置并求出其准确数值,便能将随后的观测值通过逐一改正恢复为正确观测值,这一工作称为周跳的探测与修复。事实上,在整个观测时间段中难免会产生周跳,而且往往不止一处,因而发现并修复周跳是处理载波相位测量数据时必然会碰到的问题。

值得指出的是,若由于电源的故障或振荡器本身的故障而使信号暂时中断,信号便失去了连续性,这种情况不属于整周跳变。此时必须将资料分为前、后两段,每段各设一个整周模糊度分别进行处理。此外,当周跳持续时间过长,现有技术无法准确确定在此期间周跳的准确数值时,也需要进行分段处理。

因此,在载波相位测量数据处理过程中,对于所探测出的周跳通常有两种处理方法:周跳修复或引入新的整周模糊度参数。

(1)周跳修复。确定周跳的大小并对载波相位数据进行改正的过程称为周跳修复。对于非差、单差或双差载波相位观测值,改正的方法是对从发生周跳历元开始的后续所有相位观测值减去一个固定的数值;对于三差载波相位观测值,周跳修复只需在发生周跳的历元上减去周跳的大小。周跳修复的关键在于既要正确确定发生周跳的历元,还要正确确定周跳的大小,任何不正确的修复都将对数据处理结果造成严重的影响。

(2)引入新的整周模糊度参数。这一措施是在探测出周跳后并不直接对其进行修复,而是在载波观测方程中,从周跳发生历元处引入一个新的整周模糊度参数。如图 5-15 所示,某时间段内对卫星保持连续跟踪,观测值对应的整周模糊度参数为 N_1,在确定了周跳发生的时间后,发生周跳历元后的观测值对应的整周模糊度参数为 N_2,相当于周跳被吸收到新的整周模糊度参数中。在后续的参数估计过程中,随其他参数一同进行估计。显然,发生周跳前后的两个整周模糊度参数之差 $\Delta N = N_2 - N_1$ 就是周跳的大小。与周跳修复相比,这一方法更为可靠,因为即使在探测周跳时发生误判,将无周跳的观测值当作存在周跳,也不会对最终结果产生影响。不过,在此情况下,观测方程的相位模糊度参数将会增加,这将增大模糊度确定的难度。

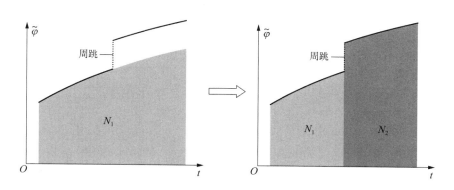

图 5-15 引入新的整周模糊度参数

周跳的探测与修复可以根据载波相位观测值及其线性组合的时间序列是否符合变化规律进行判断,也可以用平差后的观测值残差进行检验判断,常用方法有以下四种。

1. 高次差法

表 5-3 给出了一台接收机输出的 GPS 卫星 L1 载波相位测量数据。由于 GPS 卫星的径向速度最大可达 0.9 km/s,前后两个历元相隔 1 s,但整周计数的平均每秒变化可达数千周。在相邻的两个观测值间求一次差,实际上就是相邻两个观测历元卫星至接收机的距离

之差(以载波的波长为长度单位),也等于这两个历元间卫星的径向速度的平均值与采样间隔的乘积,而径向速度的变化要平缓得多。同样,在两个相邻的一次差间继续求差就可求得二次差,二次差实际上是卫星的径向加速度的平均值与采样间隔的乘积,变化更加平缓。采用同样的方法求至四次差时,其值已趋于零,其残余误差已经呈偶然误差特性,残留的四次差主要是由接收机钟差等因素引起的。

表 5-3 GPS 卫星实测数据

SOW	PRN16	PRN27	SOW	PRN16	PRN27
433 620	117 633 114.014	130 559 793.019	433 670	117 474 303.850	130 153 476.327
433 630	117 601 334.923	130 478 535.927	433 680	117 442 573.482	130 072 210.079
433 640	117 569 561.754	130 397 272.999	433 690	117 410 852.445	129 990 941.765
433 650	117 537 797.647	130 316 007.516	433 700	117 379 136.714	129 909 667.458
433 660	117 506 044.618	130 234 741.520	433 710	117 347 427.789	129 828 388.691

接收机所用石英钟的稳定度较差。假设接收机钟的短期稳定度为 5×10^{-10},采样间隔为 10 s,那么接收机钟的随机误差给相邻的 GPS L1 载波相位所造成的影响将达 $10\ \text{s} \times 5 \times 10^{-10} \times 1\ 575.42 \times 10^6\ \text{Hz} = 7.88$ 周。在这种情况下,无法确定相位观测值中的不规则变化是周跳还是接收机钟的随机误差引起的,只有当钟差、大气延迟误差等各种误差对观测值的影响被削弱至远小于 1 周时,才能用高次差法来探测和修复小至 1 周的小周跳。双差观测值可以消除接收机钟差、卫星钟差、电离层延迟、对流层延迟等各种误差的影响,周跳的探测与修复以及整周模糊度的确定都较为容易,因而被广泛采用。

表 5-4 列出了两个同步观测接收机构成的双差相位观测值。在没有周跳的情况下,对不同历元观测值取 3~4 次差之后的差值主要是由振荡器随机误差引起的,具有随机特性。若观测过程中产生了周跳现象,则高次差的随机特性将遭到破坏。从周秒 433 690 开始,人为在观测值中加入 1 周的周跳,其高次差结果见表 5-5。

表 5-4 相位观测值的高次差(无周跳)

SOW	双差相位	一次差	二次差	三次差	四次差
433 620	−1 591.888				
		−5.265			
433 630	−1 597.153		0.046		
		−5.219		−0.031	
433 640	−1 602.372		0.015		−0.050
		−5.204		−0.081	
433 650	−1 607.576		−0.066		0.184
		−5.270		0.103	
433 660	−1 612.846		0.037		−0.125
		−5.233		−0.022	
433 670	−1 618.079		0.015		−0.007
		−5.218		−0.029	
433 680	−1 623.297		−0.014		0.018
		−5.232		−0.011	
433 690	−1 628.529		−0.025		0.022
		−5.257		0.011	
433 700	−1 633.786		−0.014		0.007
		−5.271		0.018	
433 710	−1 639.057		0.004		−0.011
		−5.267		0.007	
433 720	−1 644.324		0.011		
		−5.256			
433 730	−1 649.580				

表 5-5 　　　　　　　　　　　　相位观测值的高次差（有周跳）

SOW	双差相位	一次差	二次差	三次差	四次差
433 620	−1 591.888				
		−5.265			
433 630	−1 597.153		0.046		
		−5.219		−0.031	
433 640	−1 602.372		0.015		−0.050
		−5.204		−0.081	
433 650	−1 607.576		−0.066		0.184
		−5.270		0.103	
433 660	−1 612.846		0.037		−0.125
		−5.233		−0.022	
433 670	−1 618.079		0.015		0.993
		−5.218		0.971	
433 680	−1 623.297		0.986		−2.982
		−4.232		−2.011	
433 690	−1 627.529		−1.025		3.022
		−5.257		1.011	
433 700	−1 632.786		−0.014		−0.993
		−5.271		0.018	
433 710	−1 638.057		0.004		−0.011
		−5.267		0.007	
433 720	−1 643.324		0.011		
		−5.256			
433 730	−1 648.580				

由表 5-5 可见，随着求差次数的增加，周跳的影响会逐渐扩散并放大，在 3～4 次差时已经明显地破坏了随机特性，出现系统性的异常值。因此，可根据周跳对高次差的影响规律，结合高次差结果估算出周跳大小。

2. **多项式拟合法**

多项式拟合法本质上与高次差法是一致的，但多项式拟合法更加适合计算机程序实现，故应用非常广泛。多项式拟合法的主要步骤如下：

（1）将 m 个历元无周跳的载波相位观测值 $\tilde{\varphi}_i$ 利用以下多项式进行拟合：

$$\tilde{\varphi}_i = a_0 + a_1(t_i - t_0) + a_2(t_i - t_0)^2 + \cdots + a_n(t_i - t_0)^n \tag{5-90}$$

式中，$i = 1, 2, \cdots, m$，n 为多项式阶数，且 $m \geqslant n+1$。利用最小二乘法求出多项式系数 a_0、a_1、$\cdots$、a_n，根据拟合残差 v_i 计算出中误差：

$$\sigma = \sqrt{\frac{[v_i v_i]}{m - n - 1}} \tag{5-91}$$

（2）用求得的多项式系数外推下一历元的载波相位观测值并与实际观测值进行比较，当二者之差小于 3σ 时，认为该观测值无周跳。去掉最早的一个观测值，加入上述无周跳的实际观测值，继续上述多项式拟合过程。当外推值与实际观测值之差大于或等于 3σ 时，认为实际观测值有周跳。此时采用外推的整周计数取代有周跳的实际观测值中的整周计数，不足一周的部分仍采用实际观测值；然后继续上述过程，直至最后一个观测值为止。

结合高次差法的特点，多项式拟合的阶数 n 一般取 3～4 阶即可。

3. **电离层残差法**

GNSS 卫星播发的两个频率上载波相位观测值为

$$\begin{cases} \tilde{\varphi}_{r,1}^s = \dfrac{f_1}{c}\rho_r^s + f_1(\delta t_r - \delta t^s) - \dfrac{f_1}{c}I_{r,1}^s + \dfrac{f_1}{c}T_r^s - N_{r,1}^s \\[3mm] \tilde{\varphi}_{r,2}^s = \dfrac{f_2}{c}\rho_r^s + f_2(\delta t_r - \delta t^s) - \dfrac{f_2}{c}I_{r,2}^s + \dfrac{f_2}{c}T_r^s - N_{r,2}^s \end{cases} \tag{5-92}$$

式中，$I_{r,1}^s = 40.3TEC/f_1^2$，$I_{r,2}^s = 40.3TEC/f_2^2$，其中 TEC 为总电子含量。

构成电离层残差组合为

$$\widetilde{\varphi}_{nm} = \widetilde{\varphi}_{r,1}^s - \frac{f_1}{f_2}\widetilde{\varphi}_{r,2}^s = \frac{f_1^2 - f_2^2}{cf_1 f_2^2} \times 40.3TEC - \left(N_{r,1}^s - \frac{f_1}{f_2}N_{r,2}^s\right) \tag{5-93}$$

该组合已将几何距离误差、对流层延迟、接收机和卫星钟差消去，只剩下整周模糊度和电离层延迟的残差项。在没有周跳的情况下，整周模糊度 $N_{r,1}^s$ 和 $N_{r,2}^s$ 均为常数。将相邻两个历元的电离层残差组合观测值相减：

$$(\widetilde{\varphi}_{nm})_{i+1} - (\widetilde{\varphi}_{nm})_i = \frac{f_1^2 - f_2^2}{cf_1 f_2^2} \times 40.3(TEC_{i+1} - TEC_i) \tag{5-94}$$

由于 TEC 在短时间内变化十分平缓，相邻历元间 TEC 之差是一个微小量，因此式(5-94)能够探测出小周跳，但不能判定周跳是产生在哪个频率的观测值上，通常还需要结合其他方法来使用。

4. 根据平差后的观测值残差进行检验

载波相位观测值的精度很高，基线向量解算时相位观测值的残差通常都可控制在 $0.1\sim0.2$ 周。若相位观测值中存在未探测出的小周跳或修复错误时，有周跳的观测值则会与其余观测值不相容，此时会出现数值很大的残差，由此可判断观测值中是否含有周跳。

探测和修复周跳还有很多其他方法，但每种方法都有其优点和局限性，所以通常要综合利用多种方法形成一个较为有效的方案。周跳的探测、修复是否进行得完全、彻底，最终还是要用平差后的观测值残差加以检验，只有通过此项检验的观测值才能被确认是一组无周跳的载波相位观测值。

5.10 整周模糊度的确定

5.10.1 整周模糊度对载波相位测量的意义

在载波相位测量中，连续跟踪的某颗卫星的所有载波相位观测值中均含有相同的整周模糊度。如图 5-16 所示，接收机输出的载波相位测量观测值 $\Delta\varphi_i + \text{int}(\varphi_i)$ 仅仅是完整相位差的一部分，只有与正确确定的整周模糊度配合起来才能够获得完整的高精度相位差，否则载波相位测量没有意义。

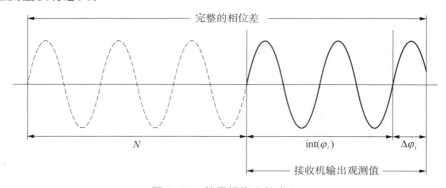

图 5-16　整周模糊度的意义

在静态相对定位中,由于整周模糊度解的精度与卫星图形结构变化、卫星数目多少密切相关,因此需要数十分钟甚至更长观测时间就是为了能正确地确定整周模糊度。理论分析与实践表明,若整周模糊度已确定,则再增加观测时间对提高相对定位精度的作用不大。因此,快速准确地确定整周模糊度是载波相位测量的重要问题。

5.10.2 整周模糊度的确定方法

接收机在输出载波相位观测值的同时,必然能够同步输出载波上调制了测距码的伪距观测值。该值是卫星到接收机的距离,无模糊度问题,据此可直接推算载波相位测量中的整周模糊度。该方法与同步观测的卫星数量及几何图形强度无关,但受制于伪距观测值较低的精度,所得整周模糊度的误差较大,因而一般用于确定整周模糊度的初始值。

1. 双差模糊度的确定

相对定位中应用最广泛的是双差观测值,其大部分误差均可通过两次求差后被消除或大幅度削弱,待估参数通常只有基线向量和双差模糊度,且双差模糊度仍然具有整数特性。

确定整周模糊度的常用方法是把整周模糊度当作一组待定参数,与基线向量参数等一起通过平差进行估计。该方法并不需要精确的伪距观测值及精确的先验站坐标等附加信息,因而被广泛采用。

整周模糊度参数取整数时所求得的基线向量解称为整数解,也称固定解;反之,整周模糊度参数取实数时所求得的基线向量解称为实数解,也称浮点解。求整数解的步骤如下:

(1)求初始解。用修复周跳、剔除粗差后"干净"的载波相位观测值进行基线向量解算,求得基线向量及整周模糊度参数,这种解称为初始解。由于各种误差的影响,初始解中的模糊度参数一般为实数。

(2)将整周模糊度固定为整数。采用适当的模糊度固定方法,将上述初始解中求得的实数模糊度一一固定为正确的整数。

(3)求固定解。将上述固定为整数的整周模糊度参数作为已知值代回法方程,重新求解坐标参数及其他参数,从而获得固定解。反之,求得初始解后,若不能将实数模糊度固定为某一整数,只能用初始解当作最终解,其解就称为实数解。

整数解是与一组不受误差影响的、正确的模糊度参数相对应的解,所以精度较高。在短基线测量中,由于两站的误差相关性好,能较完善地消除,所以通常能获得固定解。在中长基线测量中,误差的相关性减弱,初始解的误差大,从而使模糊度参数很难固定,因而一般只能求实数解。

2. 非差模糊度的确定

PPP采用的是非差相位观测值,非差模糊度参数会不可避免地吸收观测值中的非整数偏差,尤其是初始相位偏差和硬件延迟,从而导致非差模糊度参数失去整数特性。若不采用有效的方法恢复非差模糊度的整数特性,则只能获得模糊度浮点解。

实现PPP模糊度固定的关键在于改正或消除卫星和接收机端的小数周偏差,进而恢复非差模糊度参数的整数特性,求得PPP固定解。一种方法是事先利用地面参考站网估计非整数偏差,将其作为产品提供给PPP用户,用于恢复模糊度参数的整数特性。另一种方法是在估计卫星钟差时固定模糊度,得到所谓的"整数钟",将其作为产品提供给用户,同样可以恢复模糊度参数的整数特性。这两种方法提供给用户的改正参数形式不同,但理论上是等价的,而且都需要依赖参考网生成相应的改正参数。

以无电离层组合模型的 PPP 模糊度固定为例,其主要流程如下:

(1)将无电离层组合模糊度分解为宽巷模糊度和窄巷模糊度。

(2)利用参考网端提供的卫星宽巷小数周偏差信息恢复其整数特性,将宽巷模糊度固定为整数。宽巷模糊度参数可由 MW 组合得到,由于 MW 组合波长较长、受测量噪声和观测误差影响较小,经过几个历元的平滑即可达到较高的精度,因此宽巷模糊度固定直接使用取整法。

(3)在宽巷模糊度正确固定为整数的基础上,将其从无电离层模糊度参数中分离,得到窄巷模糊度实数解;由参考网端提供的卫星窄巷小数周偏差信息恢复其整数特性,利用适当的模糊度固定方法将窄巷模糊度固定为整数。

(4)当宽巷和窄巷模糊度都成功固定时,获得具有整数特性的无电离层组合 PPP 模糊度及对应的固定解;否则,得到浮点解。

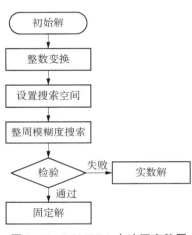

图 5-17 LAMBDA 方法固定整周模糊度的流程

3. 固定模糊度的 LAMBDA 方法

最小二乘模糊度降相关平差(LAMBDA)方法是目前国内外公认的理论上最为严密、解算效率最高的模糊度固定方法。LAMBDA 方法通过模糊度降相关处理降低模糊度间的相关性,减少了搜索空间,提高了模糊度的解算效率,其流程如图 5-17 所示。

LAMBDA 方法的核心环节是降相关处理,该过程将整数高斯变换(即 Z 变换)和 Cholesky 分解融合,最终实现如下目的:①使方差-协方差阵中非对角线元素减小,减弱各模糊度参数间的相关性;②使方差-协方差阵中对角线元素减小,即缩小搜索范围;③对 Cholesky 分解所得对角阵元素排序,便于模糊度的搜索和确定。

LAMBDA 方法自 Teunissen 提出后,已有许多学者对其进行了研究和改进。关于该方法的实现有相关开源软件,可供感兴趣读者深入学习和研究。

5.11 连续运行参考站网

连续运行参考站(CORS)网可提供数据、定位、定时及其他服务,能以多种精度满足广泛的应用需求,并通过全球同步观测,不断完善和维护国际地球参考框架,完成监测地球自转和固体地球形变、陆海板块构造边界变化、海平面变化、电离层及大气水汽变化以及跟踪确定卫星轨道等基本的全球性科学任务,提供陆地及海域的精确定位及相关科学服务。其产品包括伪距及载波相位观测值、站坐标、速度场、精密星历、地球自转参数、大气水汽和电离层参数等数据,可用于工程定位、科学研究以及不同用户的应用需求。

连续运行参考站网由连续运行参考站、数据中心和数据通信网络三部分构成。

(1)连续运行参考站,由 GNSS 设备、气象设备、电源设备、通信设备、计算机等设备以及观测墩、观测室、工作室等基础设施构成,具备长期连续跟踪观测和记录卫星信号的能力,并可通过数据通信网络定时或实时将观测数据传输到数据中心。

（2）数据中心，由计算机、网络设备、专业软件系统以及机房等构成，具备数据管理、数据处理分析及产品服务等功能，用于汇集、存储、处理、分析和分发基准站数据，形成产品以及开展服务。

（3）数据通信网络，由公用或专用的通信网络构成，用于实现基准站与数据中心、数据中心与用户之间的数据交换，完成数据传输、数据产品分发等任务。

依据管理形式、任务要求和应用范围，连续运行参考站网可分为全球参考站网、国家参考站网、区域参考站网和专业应用站网。各种连续运行参考站网的作用如表5-6所示。

表5-6 连续运行参考站网的主要作用

类型	主要作用
全球参考站网	用于建立精确的全球参考框架、地球自转参数、GNSS卫星轨道、大气参数等，并为区域地球动力学研究提供支持
国家参考站网	用于维持和更新国家地心坐标参考框架的参考站网。开展全国范围内高精度定位、导航、工程建设、地震监测、气象预报等国民经济建设、国防建设和科学研究服务
区域参考站网	用于维持和更新区域地心坐标参考框架，开展区域内位置服务和相关信息服务
专业应用站网	用于开展专业信息服务

5.11.1 全球参考站网

最典型的全球参考站网是国际GNSS服务（IGS）连续跟踪网（图5-18）。IGS是国际大地测量协会（IAG）为支持大地测量和地球动力学研究于1993年组建的一个国际协作组织，1994年1月1日正式开始工作。IGS主要由卫星跟踪网、数据中心、分析中心、综合分析中心、发布中心、中央局和管理委员会组成。

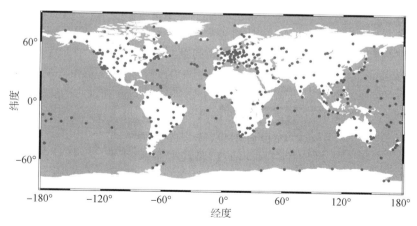

图5-18 IGS连续跟踪网

（1）卫星跟踪网。截至2021年底，IGS的GNSS跟踪站网包括512个跟踪站，由12个数据分析中心对它们的观测资料进行长期连续的分析计算。建立连续跟踪站的目的是计算卫星轨道，确定地球参考框架、地球自转参数、大气参数等。

（2）数据中心。数据中心分为数据操作中心、区域数据中心和全球数据中心。数据操作中心的任务是收集若干个跟踪站的观测数据,进行数据格式转换、数据压缩、数据备份,并传输数据到区域数据中心。区域数据中心的任务是收集规定区域内数据操作中心收集的数据,并且将数据传输到全球数据中心。全球数据中心的任务是为分析中心的外部用户提供数据服务。

（3）分析中心。分析中心的任务是从全球数据中心获取全球跟踪站的数据,独立地进行计算以生成卫星星历、地球自转参数、卫星钟差、跟踪站的坐标、坐标的变化率以及接收机钟差等 IGS 产品。

（4）综合分析中心。综合分析中心的任务是根据各个分析中心独立给出的结果取加权平均值,求得最终的 IGS 产品,最后将这些产品传送给全球数据中心和中央局的信息中心,免费供用户使用。

（5）发布中心。发布中心负责发布 IGS 产品及出版相关出版物。

（6）中央局。中央局主要负责 IGS 日常工作,包括组织会议、制定标准及出版相关出版物。

（7）管理委员会。管理委员会负责监督管理 IGS 的各项工作,确定 IGS 的未来方向。

IGS 所提供的产品包括:

（1）精密星历:GPS、GLONASS、BDS、Galileo、QZSS 的精密星历。

（2）地球自转参数:极移、极移变化率、日长。

（3）IGS 跟踪站的坐标及其变化率。

（4）卫星钟差及跟踪站的接收机钟差。

（5）大气参数:跟踪站天顶方向对流层延迟和电离层 VTEC 格网值。

（6）差分码偏差参数:GPS、GLONASS、BDS、Galileo 及 QZSS 在内的多系统差分码偏差产品。

5.11.2　国家参考站网

欧洲永久网（EPN）是建立与维持欧洲参考框架 EUREF 的关键基础设施,覆盖整个欧洲大陆,站点总数超过 200 个,由连续观测的高精度 GNSS 接收机构成的基准站组成。EPN 包括跟踪站、运行中心、区域数据中心、区域分析中心、合成中心和中心局等。EPN 所形成的产品包括基准站高精度坐标值和速度场、基准站坐标时间序列、GPS/GLONASS/Galileo/BDS 卫星轨道误差和钟差、对流层大气延迟参数等。

日本国土地理院（GSI）建立了遍布全国的 GNSS 观测网络——GEONET,该系统已经有 1 300 多个永久跟踪站,平均间距为 20 km。其中,关东、东京、京都等密度高的地区 10～15 km 布设一个站。GEONET 构成了一个格网式的 GNSS 永久站阵列,除提供地壳运动监测和地震预报服务外,还结合大地测量部门、气象部门、交通管理部门开展 GNSS 实时定位、差分定位、GNSS 气象学、车辆监控等服务。

类似的国家参考站网还有加拿大的主动控制网系统（CACS）和德国的卫星定位服务系统（SAPOS）等。

5.11.3　区域参考站网

由于 GNSS 技术的自身优势和建设成本、难度的逐渐降低,各省市和相关应用行业开始重视 GNSS 连续参考站的实时、高精度定位优势以及相应的气象、授时等增值服务,从 2000 年起纷纷开展了区域参考站网系统建设,形成了适用范围较国家基准站网小、突出技术实用性且密度高的区域参考站网。

深圳连续运行卫星定位服务系统(SZCORS)于 2001 年 9 月建成并投入试验和试运行,是我国第一个建立在现代计算机网络技术、网络化实时定位服务技术、现代移动通信技术基础上的大型城市定位与导航综合服务系统。SZCORS 通过在全市范围内建设 5 个 GNSS 连续运行参考站,形成一个高精度、高时空分辨率、高效率、高覆盖率的 GNSS 网,应用于大地测量、工程测量、气象监测、地震监测、地面沉降监测、精确导航等领域,同时兼顾社会公共定位服务,以满足日益增长的城市综合管理与城市化建设的需求。

目前,我国已有多个覆盖省级、市级范围的区域参考站网,主要用于提供实时 RTK、差分定位等服务,同时也作为地方测绘基准,实现地方坐标系统的统一。

5.11.4 专业应用站网

根据某种专门用途建立的 GNSS 基准站网称为专业应用站网,例如,地震、气象部门组建的地壳运动监测网络和气象参考站网络,以及为了保障建(构)筑物安全而组建的变形监测网络等。

中国大陆构造环境监测网络以 GNSS 观测为主,辅以甚长基线干涉测量(VLBI)、卫星激光测距(SLR)和干涉合成孔径雷达(InSAR)等空间技术,并结合精密重力测量和水准测量等多种技术手段,建成了由 260 个连续观测站点和 2 000 个不定期观测站点构成的、覆盖中国大陆的高精度、高时空分辨率的观测网络。该网络主要用于监测中国大陆地壳运动、重力场形态及变化、大气圈对流层水汽含量变化及电离层离子浓度的变化,为研究地壳运动的时空变化规律、构造变形的三维精细特征、建立和维持现代大地测量基准系统、构建汛期暴雨的大尺度水汽输送模型等科学问题提供基础资料和产品。

第 6 章　GNSS 测量的误差来源与应对措施

任何测量工作都不可避免地受到观测误差的影响。在传统的地面测量中,可以采用一定的观测程序对测量结果进行检核,以减小系统误差的影响,剔除观测粗差。GNSS 测量是由接收机捕获卫星信号并自动进行测量和记录,卫星信号在传播过程中受到多种误差的影响。GNSS 观测误差的来源复杂,对定位结果有很大的影响。深入认识和理解 GNSS 的观测误差,是开展 GNSS 测量和数据处理的基础。

6.1　GNSS 测量误差的分类

GNSS 测量是通过地面接收设备接收卫星传送的信息确定地面点的位置,所以其误差主要来自 GNSS 卫星、卫星信号的传播过程和地面接收设备。此外,在高精度的 GNSS 测量中,与地球整体运动有关的地球自转、地球固体潮、海洋负荷潮等也是不可忽视的误差来源。

为了便于理解,表 6-1 列出了 GPS 测量的误差分类及量级。

表 6-1　　　　　　　　　　　　GPS 测量误差分类及量级

类别	误差来源	误差量级	备注
与卫星有关	天线相位中心偏差	$0.5\sim3$ m	
	天线相位中心变化	$5\sim15$ mm	
	钟差	<1 ms	
	相对论效应	$10\sim20$ m	
	群延迟	最大可达 5 m	
与信号传播有关	电离层天顶延迟	最大可达 30 m	仅考虑一阶项影响
	对流层天顶干延迟	2.3 m	
	对流层天顶湿延迟	最大可达 0.3 m	
与接收机有关	天线相位中心偏差	$5\sim15$ cm	
	天线相位中心变化	最大可达 3 cm	
其他影响	地球固体潮	最大可达 0.4 m	
	海洋负荷潮	$1\sim10$ cm	
	天线相位缠绕	1 周	大小与载波波长有关

根据误差的性质,GNSS 测量误差可分为系统误差和偶然误差两大类。系统误差主要包括卫星的轨道误差、卫星钟差、接收机钟差以及大气折射误差等。偶然误差主要包括信号的多路径效应及观测噪声等。其中,系统误差远远大于偶然误差,是 GNSS 测量的主要误差来源。系统误差有一定的规律可循,根据其产生的原因可采取不同的措施加以消除或减小。主要措施有:①建立系统误差模型,对观测值进行修正;②引入相应的未知参数,在数据处理

中与其他未知参数一起求解;③将不同观测站对相同卫星的同步观测值进行求差。

6.2 卫星星历误差

由卫星星历计算得到的卫星空间位置与实际位置之差称为卫星星历误差(或轨道误差)。卫星星历是由地面监控站跟踪监测卫星求定的。由于卫星运行中会受到多种摄动力的复杂影响,而通过地面监控站又难以充分可靠地测定这些作用力或掌握其作用规律,因此在星历预报时会产生较大的误差。在一个观测时间段内,星历误差属于系统误差,是一种起算数据误差。它不仅严重影响单点定位的精度,对相对定位也有一定的影响。

6.2.1 卫星星历误差对单点定位的影响

在 GNSS 测量中,卫星被作为空间的已知点,卫星星历被作为计算测站坐标的已知起算数据。卫星星历误差必将以某种方式传递给测站坐标,从而产生定位误差。

伪距定位的观测方程为

$$\widetilde{\rho}_r^s = \sqrt{(x_r - x^s)^2 + (y_r - y^s)^2 + (z_r - z^s)^2} + c(\delta t_r - \delta t^s) + I_r^s + T_r^s \quad (6\text{-}1)$$

式中,s 为卫星号;$\widetilde{\rho}_r^s$ 为伪距观测值;I_r^s、T_r^s 分别为电离层和对流层的改正项;δt_r、δt^s 分别为接收机钟差和卫星钟差。

对式(6-1)在测站近似坐标 (x_r^0, y_r^0, y_r^0) 处进行级数展开,可得线性化的观测方程:

$$k_r^s \delta x_r + l_r^s \delta y_r + m_r^s \delta z_r - c\delta t_r = L_s \quad (6\text{-}2)$$

式中,

$$\begin{cases} k_r^s = \dfrac{x_r^0 - x^s}{(\rho_r^s)_0} \\[2mm] l_r^s = \dfrac{y_r^0 - y^s}{(\rho_r^s)_0} \\[2mm] m_r^s = \dfrac{z_r^0 - z^s}{(\rho_r^s)_0} \\[2mm] L_s = (\rho_r^s)_0 - \widetilde{\rho}_r^s - c\delta t^s + I_r^s + T_r^s \end{cases} \quad (6\text{-}3)$$

若由于卫星星历误差而使 $\widetilde{\rho}_r^s$ 有了增量 $\mathrm{d}\rho^s$,由此引起的测站坐标误差为 $(\delta_x, \delta_y, \delta_z)$,引起的接收机钟差为 δ_t,则 $(\delta_x, \delta_y, \delta_z, \delta_t)$ 和 $\mathrm{d}\rho^s$ 之间存在下列关系:

$$k_r^s \delta_x + l_r^s \delta_y + m_r^s \delta_z + c\delta_t = \mathrm{d}\rho^s \quad (6\text{-}4)$$

式(6-4)表明,星历误差在测站至卫星方向上影响测站坐标和接收机钟差改正数,影响的大小取决于 $\mathrm{d}\rho^s$ 的大小,具体的配赋方式取决于接收机与卫星间的几何图形,即误差方程系数 (k_r^s, l_r^s, m_r^s)。一般而言,单点定位误差的量级大体上与卫星星历误差的量级相同,因此,广播星历通常只能满足导航和低精度单点定位的需要;对精度要求较高的精密单点定位,必须使用高精度的精密星历。由于未顾及其他各种误差的影响以及观测时间的长短等因素,上面给出的并不是一个严格的结论。上述分析的目的在于对卫星星历误差与单点定位精度之间的关系进行粗略介绍,以便与卫星星历误差对相对定位的影响进行比较。

6.2.2 卫星星历误差对相对定位的影响

在相对定位中,通过在测站间求差可以极大地削弱卫星星历误差的影响。大量的试验结果表明,星历误差对相对定位的影响可以采用下式进行估计:

$$\frac{\Delta b}{b} = \left(\frac{1}{4} \sim \frac{1}{10} \right) \times \frac{\mathrm{d}s}{\rho} \tag{6-5}$$

式中,b 为基线长;Δb 为由卫星星历误差引起的基线误差;$\mathrm{d}s$ 为星历误差;ρ 为卫星至测站的距离;$\frac{\Delta b}{b}$ 实际上是基线相对误差;系数 $\left(\frac{1}{4} \sim \frac{1}{10} \right)$ 的具体取值取决于基线向量的位置和方向、观测时间的长短、观测卫星的数量及其几何分布等因素。目前的广播星历精度约为 1 m,对应的基线相对误差优于 10^{-7},能够满足大部分控制测量和工程测量的要求。IGS 精密星历的精度达到 2.5 cm,对应的基线相对误差为 $0.12 \times 10^{-9} \sim 0.3 \times 10^{-9}$,足以满足地球动力学和大地测量的需要。

6.2.3 减小卫星星历误差的方法

1. 采用精密星历

在精密单点定位、长距离基线解算等领域,可使用精密星历。IGS 及其分析中心均提供了高精度的精密星历,表 6-2 给出了 IGS 各类 GPS 精密星历的情况。为进行比较,表 6-2 中也列出了广播星历的相关数据。

表 6-2   **IGS 提供的 GPS 卫星星历及其精度**

卫星星历	精度/cm	滞后时间	更新时间
广播星历	100	实时	
超快星历(预报部分)	5	实时	每日 UTC 3, 9, 15, 21 时发布
超快星历(实测部分)	3	3~9 h	每日 UTC 3, 9, 15, 21 时发布
快速星历	2.5	17~41 h	每日 UTC 17 时发布
最终星历	2.5	12~18 d	每周四发布

2. 采用相对定位模式

由于同一卫星的星历误差对不同测站同步观测量的影响具有空间相关性,通过在测站间求差可以显著地削弱卫星星历误差对基线测量的影响。广播星历的精度相对不高,但通过相对定位,仍然能满足小范围工程测量的需要。对于有特殊精度要求的工程控制网,例如,大范围的高精度地壳变形监测网,需采用精密星历处理观测数据,才能获得更高的基线测量精度。

6.3 卫星钟差

相对于 GNSS 时间,GNSS 卫星上作为时间和频率源的星载原子钟存在时间偏差和频率漂移,而且不同卫星上原子钟的运行状态互不相关。因为 GNSS 卫星是根据其自身配备的原子钟时间产生和发射导航信号的,接收机在获取各种测量值时必须考虑卫星钟差,这就是在伪距观测方程和载波相位观测方程中出现卫星钟差的缘故。

卫星钟差 δt^s 是卫星钟时间值超前相应的 GNSS 时间值的量。严格地讲,卫星钟总钟差可以根据导航电文中的卫星钟校正参数等相关参数计算求得,它包括卫星钟差和相对论效应改正,还要考虑不同的卫星信号在卫星内的时延。根据所利用的单频信号或双频组合信号的不同,卫星钟总钟差的计算也有所不同。

6.3.1 卫星钟差

卫星钟频率漂移引起的卫星钟时间与 GNSS 标准时之间的差值称为卫星钟差。卫星钟差包括由钟差、频偏、频漂等产生的误差,一般可以用以下二阶多项式表示:

$$\delta t^s = a_0 + a_1(t - t_{oc}) + a_2(t - t_{oc})^2 \tag{6-6}$$

式中,a_0 为参考时刻 t_{oc} 时的卫星钟差;a_1 为参考时刻 t_{oc} 时的卫星钟的钟速(频偏);a_2 为参考时刻 t_{oc} 时的卫星钟的加速度的一半。通过对卫星信号的跟踪与测量,GNSS 地面监控部分估算并预测各颗卫星的钟差状态,并通过 GNSS 导航电文将关于卫星钟差的模型参数提供给用户接收机。上述参数 a_0、a_1、a_2 及 t_{oc} 均可从 GPS、BDS、Galileo 卫星的导航电文中获取。

GLONASS 卫星钟差的计算则有所不同,每颗 GLONASS 卫星所播发的导航电文即时数据部分包含关于该卫星自身的钟差改正参数,即卫星时钟改正量 τ_n 和频率偏差率 γ_n,在 GLONASS 时间 t 时刻的卫星钟差为

$$\delta t^s = \tau_n - \gamma_n(t - t_b) \tag{6-7}$$

式中,t_b 为这套卫星钟参数的参考时间。

6.3.2 相对论效应引起的卫星钟改正

根据狭义相对论,对于地面观测者而言,安装在高速运动卫星上的卫星钟的频率为

$$f^s = f_0 \left[1 - \left(\frac{v_s}{c} \right)^2 \right]^{\frac{1}{2}} \approx f_0 \left(1 - \frac{v_s^2}{2c^2} \right) \tag{6-8}$$

即狭义相对论效应引起的钟频率变化 Δf_1 为

$$\Delta f_1 = f^s - f_0 = -\frac{v_s^2}{2c^2} f_0 \tag{6-9}$$

式中,v_s 为卫星的运行速度;c 为真空中的光速;f_0 为卫星钟的固有频率。不难看出,卫星钟比静止在地球上的同类钟要慢。

根据广义相对论,若卫星在运行时所在位置的地球引力位为 W_s,地面测站处的地球引力位为 W_r,则同一台钟在地面上和在卫星上两处的频率将相差 Δf_2:

$$\Delta f_2 = \frac{W_s - W_r}{c^2} f_0 \tag{6-10}$$

由于广义相对论效应数值很小,可以忽略日、月引力位,近似得到下列实用公式:

$$\Delta f_2 = \frac{\mu}{c^2}\left(\frac{1}{R} - \frac{1}{r}\right)f_0 \tag{6-11}$$

式中，μ 为万有引力常数与地球质量的乘积；R 为地面测站至地心的距离；r 为卫星至地心的距离。

狭义相对论效应和广义相对论效应的综合影响为

$$\Delta f = \Delta f_1 + \Delta f_2 = \frac{f_0}{c^2}\left(\frac{\mu}{R} - \frac{\mu}{r} - \frac{v_s^2}{2}\right) \tag{6-12}$$

结合卫星正常轨道理论，这里不加推导，给出式(6-12)的另一种表达形式：

$$\Delta f = \Delta f_1 + \Delta f_2 = \frac{\mu}{c^2}\left(\frac{1}{R} - \frac{3}{2a_s}\right)f_0 - \frac{2f\sqrt{a_s\mu}}{tc^2}e_s\sin E_s \tag{6-13}$$

式中，a_s 为卫星轨道的长半轴；e_s 为卫星轨道的偏心率；f_s 为卫星的真近点角；E_s 为卫星的偏近点角。

若将地球看成一个圆球，卫星轨道看成半径为 a_s 的圆轨道，则 $e_s=0$，式(6-13)变为

$$\Delta f = \Delta f_1 + \Delta f_2 = \frac{\mu}{c^2}\left(\frac{1}{R} - \frac{3}{2a_s}\right)f_0 \tag{6-14}$$

取 $\mu = 3.986\ 005 \times 10^{14}\ \mathrm{m^3/s^2}$，$R = 6\ 378\ \mathrm{km}$，$r = 26\ 560\ \mathrm{km}$，$c = 2.997\ 924\ 58 \times 10^8\ \mathrm{m/s}$，代入式(6-14)得 $\Delta f = 4.443 \times 10^{-10} f_0$，卫星钟的频率相较于地面上同类钟的频率变大。所以为了消除相对论效应的影响，在制造卫星钟时应预先将频率降低 $4.443 \times 10^{-10} f_0$，即卫星钟设计的标准频率为 $10.23\ \mathrm{MHz}$，生产卫星钟时将频率降为 $10.23\ \mathrm{MHz} \times (1 - 4.443 \times 10^{-10}) = 10.229\ 999\ 995\ 45\ \mathrm{MHz}$。这样，当卫星钟进入轨道受到相对论效应影响时，其频率正好为标准频率 $10.23\ \mathrm{MHz}$。

应当指出，上述计算是在卫星轨道为圆形、运动为匀速的情况下进行的，这与实际情况不一致，所以经上述改正后仍有残差。为了求得相对论效应的精确值，在出厂时将卫星钟频率调低 $4.443 \times 10^{-10} f_0$ 的基础上，用户还需加上式(6-13)中的第二项改正，其引起的卫星信号传播时间的误差为

$$\Delta t_r = -\frac{2\sqrt{a_s\mu}}{c^2}e_s\sin E_s \tag{6-15}$$

以 GPS 卫星为例，其轨道偏心率 $e_s=0.01$ 时，Δt_r 最大可达 $22.9\ \mathrm{ns}$，引起的等效测距误差为 $6.864\ \mathrm{m}$。因此在单点定位中，上述误差必须加以改正。

利用广播星历进行单点定位时，$e_s\sin E_s$ 在计算观测瞬间卫星位置时已由开普勒方程求出，无需另行计算。a_s、e_s、E_s 由广播星历参数直接或间接得到，对于不同 GNSS，μ 的取值存在差异，在计算时应注意。

利用精密星历进行单点定位时，可采用另一种形式：

$$\Delta t_r = -\frac{2\boldsymbol{X} \cdot \dot{\boldsymbol{X}}}{c^2} \tag{6-16}$$

式中，X 为卫星的位置矢量；$\dot{X}$ 为卫星的速度矢量。

在进行相对定位时，该项误差与卫星钟差一样被消去，用户无需再考虑相对论效应的改正。

需要特别注意的是，在 GPS、BDS、Galileo 的接口控制文件中均明确提到卫星钟的相对论效应改正，改正公式[式(6-15)和式(6-16)]均适用于上述三种 GNSS。GLONASS 信号接口控制文件没有提及卫星钟的相对论效应改正问题，因此不用对 GLONASS 卫星钟进行相对论效应改正。

6.3.3 群延迟引起的卫星钟改正

广播星历中给出的卫星钟差以卫星发射天线的平均相位中心为参考点。由于不同的卫星信号在卫星内的时延并不相同，这种时间延迟称为群延迟或硬件延迟。群延迟的存在，使得利用不同卫星信号观测值或其组合观测值时对应的卫星钟差不一样，不同的导航卫星系统处理群延迟的方式也不同。

GPS 广播星历中给出的卫星钟差参数是用 L1 P(Y)码和 L2 P(Y)码所组成的无电离层组合观测值进行测定和预报的。用户使用 L1 P(Y)码和 L2 P(Y)码所组成的无电离层组合观测值进行导航和定位时可直接应用广播星历中播发的卫星钟差，且无需考虑信号在卫星内部的时延问题。单独使用 L1 P(Y)码或 L2 P(Y)码测距的用户则不能直接应用广播星历所给出的卫星钟差参数。GPS 在导航电文的卫星钟校正参数模块中提供了一个群延迟改正参数 T_{GD}，其定义如下：

$$T_{GD} = \frac{1}{1-\gamma_{12}}\left[T_{GD,\,L1P(Y)} - T_{GD,\,L2P(Y)}\right] \tag{6-17}$$

式中，$\gamma_{12} = (f_{L1}/f_{L2})^2 = 1.646\,944$。针对不同的 GPS 信号，其卫星钟总钟差的计算方式如表 6-3 所示。

表 6-3   各个 GPS 信号的卫星钟总钟差

导航电文	群延迟参数	信号	卫星钟总钟差的计算方式
NAV	T_{GD}	L1 C/A	$(\delta t^s)_{L1C/A} = \delta t^s + \Delta t_r - T_{GD}$
		L1 P(Y)	$(\delta t^s)_{L1P(Y)} = \delta t^s + \Delta t_r - T_{GD}$
		L2 P(Y)	$(\delta t^s)_{L2P(Y)} = \delta t^s + \Delta t_r - \gamma_{12} T_{GD}$
		L1/L2 P(Y)双频	$(\delta t^s)_{L1/L2P(Y)} = \delta t^s + \Delta t_r$
CNAV	T_{GD}、$ISC_{L1C/A}$、ISC_{L2C}、ISC_{L5I}、ISC_{L5Q}	L1 C/A	$(\delta t^s)_{L1C/A} = \delta t^s + \Delta t_r - T_{GD} + ISC_{L1C/A}$
		L2C	$(\delta t^s)_{L2C} = \delta t^s + \Delta t_r - T_{GD} + ISC_{L2C}$
		L5I	$(\delta t^s)_{L5I} = \delta t^s + \Delta t_r - T_{GD} + ISC_{L5I}$
		L5Q	$(\delta t^s)_{L5Q} = \delta t^s + \Delta t_r - T_{GD} + ISC_{L5Q}$
CNAV2	T_{GD}、ISC_{L1CP}、ISC_{L1CD}	L1CP	$(\delta t^s)_{L1CP} = \delta t^s + \Delta t_r - T_{GD} + ISC_{L1CP}$
		L1CD	$(\delta t^s)_{L1CD} = \delta t^s + \Delta t_r - T_{GD} + ISC_{L1CD}$

在表 6-3 中，最后一列即为不同信号对应的卫星钟总钟差，δt^s 由式(6-6)计算；Δt_r 由式(6-15)或式(6-16)计算，群延迟参数 T_{GD}、$ISC_{L1C/A}$、ISC_{L2C}、ISC_{L5I}、ISC_{L5Q} 等均由

GPS 导航电文给出。

BDS 广播星历将 B3I 频率的群延迟合并到卫星钟差中，导航电文播发的卫星钟差参数参考 B3I 频率观测值。显然，对于使用 B3I 信号的单频用户，无需再进行群延迟改正。BDS 的 D1、D2、B-CNAV1～B-CNAV3 的导航电文提供了不同的群延迟参数。不同信号的卫星钟总钟差计算方式如表 6-4 所示，其中 δt^s 和 Δt_r 的含义同表 6-3。

表 6-4   不同 BDS 信号的卫星钟总钟差

导航电文	群延迟参数	信号	卫星钟总钟差的计算方式
D1、D2	T_{GD1}、T_{GD2}	B1I	$(\delta t^s)_{B1I} = \delta t^s + \Delta t_r - T_{GD1}$
		B2I	$(\delta t^s)_{B2I} = \delta t^s + \Delta t_r - T_{GD2}$
		B3I	$(\delta t^s)_{B3I} = \delta t^s + \Delta t_r$
B-CNAV1	T_{GDB1CP}、T_{GDB2aP}、ISC_{B1CD}	B1CD	$(\delta t^s)_{B1CD} = \delta t^s + \Delta t_r - T_{GDB1CP} - ISC_{B1CD}$
		B1CP	$(\delta t^s)_{B1CP} = \delta t^s + \Delta t_r - T_{GDB1CP}$
B-CNAV2	T_{GDB1CP}、T_{GDB2aP}、ISC_{B2aD}	B2aD	$(\delta t^s)_{B2aD} = \delta t^s + \Delta t_r - T_{GDB2aP} - ISC_{B2aD}$
		B2aP	$(\delta t^s)_{B2aP} = \delta t^s + \Delta t_r - T_{GDB2aP}$
B-CNAV3	T_{GDB2bI}	B2bI	$(\delta t^s)_{B2bI} = \delta t^s + \Delta t_r - T_{GDB2bI}$

Galileo 导航电文也提供了两个群延迟参数 BGD(E1，E5a) 和 BGD(E1，E5b)，分别是 E5a、E5b 频率相对于 E1 频率的群延迟函数，具体表示为

$$BGD(f_1, f_2) = \frac{TR_1 - TR_2}{1 - (f_1/f_2)^2} \tag{6-18}$$

式中，f_1、f_2 为载波频率；TR_1、TR_2 为 f_1、f_2 频率载波对应的群延迟值。对于 Galileo 常用的单频和双频信号，卫星钟总钟差的计算方式如表 6-5 所示。

表 6-5   常用 Galileo 信号的卫星钟总钟差

导航电文	信号	卫星钟总钟差的计算方式
F/NAV	E1/E5a 双频	$(\delta t^s)_{E1/E5a} = \delta t^s + \Delta t_r$
	E5a 单频	$(\delta t^s)_{E5a} = \delta t^s + \Delta t_r - (f_{E1}/f_{E5a})^2 BGD(E1，E5a)$
I/NAV	E1/E5b 双频	$(\delta t^s)_{E1/E5b} = \delta t^s + \Delta t_r$
	E1 单频	$(\delta t^s)_{E5a} = \delta t^s + \Delta t_r - BGD(E1，E5b)$
	E5b 单频	$(\delta t^s)_{E5b} = \delta t^s + \Delta t_r - (f_{E1}/f_{E5b})^2 BGD(E1，E5b)$

GLONASS 导航电文提供了一个群延迟参数 T_{GD}，该参数是 G2 和 G1 两个频率信号所经历的群延迟之差。因此，若使用 GLONASS G2 信号计算卫星钟总钟差，除了用式(6-7)计算出卫星钟差以外，还需要考虑 G1 和 G2 之间的群延迟差异 T_{GD}，即

$$(\delta t^s)_{G2} = \delta t^s + T_{GD} \tag{6-19}$$

6.3.4 应对卫星钟差的方法

在实际 GNSS 测量中，卫星钟差的处理可以总结为以下三种方法：

（1）通过模型改正卫星钟差。该方法主要针对伪距单点定位，即根据导航电文提供的

计算卫星钟差所需的参数 a_0、a_1、a_2 及群延迟参数,利用模型计算卫星钟差。

（2）通过其他渠道获取精确的卫星钟差。在利用载波相位观测值进行精密单点定位等高精度应用中,对各种误差的处理需要更加精细化,自然对卫星钟差也会提出更高的要求。此时,根据卫星导航电文中的参数求得的卫星钟差已不能满足要求,故需通过 IGS 等其他渠道获取精确的卫星钟差。表 6-6 给出了 IGS 提供的 GPS 卫星钟差的情况。

表 6-6   **IGS 提供的 GPS 卫星钟差及其精度**

卫星星历	精度	滞后时间	更新时间
广播星历	5 ns(RMS) 2.5 ns(SDev)	实时	
超快星历（预报部分）	3 ns(RMS) 1.5 ns(SDev)	实时	每日 UTC 3, 9, 15, 21 时发布
超快星历（实测部分）	150 ps(RMS) 50 ps(SDev)	3~9 h	每日 UTC 3, 9, 15, 21 时发布
快速星历	75 ps(RMS) 25 ps(SDev)	17~41 h	每日 UTC 17 时发布
最终星历	75 ps(RMS) 20 ps(SDev)	12~18 d	每周四发布

（3）通过相对定位消除卫星钟差。在相对定位中,接收机同时对卫星进行同步观测后,两台接收机的载波相位观测值中就会含有同一卫星钟差,将这两个观测方程相减便可消去卫星钟差。严格地讲,两台接收机的载波信号发射时间并不完全一致,但是该时间差非常小,这种情况下卫星钟差变化的影响一般可忽略不计。

6.4 电离层延迟

距地面 60~1 000 km 范围的大气层为电离层。由于受到太阳等天体的各种射线辐射,电离层中的气体分子发生电离,形成大量的自由电子和正离子。电磁波信号通过电离层时,传播速度会发生变化,信号的路径会发生弯曲,但路径弯曲对测距结果产生的影响不大,一般不予考虑。信号的传播时间与真空中光速的乘积并不等于卫星至接收机的几何距离,该偏差称为电离层延迟误差。电离层延迟一般为几米左右,但当太阳黑子活动增强时,电离层中的电子密度会升高,电离层延迟也随之增加,其值可达十几米甚至几十米,因而不能忽略电离层延迟对 GNSS 定位的影响。

6.4.1 电离层延迟的基本概况

电磁波在电离层中传播的相速度（单一频率电磁波的相位传播速度）V_p 与电离层中的相折射率 n_p 有如下关系：

$$V_p = \frac{c}{n_p} \tag{6-20}$$

式中,c 为真空中的光速;相折射率 n_p 可以表示为

$$n_{\mathrm{p}} = 1 - K_1 Nef^{-2} - K_2 Ne(H_0\cos\theta)f^{-3} - K_3 Ne^3 f^{-4} \qquad (6\text{-}21)$$

$$\begin{cases} K_1 = \dfrac{e^2}{8\pi^2\varepsilon_0 m} \\[2mm] K_2 = \dfrac{\mu_0 e^3}{16\pi^3\varepsilon_0 m^2} \\[2mm] K_3 = \dfrac{e^4}{128\pi^4\varepsilon_0^3 m^2} \end{cases} \qquad (6\text{-}22)$$

式中,Ne 为电子密度,即单位体积中所含有的电子数,常用电子数/m^3 或电子数/cm^3 表示;m 为电子的质量,$m = 9.109\,6\times10^{-31}$ kg;e 为电子所带的电荷值,$e = 1.602\,1\times10^{-19}$ C;ε_0 为真空中的介电系数,$\varepsilon_0 = 8.854\,2\times10^{-12}$ F/m;H_0 为地磁场的磁场强度;μ_0 为真空中的磁导率,$\mu_0 = 12.57\times10^{-7}$ H/m;θ 为地磁场方向与电磁波信号传播方向间的夹角;f 为电磁波信号的频率。

将上述数值代入式(6-21)和式(6-22),式(6-21)右端第三项的值小于或等于 10^{-9} 量级,第四项的值小于或等于 10^{-10} 量级,一般可以忽略不计,于是 n_{p} 的近似计算公式为

$$n_{\mathrm{p}} = 1 - K_1\frac{Ne}{f^2} = 1 - 40.3\frac{Ne}{f^2} \qquad (6\text{-}23)$$

对于 GNSS 卫星信号而言,式(6-23)中的 f^{-2} 项一般为 10^{-6} 量级,于是有 V_{p} 的计算式:

$$V_{\mathrm{p}} = \frac{c}{n_{\mathrm{p}}} = \frac{c}{1 - 40.3\dfrac{Ne}{f^2}} \approx c\left(1 + 40.3\frac{Ne}{f^2}\right) \qquad (6\text{-}24)$$

需要说明的是,V_{p} 并不是物质传播速度,而是电磁波的相位在电离层中的传播速度。在载波相位测量中,载波相位就是以相速度 V_{p} 在电离层中传播的。类似地,不同频率的一组电磁波信号作为一个整体在电离层中的传播速度 V_{G} 称为群速度。V_{G} 与电离层中的群折射率 n_{G} 有如下关系:

$$V_{\mathrm{G}} = \frac{c}{n_{\mathrm{G}}} \qquad (6\text{-}25)$$

类似地,在忽略 f^{-3} 和 f^{-4} 项的情况下有 n_{G} 的近似表达式:

$$n_{\mathrm{G}} = 1 + 40.3\frac{Ne}{f^2} \qquad (6\text{-}26)$$

于是有

$$V_{\mathrm{G}} = \frac{c}{n_{\mathrm{G}}} = c\left(1 - 40.3\frac{Ne}{f^2}\right) \qquad (6\text{-}27)$$

利用测距码信号进行距离测量时,测距码就是以群速度 V_{G} 在电离层中传播的。在电离层以外,由于电子密度 Ne 为零,所以信号仍然以真空中的光速进行传播(不顾及对流层延迟)。若测距码从卫星至接收机的传播时间为 Δt,则卫星至接收机的真正距离 ρ 为

$$\rho = \int_{\Delta t} V_G \mathrm{d}t = \int_{\Delta t} \left(c - c 40.3 \frac{Ne}{f^2} \right) \mathrm{d}t = c \Delta t - \frac{40.3}{f^2} \int_{\Delta t} c Ne \mathrm{d}t \qquad (6\text{-}28)$$

令 $c \Delta t = \tilde{\rho}$,将式(6-28)第二项的积分变换为 $\mathrm{d}s = c \mathrm{d}t$,则积分间隔 Δt 也将变为信号传播路径 s,有

$$\rho = \tilde{\rho} - \frac{40.3}{f^2} \int_s Ne \mathrm{d}s \qquad (6\text{-}29)$$

式中,$\tilde{\rho}$ 为接收机输出的伪距观测值。

类似地,利用载波相位测量时,有

$$\rho = (\tilde{\varphi} + N)\lambda + \frac{40.3}{f^2} \int_s Ne \mathrm{d}s \qquad (6\text{-}30)$$

式中,$\tilde{\varphi}$ 为接收机进行载波相位测量的输出观测值;N 为整周模糊度;λ 为载波波长。

从式(6-29)和式(6-30)可知,在仅考虑 f^{-2} 项的情况下,电离层对伪距观测值和载波相位观测值分别造成大小相同、方向相反的延迟误差,等式右边的第二项就是利用两种观测值时应加的电离层延迟改正。总之,电离层降低了测距码的传播速度,造成伪距观测值变长;相反,电离层却加快了载波相位的传播速度,造成载波相位测量值变短。

6.4.2 总电子含量

伪距和载波相位观测值的电离层延迟改正中均包含了一个相同的积分项。为便于问题的描述,引入总电子含量(TEC)的概念:

$$TEC = \int_s Ne \mathrm{d}s \qquad (6\text{-}31)$$

式(6-31)表明,总电子含量 TEC 即为沿卫星信号传播路径 s 对电子密度 Ne 进行积分所获得的结果,也就是底面积为单位面积、沿信号传播路径贯穿整个电离层的柱体所含的电子数,一般以电子数/m^2 或电子数/cm^2 为单位。通常以 10^{16} 个电子/m^2 作为 TEC 的单位,并称之为 1 TECU。

对同一电离层而言,从某一测站至各卫星方向上的 TEC 值是不同的。卫星的高度角越小,则卫星信号在电离层中的传播路径越长,TEC 的值也越大。在该测站所有的 TEC 值中,天顶方向的总电子含量(VTEC)最少。VTEC 与高程和卫星高度角均脱离了关系,可以反映测站上空电离层的总体特征,所以被广泛应用。

在白天,由于太阳光的照射,电离层中的中性气体分子逐渐电离,电子数量不断增加;在夜晚,由于太阳光强度的减弱,电子数量逐渐减少,因此 VTEC 与地方时密切相关。此外,随着地球的公转,地球至太阳的距离以及太阳光的入射方向均会发生变化,从而影响太阳光的强度,最终导致 VTEC 的季节性变化。图 6-1 是北京房山(BJFS)和香港小冷水(HKSL)两个 IGS 观测站在 2020 年 1 月 17 日和 2020 年 8 月 17 日的 VTEC 与地方时的关系图,该图较好地反映了 VTEC 的季节性变化:夏季的 VTEC 值总体高于冬季,VTEC 在地方时 14 时左右出现最大值。此外,中纬度地区 VTEC 变化最为平缓,低纬度地区 VTEC 变化则较为剧烈。

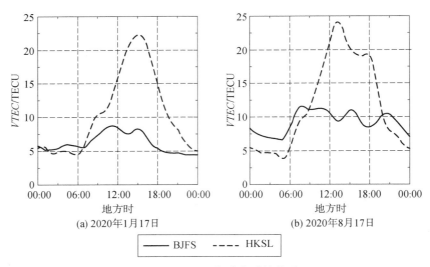

(a) 2020年1月17日   (b) 2020年8月17日

—— BJFS   - - - HKSL

图 6-1　VTEC 与地方时的关系

如前所述,中性气体在太阳光的照射下发生电离,故 VTEC 还与太阳活动剧烈程度密切相关。太阳活动的剧烈程度通常可用太阳黑子数表示,太阳活动趋于剧烈时,太阳黑子数会增加,VTEC 值也会相应地增大。太阳活动的周期约为 11 年,故 VTEC 也呈现出周期约为 11 年的周期性变化。在太阳活动剧烈时,不但电离层延迟量会增加,而且时而会出现电离层暴等异常情况,严重时会影响无线电通信和卫星导航定位系统的正常工作。图 6-2 是 1900—2021 年太阳黑子数的变化情况。

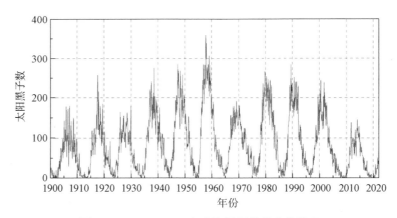

图 6-2　1900—2021 年太阳黑子数的变化情况

6.4.3　减小电离层延迟误差的方法

目前,计算 VTEC 值的方法主要有经验改正模型、双频改正模型、实测模型以及通过相对定位来减小电离层延迟。

1. 经验改正模型

根据全球各电离层观测站长期积累的观测资料建立全球性的经验公式,用户可据此计算任一时刻任一地点的电离层参数。常用的模型有本特(Bent)模型、国际参考电离层

(International Reference Ionosphere)模型等。

  GPS 和 BDS 广播星历采用的克罗布歇(Klobuchar)模型实际上也属于经验改正模型。克罗布歇模型涉及中心电离层的概念。电离层分布在离地面 $60\sim1\,000$ km 的区域内。当卫星不在测站的天顶时,信号传播路径上每一点的地方时和纬度均不相同,需要对每一个微分线段 ds 分别进行计算,然后积分求得总的电离层延迟量,该计算过程非常复杂,为简化计算,将整个电离层压缩为一个单层,将整个电离层中的电子都集中在这一个单层上,用单层来代替整个电离层,该单层即为中心电离层。GPS 的克罗布歇模型中心的电离层高度取值为 350 km,BDS 相应的取值为 375 km(图 6-3)。

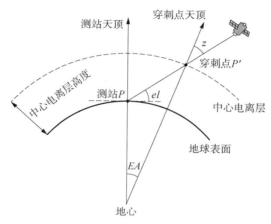

图 6-3 中心电离层

  GPS 的克罗布歇模型计算公式为

$$T_{g}=5\times10^{-9}+A\cos\left[\frac{2\pi}{P}(t-14^{h})\right] \tag{6-32}$$

振幅 A 以及周期 P 分别为

$$\begin{cases} A=\sum_{i=0}^{3}\alpha_{i}(\varphi_{m})^{i} \\ P=\sum_{i=0}^{3}\beta_{i}(\varphi_{m})^{i} \end{cases} \tag{6-33}$$

式中,T_{g} 为天顶方向调制在 L1 载波上测距码的电离层延迟;α_{i} 和 β_{i} 分别为 GPS 地面控制系统根据该天在一年中的第几天(将一年分为 37 个区间)以及前 5 天太阳的平均辐射流量(共分为 10 档)从 370 组常数中选取的系数,通过编入导航电文播发给用户。

  如图 6-3 所示,测站 P 与卫星的连线同中心电离层的交点称为电离层穿刺点,记为 P',t 是穿刺点 P' 的时角,φ_{m} 为穿刺点 P' 的地磁纬度。t 与 φ_{m} 的计算过程如下:

  (1)计算测站 P 和穿刺点 P' 在地心的夹角 EA:

$$EA=\frac{445°}{el+20°}-4° \tag{6-34}$$

式中,el 为卫星在测站 P 处的卫星高度角。

（2）计算穿刺点 P' 的地心经度 $\varphi_{P'}$ 和纬度 $\lambda_{P'}$：

$$\begin{cases} \varphi_{P'} = \varphi_P + EA\cos\alpha \\ \lambda_{P'} = \lambda_P + EA\,\dfrac{\sin\alpha}{\cos\varphi_P} \end{cases} \tag{6-35}$$

式中，λ_P、φ_P 分别为测站的地心经度、纬度；α 为卫星的高度角。

（3）计算观测瞬间穿刺点 P' 处的地方时 t：

$$t = UT + \frac{\lambda_{P'}}{15} \tag{6-36}$$

式中，UT 为观测时刻的世界时。

（4）计算穿刺点 P' 的地磁纬度 φ_{m}：

由于地球的磁北极位于 $\varphi = 79.93°$，$\lambda = 288.04°$，因此 P' 处的地磁纬度计算公式为

$$\varphi_{\mathrm{m}} = \varphi_{P'} + (90° - \varphi)\cos(\lambda_{P'} - \lambda) \tag{6-37}$$

需要说明的是，磁北极的位置会随着时间的变化而缓慢变化，隔一段时间后应该重新查取一次。

利用上述公式以及从导航电文中获得的 α_i、β_i 就能够求出观测时刻天顶方向的电离层延迟 T_{g}，将其投影到信号传播路径的方向上：

$$T'_{\mathrm{g}} = T_{\mathrm{g}}\sec z \tag{6-38}$$

其中，

$$\sec z = 1 + 2\left(\frac{96° - el}{90°}\right)^3 \tag{6-39}$$

式中，z 为穿刺点 P' 的天顶距；T'_{g} 为载波上的测距码在传播路径上的电离层延迟。

北斗二号系统同样采用了克罗布歇模型来计算电离层延迟改正，并在导航电文中播发了 8 个模型参数。北斗三号系统则使用了北斗全球电离层延迟修正模型（BDGIM），通过播发 9 个模型参数为单频用户接收机改正信号传播过程中的电离层延迟。BDGIM 以改进的球谐函数为基础，其使用方法在北斗空间信号接口控制文件中有详细描述。

2. 双频改正模型

由前面内容可知，卫星信号的电离层延迟与信号频率 f 的平方成反比。若卫星能同时用两种频率发射信号，则根据这两种信号到达接收机的时间差 Δt，便能分别反推出各自的电离层延迟，这种方法称为双频改正法。GNSS 卫星之所以要用两种甚至多种不同的频率发射信号，其主要目的也在于此。若信号在某一介质中的传播速度与其频率有关，则称该介质对信号具有色散效应。

1）利用双频伪距估算信号的电离层延迟改正

以 GPS 双频信号为例，一台接收机观测同一卫星，L1 和 L2 两个频率的伪距观测方程为

$$\begin{cases} \tilde{\rho}^s_{r,1} = \rho^s_r + c(\delta t_r - \delta t^s) + I^s_{r,1} + T^s_r \\ \tilde{\rho}^s_{r,2} = \rho^s_r + c(\delta t_r - \delta t^s) + I^s_{r,2} + T^s_r \end{cases} \tag{6-40}$$

将两式相减,有

$$\Delta \widetilde{\rho} = \widetilde{\rho}_{r,1}^{s} - \widetilde{\rho}_{r,2}^{s} = c\Delta t = I_{r,1}^{s} - I_{r,2}^{s} \tag{6-41}$$

根据上节内容可知:

$$\begin{cases} I_{r,1}^{s} = \dfrac{40.3}{f_1^2} \displaystyle\int_s Ne\,ds \\ I_{r,2}^{s} = \dfrac{40.3}{f_2^2} \displaystyle\int_s Ne\,ds \end{cases} \tag{6-42}$$

令 $A = -40.3 \displaystyle\int_s Ne\,ds$,则有

$$\Delta \widetilde{\rho} = I_{r,1}^{s} - I_{r,2}^{s} = \frac{A}{f_2^2} - \frac{A}{f_1^2} = \frac{A}{f_1^2} \cdot \frac{f_1^2 - f_2^2}{f_2^2} \tag{6-43}$$

或

$$\Delta \widetilde{\rho} = \frac{A}{f_2^2} \cdot \frac{f_1^2 - f_2^2}{f_1^2} \tag{6-44}$$

顾及 GPS 的 L1 和 L2 载波频率分别为基准频率的 154 倍和 120 倍,整理得到 $I_{r,1}^{s}$ 和 $I_{r,2}^{s}$ 的估值公式为

$$\begin{cases} I_{r,1}^{s} = \dfrac{f_2^2}{f_1^2 - f_2^2}(\widetilde{\rho}_{r,2}^{s} - \widetilde{\rho}_{r,1}^{s}) = 1.545\,73(\widetilde{\rho}_{r,2}^{s} - \widetilde{\rho}_{r,1}^{s}) \\ I_{r,2}^{s} = \dfrac{f_1^2}{f_1^2 - f_2^2}(\widetilde{\rho}_{r,2}^{s} - \widetilde{\rho}_{r,1}^{s}) = 2.545\,73(\widetilde{\rho}_{r,2}^{s} - \widetilde{\rho}_{r,1}^{s}) \end{cases} \tag{6-45}$$

式(6-45)表明,用两种不同频率的测距码信号分别测定从卫星到接收机的伪距后,就可以估算这两种信号的电离层延迟改正。

2)线性组合法

将式(6-40)中的观测值 $\widetilde{\rho}_{r,1}^{s}$、$\widetilde{\rho}_{r,2}^{s}$ 分别乘以系数 m、n,通过相加可以组成一个新的虚拟的线性组合观测值,即

$$\widetilde{\rho}_{r,IF}^{s} = m\widetilde{\rho}_{r,1}^{s} + n\widetilde{\rho}_{r,2}^{s} \tag{6-46}$$

要使观测值 $\widetilde{\rho}_{r,IF}^{s}$ 不受电离层延迟的影响,且组合后的伪距 $m\rho_r^s + n\rho_r^s$ 与 ρ_r^s 相等,系数 m、n 应满足如下等式:

$$\begin{cases} mf_2^2 + nf_1^2 = 0 \\ m + n = 1 \end{cases} \tag{6-47}$$

解得

$$\begin{cases} m = \dfrac{f_1^2}{f_1^2 - f_2^2} \\ n = \dfrac{-f_2^2}{f_1^2 - f_2^2} \end{cases} \tag{6-48}$$

即

$$\widetilde{\rho}_{r,IF}^{s} = \frac{f_1^2}{f_1^2 - f_2^2}\widetilde{\rho}_{r,1}^{s} - \frac{f_2^2}{f_1^2 - f_2^2}\widetilde{\rho}_{r,2}^{s} \tag{6-49}$$

式(6-49)为伪距观测值的无电离层组合。对于 GPS 的 L1 和 L2 双频组合,若测距码观测值 $\widetilde{\rho}_{r,1}^{s}$、$\widetilde{\rho}_{r,2}^{s}$ 的噪声均为 m_0,则经组合后的观测值 $\widetilde{\rho}_{r,mn}^{s}$ 的噪声将扩大为 $2.978m_0$。即若用两个不同的频率 f_1 和 f_2 发射卫星信号,它们将沿同一路径到达接收机,它们所对应的电离层改正中的 A 都相同。

类似地,对于双频载波相位测量观测值 $\widetilde{\varphi}_{r,1}^{s}$ 和 $\widetilde{\varphi}_{r,2}^{s}$,其无电离层延迟组合观测值的形式如下:

$$\widetilde{\varphi}_{r,IF}^{s} = \frac{f_1^2}{f_1^2 - f_2^2}\widetilde{\varphi}_{r,1}^{s} - \frac{f_1 f_2}{f_1^2 - f_2^2}\widetilde{\varphi}_{r,2}^{s} \tag{6-50}$$

同理,利用三频组合观测值可以实现更多无电离层组合或弱电离层组合,实际应用中应注意组合观测值的噪声被放大的问题。

3. 实测模型

实测模型是指利用全球或区域范围内地面 GNSS 基准站的双频观测值来实际测定 VTEC 值,建立全球或区域的 VTEC 模型。常用的全球模型有 IGS 的电离层格网模型和 CODE 数据分析中心的球谐函数模型。此外,各地区也可利用本地区地面 GNSS 基准站的双频观测资料建立区域性模型。

1) IGS 的 VTEC 格网模型

IGS 联合分析中心负责全球 VTEC 的监测与建模,并发布 IONEX 标准格式的全球电离层格网产品,以 2 h 时间间隔,5°经差、2.5°纬差提供了全球经度 $-180° \sim 180°$、纬度 $-87.5° \sim 87.5°$ 范围内各个格网点天顶方向的 VTEC 格网图,用户对时间、经度和纬度进行内插便可获得某时某地的 VTEC 值。

2) CODE 的球谐函数模型

CODE 数据分析中心利用地面跟踪站的 GNSS 观测资料,采用 15 阶 15 次的球谐函数建立了全球性的 VTEC 模型。

3) 区域性 VTEC 模型

全球 VTEC 模型使用分布在全球范围内的基准站,以确保模型在全球范围内的有效使用和精度的稳定性。目前,区域性的 GNSS 基准站网越来越多,建立高时空分辨率的区域性 VTEC 模型往往更有实用价值。区域性 VTEC 模型较多地采用曲面模型、三角级数模型、低阶球谐函数模型和球冠谐函数模型等。

4. 通过相对定位来减小电离层延迟

利用两台接收机在基线两端进行同步观测,由于电磁波在卫星至两测站的传播路径上的大气状况非常相似,通过对同步观测值求差可减弱电离层延迟的影响,即使采用单频接收机也可达到很高的相对定位精度。该方法对短基线(小于 20 km)的效果尤为明显。然而,随着基线长度的增加,电离层的空间相关性减弱,该方法的有效性也随之降低。对于中长基线测量,在用户使用双频接收机的情况下可以使用无电离层组合观测值进行基线解算。

6.5 对流层延迟

卫星导航定位中的对流层延迟通常泛指电磁波信号在通过高度 50 km 以下的未被电离的中性大气层时所产生的信号延迟。中性大气层包括对流层和平流层,由于大气折射的 80% 发生在对流层,所以通常叫作对流层延迟。对流层延迟在天顶方向大约为 2.3 m,在高度角为 10° 时可达 20 m。

6.5.1 对流层延迟的影响

若对流层中某处的大气折射系数为 n,则电磁波信号在该处的传播速度为 $v = c/n$。当电磁波信号在对流层中的传播时间为 Δt 时,其实际路径长度为

$$\rho = \int_{\Delta t} v \, \mathrm{d}t = \int_{\Delta t} \frac{c}{n} \, \mathrm{d}t = \int_{\Delta t} \frac{c}{1+(n-1)} \, \mathrm{d}t$$
$$= \int_{\Delta t} c \left[1-(n-1)+(n-1)^2-(n-1)^3+\cdots \right] \mathrm{d}t \tag{6-51}$$

式中,$n-1$ 为微小量,故高阶项可忽略不计,式(6-51)可简化为

$$\rho = \int_{\Delta t} c \left[1-(n-1) \right] \mathrm{d}t = c\Delta t - \int_{\Delta t} (n-1)c \, \mathrm{d}t = c\Delta t - \int_s (n-1) \mathrm{d}s \tag{6-52}$$

式中,$\int_s (n-1)\mathrm{d}s$ 即为对流层延迟。由于 $n>1$,说明对流层使得电磁波信号的实际路径长度比根据信号传播时间 Δt 及真空中的光速 c 所求出的距离 $c\Delta t$ 要短。

在标准大气压下,大气折射系数 n 与电磁波信号的波长 λ 有以下关系:

$$(n-1)\times 10^6 = 287.604 + 4.886\lambda^{-2} + 0.068\lambda^{-4} \tag{6-53}$$

式中,波长 λ 以 μm 为单位。

表 6-7 给出了红光、紫光和常见的 GNSS 载波信号对应的大气折射系数。由于 GNSS 载波信号均位于微波的 L 波段,其波长远大于红光、紫光的波长,GPS 和 BDS 三个频率的载波信号对应的大气折射系数均为 1.000 287 604,这意味着不同频率 GNSS 信号的对流层延迟大小一致,与信号频率无关。因此,无法采用双频改正的方法消除对流层延迟,只能求出信号传播路径上各处的大气折射系数,然后通过式(6-52)消除对流层延迟的影响。

表 6-7 不同波长电磁波信号对应的大气折射系数

电磁波信号	波长/μm	大气折射系数 n	电磁波信号	波长/μm	大气折射系数 n
红光	0.72	1.000 297 3	GPS L5	254 828.048 8	1.000 287 604
紫光	0.40	1.000 320 8	BDS B1I	192 039.486 3	1.000 287 604
GPS L1	190 293.672 8	1.000 287 604	BDS B2I	248 349.369 6	1.000 287 604
GPS L2	244 210.213 4	1.000 287 604	BDS B3I	236 332.464 6	1.000 287 604

由表 6-7 可知，GNSS 信号的大气折射系数接近于 1，实际应用中通常令大气折射系数 $N=(n-1) \times 10^6$，并分成干分量和湿分量，即

$$N = N_d + N_w = 77.6 \frac{P}{T} + 3.73 \times 10^5 \frac{e}{T^2} \tag{6-54}$$

式中，P、T、e 分别为信号传播路径上的气压、温度和水汽压。将式(6-54)中的折射系数分别沿垂直路径积分，即可获得天顶干延迟(ZHD)和天顶湿延迟(ZWD)。

$$\begin{cases} ZHD = 10^{-6} \int_s N_d ds \\ ZWD = 10^{-6} \int_s N_w ds \end{cases} \tag{6-55}$$

信号传播路径上的对流层延迟(STD)可以表示为天顶干延迟(ZHD)和天顶湿延迟(ZWD)分别与各自投影函数(MF，Mapping Function)相乘后所得乘积之和，即

$$STD = m_d ZHD + m_w ZWD \tag{6-56}$$

式中，m_d 和 m_w 分别为相应的干延迟和湿延迟的投影函数，它们是卫星高度角以及其他一些因素的函数。由式(6-54)可知，计算大气折射系数需要获取对流层中各点的气压、温度以及水汽压，然而，通常情况下信号传播路径上各处的气象元素是难以量测的，往往只能获得测站上的气象参数，因此需要根据相关数学模型和测站气象元素计算传播路径上各点的气象元素。

6.5.2　对流层折射改正模型

根据使用的气象参数的不同，目前常用的对流层先验模型可以分为两类：一是基于实测气象数据的经验模型，典型的有霍普菲尔德(Hopfield)模型、萨斯塔莫宁(Saastamoinen)模型；二是基于气象参数表内插的经验模型，如 UNB 系列模型、EGNOS 模型。

1. 基于实测气象数据的经验模型

这类模型基于理想气体状态方程和相应的假设，要用到测站上的气压、温度和水汽压等气象元素。

霍普菲尔德模型为

$$\begin{cases} ZHD = 155.2 \times 10^{-7} \dfrac{P_s}{T_s}(h_d - h_s) \\ ZWD = 155.2 \times 10^{-7} \dfrac{4\,810}{T_s^2} e_s (11\,000 - h_s) \\ h_d = 40\,136 + 148.72(T_s - 273.16) \end{cases} \tag{6-57}$$

式中，T_s 为测站的绝对温度，以摄氏度(℃)为单位；P_s 为测站的气压，以毫巴(mbar)为单位；e_s 为测站的水汽压，以毫巴(mbar)为单位；h_s 为测站的高程，以米(m)为单位；E 为卫星的高度角，以度(°)为单位。

霍普菲尔德模型中天顶干延迟和湿延迟的投影函数均可表示为

$$m_d = m_w = m = \frac{1}{\sqrt{\sin(E^2 + 6.25)}} \tag{6-58}$$

萨斯塔莫宁模型为

$$\begin{cases} ZHD = \dfrac{0.002\,276\,8P_s}{1 - 0.002\,66\cos 2\varphi - 0.28h_s} \\ ZWD = 0.012\,2 + 0.009\,43e_s \end{cases} \tag{6-59}$$

式中，P_s 为测站的气压，以毫巴（mbar）为单位；h_s 为测站的高程，以米（m）为单位；φ 为测站的纬度，以度（°）为单位；e_s 为测站的水汽压，以毫巴（mbar）为单位。

计算表明，对于同一套气象数据，利用不同对流层延迟改正模型求得的天顶方向对流层延迟的相互较差很小，一般为几毫米。萨斯塔莫宁模型受高程影响较小，而霍普菲尔德模型的改正效果随高程增加而降低，在高山地区的适用性较差，因此使用较多的是萨斯塔莫宁模型。

2. 基于气象参数表内插的经验模型

气象元素误差主要来自三个方面：①地面测站气象元素的测定误差，主要是仪器本身、观测人员分辨能力的限制或观测人员的不当操作造成的观测误差；②测站气象元素的代表性误差，即测站气象元素不能很好地反映整个信号传播区域中的大气状况；③实际大气状态与大气模型间的差异。

为了减少气象元素误差对对流层延迟计算的影响，研究人员提出了一些基于气象参数表内插的经验模型，这些模型不需要实测气象元素，并且可以达到基于实测气象参数的传统经验模型的精度。

以 UNB3 模型为例，该模型提供了气压、温度、水汽压、温度梯度以及水汽梯度五个气象参数的内插表用以计算对流层天顶延迟，这些参数在平均海平面上的时空变化仅与测站纬度和时间有关，年变化情况使用余弦函数表达，其中每个余弦函数的相位固定。用户只需要输入测站纬度、年积日两个参数，就能获得测站对应的气象元素值。

近年来，部分学者利用 GNSS 实测对流层延迟数据，建立了无气象参数的对流层天顶延迟经验改正模型，取得了良好的效果。

6.5.3 对流层投影函数

对流层投影函数联系起信号传播路径上的对流层延迟与测站天顶方向的对流层延迟。投影函数的好坏将直接影响对流层改正的效果。常见的投影函数大体可分为两类：一类是利用以前的观测资料建立起来的经验模型，典型代表是 NMF 模型和 GMF 模型；另一类是需要实际气象资料的模型，典型代表是 VMF1 模型。这三个模型都采用连分式的形式表示投影函数，其差别在于计算系数时所用的方法不同。

1. NMF 模型

NMF 模型是 Neill 利用全球的 26 个探空气球站的资料所建立的一个全球模型。该模型中的投影函数包括干分量投影函数 m_d 和湿分量投影函数 m_w 两部分。其中干分量投影函数 m_d 的表达式为

$$m_d(E) = \cfrac{1 + \cfrac{a_d}{1 + \cfrac{b_d}{1 + c_d}}}{\sin E + \cfrac{a_d}{\sin E + \cfrac{b_d}{\sin E + c_d}}} + \left(\cfrac{1}{\sin E} - \cfrac{1 + \cfrac{a_{ht}}{1 + \cfrac{b_{ht}}{1 + c_{ht}}}}{\sin E + \cfrac{a_{ht}}{\sin E + \cfrac{b_{ht}}{\sin E + c_{ht}}}} \right) \cdot \frac{H}{1\,000}$$

$$(6-60)$$

式中，E 为高度角，$a_{ht} = 2.53 \times 10^{-5}$，$b_{ht} = 5.49 \times 10^{-3}$，$c_{ht} = 1.14 \times 10^{-3}$，$H$ 为正高。

当测站纬度 φ 在 15°～75°之间时，干分量投影系数 a_d、b_d、c_d 利用下式内插后求得：

$$p(\varphi, t) = p_{avg}(\varphi_i) + [p_{avg}(\varphi_{i+1}) - p_{avg}(\varphi_i)] \cdot \frac{\varphi - \varphi_i}{\varphi_{i+1} - \varphi_i} +$$
$$\left\{ p_{amp}(\varphi_i) + [p_{amp}(\varphi_{i+1}) - p_{amp}(\varphi_i)] \cdot \frac{\varphi - \varphi_i}{\varphi_{i+1} - \varphi_i} \right\} \cos\left(2\pi \frac{t - t_0}{365.25}\right)$$

$$(6-61)$$

式中，p 表示要计算的系数 a_d、b_d、c_d；t 为年积日，$t_0 = 28$ 为参考时刻的年积日；φ_i 和 t_0 时的系数平均值 p_{avg} 和波动的幅度值 p_{amp} 如表 6-8 所示。

表 6-8 干分量投影函数系数表

系数		纬度				
		15°	30°	45°	60°	75°
p_{avg}	a_d	$1.276\,993\,4 \times 10^{-3}$	$1.268\,323\,0 \times 10^{-3}$	$1.246\,539\,7 \times 10^{-3}$	$1.219\,604\,9 \times 10^{-3}$	$1.204\,599\,6 \times 10^{-3}$
	b_d	$2.915\,369\,5 \times 10^{-3}$	$2.915\,369\,5 \times 10^{-3}$	$2.928\,844\,5 \times 10^{-3}$	$2.902\,256\,5 \times 10^{-3}$	$2.902\,491\,2 \times 10^{-3}$
	c_d	$62.610\,505 \times 10^{-3}$	$62.610\,505 \times 10^{-3}$	$63.721\,774 \times 10^{-3}$	$63.824\,265 \times 10^{-3}$	$64.258\,455 \times 10^{-3}$
p_{amp}	a_d	0	$1.270\,962\,6 \times 10^{-5}$	$2.652\,366\,2 \times 10^{-5}$	$3.400\,045\,2 \times 10^{-5}$	$4.120\,219\,1 \times 10^{-5}$
	b_d	0	$2.141\,497\,9 \times 10^{-5}$	$3.016\,077\,9 \times 10^{-5}$	$7.256\,272\,2 \times 10^{-5}$	$11.723\,375 \times 10^{-5}$
	c_d	0	$9.012\,840\,0 \times 10^{-5}$	$4.349\,703\,7 \times 10^{-5}$	$84.795\,348 \times 10^{-5}$	$170.372\,06 \times 10^{-5}$

当测站纬度小于 15°时，a_d、b_d、c_d 等系数的计算公式为

$$p(\varphi, t) = p_{avg}(15°) + p_{avg}(15°) \cdot \cos\left(2\pi \frac{t - t_0}{365.25}\right)$$

$$(6-62)$$

当测站纬度大于 75°时，a_d、b_d、c_d 等系数的计算公式为

$$p(\varphi, t) = p_{avg}(75°) + p_{avg}(75°) \cdot \cos\left(2\pi \frac{t - t_0}{365.25}\right)$$

$$(6-63)$$

湿分量的投影函数为

$$m_w(E) = \cfrac{1 + \cfrac{a_w}{1 + \cfrac{b_w}{1 + c_w}}}{\sin E + \cfrac{a_w}{\sin E + \cfrac{b_w}{\sin E + c_w}}} \tag{6-64}$$

当测站纬度在 $15°\sim75°$ 时,湿分量投影函数的系数 a_w、b_w、c_w 仍需通过内插后求得。然而,由于对流层延迟中的湿分量仅占整个对流层延迟的 10% 左右,数值较小,因此只考虑平均项,不考虑波动项,相应的计算公式为

$$p(\varphi, t) = p_{avg}(\varphi_i) + \left[p_{avg}(\varphi_{i+1}) - p_{avg}(\varphi_i)\right] \cdot \frac{\varphi - \varphi_i}{\varphi_{i+1} - \varphi_i} \tag{6-65}$$

湿分量投影函数内插系数如表 6-9 所示。

表 6-9 湿分量投影函数内插系数表

系数		纬度				
		15°	30°	45°	60°	75°
p_{avg}	a_w	$5.802\,187\,9\times10^{-4}$	$5.679\,484\,7\times10^{-4}$	$5.811\,801\,9\times10^{-4}$	$5.972\,754\,2\times10^{-4}$	$6.164\,169\,3\times10^{-4}$
	b_w	$1.427\,526\,8\times10^{-3}$	$1.513\,862\,5\times10^{-3}$	$1.457\,257\,2\times10^{-3}$	$1.500\,742\,8\times10^{-3}$	$1.759\,908\,2\times10^{-3}$
	c_w	$4.347\,296\,1\times10^{-2}$	$4.672\,951\,0\times10^{-2}$	$4.390\,893\,1\times10^{-2}$	$4.462\,698\,2\times10^{-2}$	$5.473\,603\,9\times10^{-2}$

当测站纬度小于 $15°$ 时,取 $15°$ 时的 p_{avg} 值,即

$$p(\varphi, t) = p_{avg}(15°) \tag{6-66}$$

当测站纬度大于 $75°$ 时,取 $75°$ 时的 p_{avg} 值,即

$$p(\varphi, t) = p_{avg}(75°) \tag{6-67}$$

NMF 模型除了考虑纬度因素外,还考虑对流层的季节性变化和高程不同的影响。此外,它不包含气象元素,不会受气象元素观测误差的影响。NMF 模型曾经被广泛使用,并且在中纬度地区效果很好,但在高纬度地区及赤道地区效果欠佳,在高程方向上会引起偏差。

2. VMF1 模型

VMF1 模型是一种数值气象模型,即利用实测气象数据进行估计。它采用欧洲中程天气预报中心(ECMWF)40 年的观测数据,重新估计对流层连分式的 b、c 参数。其中,参数 b 为常数 $0.002\,9$,参数 c 与 NMF 类似,为年积日、纬度的函数,所不同的是,参数 c 不再关于赤道对称(在 c 的表达式中加入了一个系数 φ,用于区分南半球和北半球):

$$c = c_0 + \left\{ \left[\cos\left(\frac{DOY - 28}{365} \cdot 2\pi + \varphi \right) + 1 \right] \cdot \frac{c_{11}}{2} + c_{10} \right\} (1 - \cos\varphi) \tag{6-68}$$

式中,c_0、c_{11}、c_{10} 为常系数,其值见表 6-10;DOY 为观测时刻对应的年积日。

表 6-10

VMF1 投影函数的常系数

地区	干分量的常系数			
	c_0	c_{10}	c_{11}	φ
北半球	0.062	0.000	0.006	0
南半球	0.062	0.001	0.006	π

VMF1 被认为是目前精度最高、可靠性最好的投影函数。计算实例表明：相对于 NMF，VMF1 可以提高基线的重复精度，并改善测站高程方向的精度；VMF1 对精密单点定位精度也有一定的提高。不过，VMF1 需要利用实测数据估计出系数 a，因此具有约 34 h 的延迟。

3. GMF 模型

为克服 VMF1 的延迟问题，Boehm 提供了一种折中的解决办法：借鉴 NMF 的方法，将年积日、经度、纬度、高程作为输入参数，内插得到对流层投影函数的系数。该模型称为全球投影函数 GMF(Global Mapping Function)，这是一个经验投影函数。目前，IGS 各个分析中心正准备采用 GMF 替换原来一直使用的 NMF。

GMF 的常系数 b、c 与 VMF1 完全相同，参数 a 通过格网内插求得：

$$a = a_0 + A\cos\left(\frac{DOY - 28}{365} \cdot 2\pi\right) \tag{6-69}$$

式中，a_0 由以下球谐函数计算求得：

$$a_0 = \sum_{n=0}^{9}\sum_{m=0}^{n} P_{nm}(\sin\varphi)\left[A_{nm}\cos(m\lambda) + B_{nm}\sin(m\lambda)\right] \tag{6-70}$$

6.5.4　减小对流层延迟误差的方法

为了削弱对流层延迟对 GNSS 测量的影响，可采取下列措施：

(1) 直接在测站测定气象参数，用于对流层延迟改正模型。但由于模型误差、气象元素测定误差的影响，对流层延迟改正模型的效果有限。

(2) 将对流层延迟当作待定参数。采用萨斯塔莫宁模型或霍普菲尔德模型计算的天顶干延迟精度较高，但天顶湿延迟目前还没有相应的模型可以精确计算。因此，在高精度 GNSS 应用中，一般将湿延迟作为待定参数进行估计，估计的方法包括单参数法、多参数法、分段线性法和随机游走法。例如，在精密单点定位中，常将不同卫星斜路径对流层延迟通过投影函数转换至天顶方向，对天顶对流层延迟(ZTD)加参数进行估计。干分量延迟一般使用模型改正，湿分量延迟一般将其作为未知参数进行估计。

(3) 利用同步观测值求差。当两测站相距不太远(<20 km)时，由于信号通过对流层的路径相似，所以对同一卫星的同步观测值进行求差，可明显地减弱对流层折射的影响。因此，该方法被广泛应用于精密相对定位中。但是，当两测站的距离增大时，其有效性也随之降低。当距离大于 100 km 时，对流层折射的影响是限制卫星定位精度提高的重要因素。此外，在进行同步观测值求差时，对于一些特殊条件下的对流层处理应特别小心，例如当短基线两端高差较大时，通过同步观测值求差后仍有较大的残余对流层延迟，会严重地降低高程方向的精度，此时必须将残余对流层延迟作为参数加以估计以消除其影响。

6.6 多路径效应误差

GNSS 卫星信号从 20 000 km 左右的高空向地面发射,若接收机天线周围有高大建筑物或水面,建筑物和水面对电磁波具有强反射作用,由此产生的反射波进入接收机天线并与直接来自卫星的信号(直接波)产生干涉,使观测值偏离真值而产生误差,这种误差称为多路径效应误差。

多路径效应的影响是 GNSS 测量的重要误差源,严重时还将引起信号的失锁。因此应分析多路径效应产生的原因,采取避免或减弱多路径效应误差的措施。

6.6.1 反射波

如图 6-4 所示,GNSS 天线接收到的信号是来自卫星的直接信号 S 和经地面反射后的反射信号 S' 产生干涉后的组合信号。显然,这两种信号经过的路径长度不相等,反射信号多经过的路径长度称为程差,用 Δ 表示:

$$\Delta = BA - OA = BA(1 - \cos 2z) = \frac{H}{\sin z}(1 - \cos 2z) = 2H\sin z \tag{6-71}$$

式中,H 为天线距地面的高度。

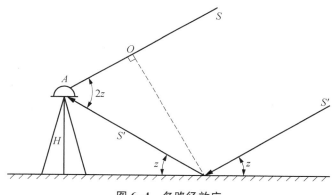

图 6-4 多路径效应

反射波与直接波之间的相位延迟为

$$\theta = \Delta \cdot \frac{2\pi}{\lambda} = \frac{4\pi H \sin z}{\lambda} \tag{6-72}$$

式中,λ 为载波的波长。

6.6.2 多路径效应对载波相位测量的影响

直接波信号可表示为

$$S_{\mathrm{d}} = U\cos \omega t \tag{6-73}$$

式中,U 为信号电压;ω 为载波的角频率。

反射波信号可表示为

$$S_r = \alpha U \cos(\omega t + \theta) \tag{6-74}$$

式中，α 为反射面的反射系数。

天线实际接收的信号为直接波信号与反射波信号的组合，其表达式为

$$S = \beta U \cos(\omega t + \phi) \tag{6-75}$$

式中，
$$\begin{cases} \beta = (1 + 2\alpha\cos\theta + \alpha^2)^{\frac{1}{2}} \\ \phi = \arctan \dfrac{\alpha\sin\theta}{1 + \alpha\cos\theta} \end{cases} \tag{6-76}$$

ϕ 即为载波相位测量中的多路径效应误差。对 ϕ 关于 θ 求导并令其等于零：

$$\frac{\mathrm{d}\phi}{\mathrm{d}\theta} = \frac{1}{1 + \dfrac{\alpha\sin\theta}{1 + \alpha\cos\theta}} \cdot \frac{(1 + \alpha\cos\theta)\alpha\cos\theta + \alpha^2\sin^2\theta}{(1 + \alpha\cos\theta)^2} \tag{6-77}$$

$$= \frac{\alpha\cos\theta + \alpha^2}{(1 + \alpha\cos\theta)(1 + \alpha\cos\theta + \alpha\sin\theta)} = 0$$

当 $\theta = \pm\arccos(-\alpha)$ 时，多路径效应误差 ϕ 有极大值：

$$\phi_{\max} = \pm\arcsin\alpha \tag{6-78}$$

水面的电磁波反射系数最大，即 $\alpha = 1$。以 GPS 信号为例，$\lambda_{L1} = 19 \text{ cm}$，$\lambda_{L2} = 24 \text{ cm}$，所以 L1、L2 载波相位测量中多路径效应误差的最大值分别为 4.8 cm 和 6.0 cm。

事实上，可能会有多个反射信号同时进入接收天线，此时的多路径效应误差为

$$\phi = \arctan \frac{\sum\limits_{i=1}^{n} \alpha_i \sin\theta_i}{1 + \sum\limits_{i=1}^{n} \alpha_i \cos\theta_i} \tag{6-79}$$

由此可见，多路径效应对 GNSS 测量的精度有非常大的影响。

6.6.3　减小多路径效应误差的措施

1. 选择合适的站址

由于多路径效应不仅与卫星信号的方向和反射物的反射系数有关，而且与反射物距测站的远近有关，所以无法建立其改正模型，只有通过以下措施削弱其影响：

（1）测站应远离大面积平静的水面，最好选在能较好地吸收微波信号能量的灌木丛、草地和其他地面植被。翻耕后的土地或粗糙不平的地面的反射能力较差，也可选为站址。

（2）测站不宜选择在山坡、山谷和盆地中，以避免反射信号从天线抑径板上方进入天线，产生多路径效应误差。

（3）测站应远离高大建筑物。

2. 选择合适的接收设备

（1）接收天线在设计上一般采用以下两种方法抑制多路径效应：一是利用右旋圆极化

天线拒绝接收经奇数次反射后的左旋圆极化信号,而经偶数次反射后的右旋圆极化信号强度已得到很大程度的衰减,剩下的直射波信号被天线接收;二是在地平线附近的低仰角区设置较小增益的天线,这是多路径抑制天线的主要设计思路。例如,扼流圈天线是一款多路径抵抗性能良好的天线。

(2)在接收机数字信号处理过程中,也可采取多种措施来抑制多路径效应。例如,对接收机内部的相关技术和相位鉴别器等跟踪环路进行改进,这是该环节最常见和最有效的多路径抑制技术。

3.适当延长观测时间

对于静态接收机而言,多路径效应是随着卫星的移动略呈周期为几分钟至数十分钟的正弦波动。在这种情况下,适当延长观测时间可以减小多路径误差。由于高度角小的卫星信号更容易受到多路径效应干扰,在数据处理时还可以通过设置截止高度角来削弱多路径效应的影响。此外,通过恒星日滤波和小波分析等方法也可在一定程度上削弱多路径效应误差对定位解的影响。

6.7 其他误差

6.7.1 天线相位缠绕

GNSS卫星发射的信号为右旋圆极化(RHCP),接收机或卫星天线绕中心轴的旋转会改变载波相位观测值的大小,其最大影响可达一周(天线旋转一周)。接收机天线通常维持指向某一固定参考方向(通常为北方向),而卫星为使太阳能帆板始终指向太阳会使信号发射天线随着卫星的运动缓慢旋转。这种由于卫星或接收机天线的相对旋转而产生的相位观测值的改变称为相位缠绕。

在动态导航定位中,接收机天线旋转引起的相位缠绕会被接收机钟差完全吸收,并不影响位置解算。在高精度相对定位中,对于几百千米以内的基线,双差处理后相位缠绕对定位结果的影响通常可以忽略不计,但对于 4 000 km 的基线,其影响量级可达 4 cm。在固定卫星轨道和卫星钟的非差相位精密单点定位中,相位缠绕不能被消除,其改正量可达半周,必须加以考虑。相位缠绕改正模型为

$$\Delta\phi = \text{sign}(\boldsymbol{\zeta})\arccos\left(\frac{\boldsymbol{D}' \times \boldsymbol{D}}{|\boldsymbol{D}'||\boldsymbol{D}|}\right) \tag{6-80}$$

式中,$\boldsymbol{\zeta} = \hat{\boldsymbol{k}}(\boldsymbol{D}' \times \boldsymbol{D})$,其中,$\hat{\boldsymbol{k}}$ 为卫星到接收机方向的单位矢量,$\boldsymbol{D}'$、$\boldsymbol{D}$ 分别为卫星和接收机天线的有效偶极矢量,可分别根据卫星坐标系下的坐标单位矢量和接收机站心坐标单位矢量计算求得:

$$\begin{cases} \boldsymbol{D}' = \hat{\boldsymbol{x}}' - \hat{\boldsymbol{k}}(\hat{\boldsymbol{k}} \cdot \hat{\boldsymbol{x}}') - \hat{\boldsymbol{k}} \times \hat{\boldsymbol{y}}' \\ \boldsymbol{D} = \hat{\boldsymbol{x}} - \hat{\boldsymbol{k}}(\hat{\boldsymbol{k}} \cdot \hat{\boldsymbol{x}}) + \hat{\boldsymbol{k}} \times \hat{\boldsymbol{y}} \end{cases} \tag{6-81}$$

式中,$(\hat{\boldsymbol{x}}', \hat{\boldsymbol{y}}', \hat{\boldsymbol{z}}')$ 为卫星坐标的单位向量;$(\hat{\boldsymbol{x}}, \hat{\boldsymbol{y}}, \hat{\boldsymbol{z}})$ 为测站站心坐标的单位向量。

6.7.2 接收机钟差

接收机钟差为接收机钟面时与 GNSS 标准时的差值,主要由接收机内晶体振荡器的频

率漂移引起。接收机钟一般为石英钟,其质量较原子钟差。石英钟不但钟差的数值大、变化快,且变化的规律性也较差,所以一般将每个观测历元的接收机钟差当作未知参数,利用伪距观测值通过单点定位进行求解,精度可以达到 0.1~0.2 μs,可以满足卫星位置计算及其他各种改正数计算的要求。

减小接收机钟差的方法如下:

(1) 在单点定位和精密单点定位中,将每个历元的接收机钟差当作一个独立的未知数,在数据处理时与测站的位置参数一并求解。

(2) 在相对定位中,利用卫星间观测值求差(单差)的方法可以有效地消除接收机钟差的影响。

在数据预处理时,还要注意接收机钟的钟跳现象,即钟差的不连续现象。为了使接收机内部时钟与 GNSS 时尽可能保持同步,多数接收机厂商通过周期性插入时钟跳跃进行控制,保证其同步精度在一定范围之内。尽管不同接收机生产厂商对钟差的控制与补偿技术互不相同,但其按钟跳数值量级大致可分为毫秒(ms)级钟跳和微秒(μs)级钟跳。毫秒跳是接收机周期性插入 1 ms 的钟差对时钟进行改正,微秒跳是当接收机钟差达到某个阈值时对钟差进行调整,图 6-5 所示即为毫秒级钟跳。根据原始观测数据解码方式的差异,钟跳对观测值的影响有三类:第一类钟跳仅影响伪距观测值,第二类钟跳仅影响载波相位观测值,第三类钟跳同时影响伪距和载波相位观测值。

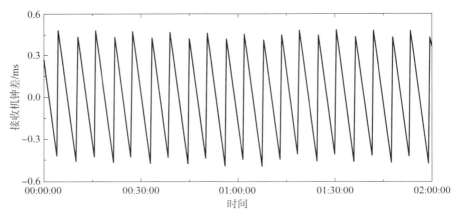

图 6-5 接收机钟跳现象

在数据预处理中,观测数据异常除了周跳、粗差等原因外,还可能是接收机钟跳造成的。接收机的钟跳是普遍现象,大多数接收机的钟跳属于频繁钟跳,其钟跳量级较小,在一定的精度范围内可以忽略。而对于钟跳为毫秒跳类型的接收机,在数据处理时必须考虑其影响,需要采用一定的措施对钟跳进行修复。

6.7.3 天线相位中心误差

GNSS 测距信号测定的距离是从卫星发射天线的相位中心至接收机天线相位中心的距离。但是,IGS 精密星历给出的并不是卫星发射天线相位中心的坐标,而是卫星质心的坐标,因此需要进行卫星天线相位中心改正。同样,接收机天线的相位中心往往与天线的参考点(ARP)不一致,接收机天线在对中、量取天线高时是以天线参考点为基准的,因而也需要进行天线相位中心改正。

1. 接收机天线相位中心误差

接收机天线相位中心不是固定的,而是随着卫星信号的入射方向变化,即为瞬时天线相位中心。平均天线相位中心可以看成是不同方向卫星信号相位中心的加权平均值。瞬时天线相位中心到平均天线相位中心所形成的向量即为天线相位中心变化(PCV);平均相位中心和天线参考点 ARP 所形成的向量即为天线相位中心偏差(PCO)。

接收机天线相位中心误差的改正如图 6-6 所示。图中,e 为接收机到卫星的方向矢量,Δr 为天线相位中心偏差,卫星方位角和高度角分别为 A、E。接收机天线相位中心误差引起观测距离的改正由 PCO 和 PCV 两部分组成,如何获取接收机 PCO 和 PCV 的值是关键。

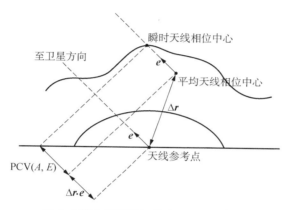

图 6-6 接收机天线相位中心误差的改正

IGS 提供的 ANTEX 文件给出了接收机对应于 GPS 和 GLONASS 不同载波频率的 PCO 和 PCV 改正信息。表 6-11 摘录了 IGS 发布的两种接收机天线的相位中心偏差 PCO,其中 PCO 包括测站站心坐标系中的 North、East、Up 三个分量。

表 6-11 两种接收机天线的相位中心偏差

天线类型	序列号	频率	PCO/mm		
			North	East	Up
TRM59800.00	SCIT	L1	1.32	0.88	84.85
		L2	1.02	−0.32	118.08
LEIAT503	LEIC	L1	1.36	−0.63	60.54
		L2	1.41	−0.46	83.25

接收机相位中心变化 PCV 采用两种形式表达。一种是只顾及卫星信号的高度角而不考虑卫星信号方位角变化的天线相位中心变化(PCV NOAZI),表 6-12 列出了高度角在 $0°\sim80°$ 范围内以 $5°$ 为间隔的各节点上的 PCV 改正值。另一种是同时顾及卫星信号的高度角和方位角的天线相位中心变化(PCV AZEL)。表 6-13 列出了高度角和方位角各以 $5°$ 为间隔,高度角 $0°\sim90°$、方位角 $0°\sim360°$ 范围内各节点上的 PCV 改正值。用户采用双线性内插方法即可求出任一方向卫星信号的 PCV 值,进而对观测距离进行改正。

表 6-12 　　　　　LEIAT503(LEIC)天线 GPS L1/L2 载波的相位中心变化(单位:mm)

频率	高度角/(°)																
	0	5	10	15	20	25	30	35	40	45	50	55	60	65	70	75	80
L1	0.0	0.8	1.0	0.8	0.1	−0.8	−1.8	−2.7	−3.3	−3.6	−3.6	−3.2	−2.4	−1.3	0.4	2.5	5.2
L2	0.0	0.1	0.0	−0.2	−0.5	−0.8	−1.3	−1.7	−2.1	−2.4	−2.5	−2.3	−1.8	−1.1	−0.3	0.7	2.0

表 6-13 　　　　　TRM59800.00(SCIT)天线 GPS L1 载波的相位中心变化(单位:mm)

方位角 /(°)	高度角/(°)																		
	0	5	10	15	20	25	30	35	40	45	50	55	60	65	70	75	80	85	90
NOAZI	0.0	−0.3	−1.2	−2.5	−4.2	−5.9	−7.5	−8.8	−9.6	−9.9	−9.6	−8.7	−7.3	−5.3	−2.7	0.8	5.4	11.0	0.0
0	0.0	−0.3	−1.2	−2.6	−4.2	−5.9	−7.5	−8.8	−9.6	−9.9	−9.6	−8.7	−7.3	−5.3	−2.7	0.6	4.9	10.3	0.0
5	0.0	−0.3	−1.2	−2.6	−4.2	−5.9	−7.5	−8.8	−9.6	−9.9	−9.6	−8.7	−7.3	−5.3	−2.7	0.6	4.9	10.3	0.0
10	0.0	−0.3	−1.2	−2.6	−4.2	−5.9	−7.6	−8.8	−9.6	−9.9	−9.6	−8.7	−7.3	−5.3	−2.7	0.6	4.9	10.3	0.0
15	0.0	−0.3	−1.2	−2.6	−4.2	−5.9	−7.6	−8.9	−9.7	−10.0	−9.7	−8.8	−7.3	−5.3	−2.7	0.6	5.0	10.4	0.0
⋮																			
345	0.0	−0.3	−1.2	−2.5	−4.2	−5.9	−7.5	−8.8	−9.6	−9.9	−9.5	−8.6	−7.2	−5.3	−2.7	0.7	5.1	10.5	0.0
350	0.0	−0.3	−1.2	−2.6	−4.2	−5.9	−7.5	−8.8	−9.6	−9.9	−9.5	−8.6	−7.2	−5.3	−2.7	0.6	5.0	10.4	0.0
355	0.0	−0.3	−1.2	−2.6	−4.2	−5.9	−7.5	−8.8	−9.6	−9.9	−9.5	−8.6	−7.2	−5.3	−2.7	0.6	5.0	10.4	0.0
360	0.0	−0.3	−1.2	−2.6	−4.2	−5.9	−7.5	−8.8	−9.6	−9.9	−9.6	−8.7	−7.3	−5.3	−2.7	0.6	4.9	10.3	0.0

接收机天线相位中心误差是 GNSS 精密测量需要考虑的误差源,其应对方法如下:

(1)在相对定位中,最好采用同一类型的天线测量,且在架设天线时所有天线的定向标志指北,由此可以通过观测值的求差削弱天线相位中心误差的影响。在数据处理阶段,基线处理软件使用 IGS 的绝对相位中心改正模型。

(2)在精密单点定位中,主要利用 IGS ANTEX 文件提供的 PCO 和 PCV 值来进行接收机天线相位中心误差改正。

2. 卫星天线相位中心误差

类似地,卫星天线相位中心误差也分为两部分:一是卫星质心与天线平均相位中心的偏差,称为卫星天线相位中心偏差 PCO;二是天线瞬时相位中心与平均相位中心之间的偏差,称为卫星天线相位中心变化 PCV。

对于某一卫星而言,其天线相位中心偏差 PCO 可以看作一个固定的偏差向量,表 6-14 列出了 IGS 发布的 BDS C01 卫星和 GPS G01 卫星的天线相位中心偏差值。

表 6-14 　　　　　　　　　　两颗卫星的天线相位中心偏差

星座	卫星号	频率	PCO/mm		
			North	East	Up
BDS	C01	B1	580.00	0.00	3 500.00
		B2	590.00	10.00	2 770.00
		B3	580.00	0.00	3 500.00

星座	卫星号	频率	PCO/mm		
			North	East	Up
GPS	G01	L1	394.00	0.00	1 501.80
		L2	394.00	0.00	1 501.80

天线相位中心变化 PCV 与信号方向有关,随信号天底角的变化而变化。如图 6-7 所示,卫星天线最大天底角 $\theta = \arcsin(R/r)$,根据地球长半轴 6 378 km 和卫星轨道半径可以求出天底角的最大值。例如,GPS 卫星的最大天底角为 17°,BDS GEO/IGSO 卫星的最大天底角为 9°,MEO 卫星的最大天底角为 14°。卫星天线只考虑从 0° 至最大天底角范围内的一维相位中心变化改正,改正值每隔 1° 给出。对于非节点上的改正值,可以通过内插计算得到。

卫星天线相位中心误差的应对方法如下:

（1）在相对定位中,中短距离的基线解算一般使用广播星历,此时无需考虑卫星天线相位中心误差。对于长距离和超长距离的基线解算,需要在基线处理软件中使用 IGS 的绝对相位中心改正模型。

（2）在单点定位和精密单点定位中,主要利用 IGS ANTEX 文件中提供的 PCO 和 PCV 值进行卫星天线相位中心误差改正。

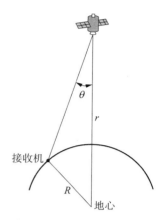

图 6-7　卫星天底角

6.7.4　地球自转改正

由于地球的自转,当卫星信号传播到测站时,与地球相固联的协议地球坐标系相对于卫星的上述瞬时位置已产生了旋转(绕 Z 轴)。设地球的自转角速度为 ω,则旋转的角度为

$$\Delta\alpha = \omega\Delta\tau_i^j \tag{6-82}$$

式中,$\Delta\tau_i^j$ 为第 i 历元的第 j 颗卫星信号传播到测站的时间延迟。由此引起的卫星坐标变化为

$$\begin{bmatrix} \Delta x \\ \Delta y \\ \Delta z \end{bmatrix} = \begin{bmatrix} 0 & \sin\Delta\alpha & 0 \\ -\sin\Delta\alpha & 0 & 0 \\ 0 & 0 & 0 \end{bmatrix} \begin{bmatrix} x^j \\ y^j \\ z^j \end{bmatrix} \tag{6-83}$$

式中,(x^j, y^j, z^j) 为卫星的瞬时坐标。

一般地,旋转角 $\Delta\alpha < 1.5''$,所以可将 $\sin\Delta\alpha$ 展开并取至一次项。因此,式(6-83)可简化为

$$\begin{bmatrix} \Delta x \\ \Delta y \\ \Delta z \end{bmatrix} = \begin{bmatrix} 0 & \Delta\alpha & 0 \\ \Delta\alpha & 0 & 0 \\ 0 & 0 & 0 \end{bmatrix} \begin{bmatrix} x^j \\ y^j \\ z^j \end{bmatrix} \tag{6-84}$$

当卫星的截止高度角取 15° 时,对于赤道上的测站而言,会使卫星到接收机的距离产生

36 m 的影响。当两个测站的间距为 10 km 时,地球自转改正对基线分量的影响可大于 1 cm,因而在误差改正中必须考虑地球自转的影响。

6.7.5　地球固体潮

在太阳和月球的万有引力作用下,地球表面产生周期性的弹性形变,称为固体潮现象。固体潮改正在径向可达 30 cm,在水平方向可达 5 cm。固体潮包括与纬度有关的长期偏移项和主要由日周期和半日周期组成的周期项。通过 24 h 的静态观测,可平均掉大部分的周期项影响。但是,对于长期项部分,在中纬度地区,径向改正可达 12 cm,即使长时间观测,该长期项仍然包含在测站坐标中。

在短基线(<100 km)相对定位中,两个测站的固体潮的影响几乎是相同的,在观测值求差过程中可抵消,不会引起基线分量误差,因此可不考虑此项改正。但对于几百千米甚至上千千米的长基线解算而言,由于固体潮影响不同,所以需要考虑固体潮改正,这也是 GNSS 随机软件不能进行高精度长基线处理的原因之一。对于精密单点定位而言,由于不能利用差分的方法消除固体潮的影响,故必须利用模型进行改正。固体潮对测站位置在天球坐标系下的改正向量近似公式为

$$\Delta \boldsymbol{r} = \sum_{j=2}^{3} \frac{GM_j}{GM} \frac{r^4}{\hat{\boldsymbol{R}}_j^3} \left\{ [3l_2(\hat{\boldsymbol{R}}_j \cdot \hat{\boldsymbol{r}})]\hat{\boldsymbol{R}}_j + \left[3\left(\frac{h_2}{2} - l_2\right)(\hat{\boldsymbol{R}}_j \cdot \hat{\boldsymbol{r}})^2 - \frac{h_2^2}{2}\right]\hat{\boldsymbol{r}} \right\} + \tag{6-85}$$
$$[-0.025\sin\varphi\cos\varphi\sin(\theta_g + \lambda)] \cdot \hat{\boldsymbol{r}}$$

式中,r 为地球半径;$\hat{\boldsymbol{R}}_j$ 为摄动天体在地心坐标系中的位置向量;$\hat{\boldsymbol{r}}$ 为地心坐标系中的测站位置向量;h_2 为第二 Shida 数,l_2 为第二 Love 数,一般取 $l_2 = 0.085\,2$,$h_2 = 0.609\,0$;φ、λ 分别为测站纬度和经度;θ_g 为格林尼治恒星时;GM_j 为万有引力常数 G 与摄动天体的质量 M_j($j = 2$ 表示月球,$j = 3$ 表示太阳)的乘积;GM 为万有引力常数 G 和地球质量 M 的乘积。

6.7.6　海洋负荷潮

海洋负荷潮是由海洋潮汐的周期性涨落所引起的。海洋负荷潮与地球固体潮类似,主要包括由日周期和半日周期组成的周期项。但是,海洋负荷潮的数值要比地球固体潮的数值小约一个量级,且没有长期项部分。对于厘米级精度的动态定位和观测时间不足 24 h 的沿海地区高精度静态定位,需要进行海洋负荷潮改正。若需要估计对流层参数或卫星钟参数,即使观测时间为 24 h,也必须考虑海洋负荷潮改正,除非测站远于最近的海岸线 1 000 km,否则,海洋负荷潮的误差将会转移到对流层参数或卫星钟参数中。海洋负荷潮改正模型如下:

$$\Delta c = \sum_{j=1}^{11} f_j A_{cj} \cos(w_j t + \chi_j + u_j - \phi_{cj}) \tag{6-86}$$

式中,Δc 为海洋负荷潮对测站坐标分量的影响;f_j 为潮汐 j 分量的比例因子;A_{cj} 为 j 分量对坐标分量影响的幅度;w_j 为 j 分量的角速度;t 为时间参数;χ_j 为 j 分量的天文参数;u_j 为 j 分量的相位角偏差;ϕ_{cj} 为 j 分量对坐标分量影响的相位角。其中,j 的取值为 1,2,…,11。

第7章 GNSS 控制测量

GNSS 控制测量包括静态控制测量和 RTK 控制测量,这两种方式都以相对定位为基础,但施测过程不同。

静态控制测量的作业过程相对比较复杂,采用一定数量的多台接收机同步观测,同步观测的基线构成基线向量网,通过基线解算和网平差等系列数据处理后,用基线精度、重复基线较差及环闭合差等标准对成果进行检验,具有较高的精度,是当前工程领域精密控制测量普遍采用的方法,广泛应用于建立各种类型和精度的测量控制网或变形监测网。GNSS RTK 测量则无需进行布网施测,作业过程灵活简单,能实时获得每个点的定位结果及其精度。但是,其测量点仅与基准站构成基线,测量点之间相对独立,彼此没有直接关联,不构成网,精度相对较低,通常用于图根控制点测量和摄影测量像片控制点测量中。

7.1—7.6 节主要介绍基于静态测量的 GNSS 控制测量工作,包括 GNSS 控制网设计和外业实施方法与步骤(关于内业数据处理的内容将在第 8 章进行介绍),7.7 节主要介绍 GNSS RTK 测量的基本要求。

7.1 GNSS 静态测量技术设计

GNSS 静态测量技术设计是依据卫星定位控制网的用途及项目要求,按照国家及行业主管部门颁布的 GNSS 测量规范(规程),对基准、精度、密度、网形及作业纲要(如观测的时段数、每个时段的长度、采样间隔、截止高度角、接收机的类型及数量、数据处理的方案)等所作出的具体规定和要求。技术设计是建立 GNSS 控制网的首要工作,它提供了建立 GNSS 控制网的技术准则,是项目实施过程中以及成果检查验收时的技术依据。

7.1.1 技术设计依据

GNSS 网技术设计的主要依据是 GNSS 测量规范(规程)和测量任务书。

1. GNSS 测量规范(规程)

GNSS 测量规范(规程)是国家质监主管部门或行业主管部门制定的技术标准。相关的规范(规程)如下:

(1) 2009 年,国家质量监督检验检疫总局和国家标准化管理委员会发布的国家标准《全球定位系统(GPS)测量规范》(GB/T 18314—2009);

(2) 2012 年,国家质量监督检验检疫总局和国家标准化管理委员会发布的国家标准《全球导航卫星系统连续运行基准站网技术规范》(GB/T 28588—2012);

(3) 2019 年,住房和城乡建设部发布的行业标准《卫星定位城市测量技术标准》(CJJ/T 73—2019);

(4) 2020 年,住房和城乡建设部和国家市场监督管理总局发布的国家标准《工程测量标

准》(GB 50026—2020);

（5）各部委根据本部门工作的实际情况制定的其他 GNSS 测量规程或细则。

目前，多个卫星系统并重发展和获得应用，因此，接收机逐渐向多星座、多频接收机方向发展，很多厂家推出了 GPS/BDS/GLONASS/Galileo 四系统兼容的多模多频接收机。有些制定较早的规范（规程）已不能满足技术发展的要求，本书将主要参照《卫星定位城市测量技术标准》(CJJ/T 73—2019)。

2. 测量任务书

测量任务书或测量合同是测量施工单位上级主管部门或合同甲方下达的技术要求文件。该技术文件是指令性的，不仅规定了测量任务的范围、目的、精度和密度要求，而且明确了提交成果资料的内容和时间、完成任务的经济指标等。

GNSS 控制网的设计是一个综合设计的过程，先要明确工程项目对控制网的基本精度要求，然后才能确定控制网或首级控制网的基本精度等级。最终精度等级的确定还需要考虑测区现有测绘资料的精度情况，计划投入的接收机的类型、标称精度和数量，定位卫星的健康状况和所能接收的卫星数量，同时还要兼顾测区的道路交通状况和避开强烈的卫星信号干扰源等。

7.1.2 精度和密度设计

GNSS 控制网的等级依据技术要求而定，不同的规范（规程）对 GNSS 控制网等级的划分不同，精度和密度与 GNSS 控制网的等级密切相关。《卫星定位城市测量技术标准》(CJJ/T 73—2019)将 GNSS 控制网分为城市 CORS 网和 GNSS 网，GNSS 网按相邻站点的平均距离和精度划分为二、三、四等网和一、二级网。

相邻点间基线长度的精度按下式计算：

$$\sigma = \sqrt{a^2 + (bd)^2} \tag{7-1}$$

式中，σ 为基线向量的弦长中误差，mm；a 为接收机标称精度中的固定误差，mm；b 为接收机标称精度中的比例误差系数，10^{-6} 或 mm/km；d 为相邻点间的距离，km。

GNSS 网主要技术要求应符合表 7-1 的规定。二、三、四等网相邻点最小边长不宜小于平均边长的 1/2，最大边长不宜超过平均边长的 2 倍；一、二级网最大边长不宜超过平均边长的 2 倍；小于 200 m 边长的中误差应小于 ±2 cm。工程 GNSS 网宜根据需求单独设计，最大、最小边长和平均边长可不受表 7-1 的规定限制，但 GNSS 网的基线长度中误差和最弱边相对中误差应符合表 7-1 的规定。

表 7-1   **GNSS 网等级及技术要求（CJJ/T 73—2019）**

等级	平均边长/km	a/mm	b/($\times 10^{-6}$)	最弱边相对中误差
CORS 网	40	≤5	≤1	1/800 000
二等	9	≤5	≤2	1/120 000
三等	5	≤5	≤2	1/80 000
四等	2	≤10	≤5	1/45 000
一级	1	≤10	≤5	1/20 000
二级	<1	≤10	≤5	1/10 000

一般情况下,测量单位只需依据项目的目的、用途和具体要求便能对号入座,确定相应的等级,然后按规范及规程规定的精度、密度、施测纲要及数据处理方法实施即可,无需专门进行精度和密度技术设计。当用户的要求介于两个等级之间时,在无需大量增加工作量的情况下,一般可直接上靠到较高的等级,否则应专门为该项目进行技术设计。

7.1.3 基准设计

利用相对定位获得的结果是同步观测接收机间的基线向量,基线向量确定了 GNSS 网的几何形状和大小。由基线向量可以获取两点间高精度的距离和方位信息,但无法获得网点精确的绝对坐标。GNSS 网的基准设计是指明确 GNSS 成果所采用的坐标系统和起算数据,即明确 GNSS 网所采用的基准。GNSS 网的基准包括方位基准、尺度基准和位置基准。

方位基准一般由网中的起始方位角提供,也可由 GNSS 网中的各基线向量共同提供。利用旧网中的若干个控制点作为 GNSS 网中的已知点进行约束平差时,方位基准则由这些已知点间的方位角提供。

尺度基准可由地面测距边或已知点间的固定边提供,也可由 GNSS 网中的基线向量提供。对于新建控制网,可直接由基线向量提供尺度基准,即建成独立网或固定一点一方位进行平差,这样可以充分利用基线向量的高精度尺度信息。对于旧网加密或改造,可将旧网中的若干个控制点作为已知点进行约束平差,这些已知点间的边长就成为尺度基准。对于一些涉及特殊投影面(投影面为非参考椭球面)的网,若在指定投影面上没有足够数量的控制点,则可以引入地面高精度测距边作为尺度基准。

位置基准取决于网中起算点的坐标和平差方法。位置基准的确定一般可采用下列方法:

(1)选取网中一个点的坐标,并加以固定或赋予适当的先验精度。

(2)网中各点坐标均不固定,通过自由网伪逆平差或拟稳平差确定网的位置基准。

(3)在网中选取若干个点的坐标,并加以固定或赋予适当的先验精度。

采用前两种方法进行 GNSS 网平差时,由于在网中仅引入了位置基准,而没有给出多余的约束条件,因而对网的定向和尺度都没有影响。采用第三种方法进行平差时,由于给出的起算数据多于必要的起算数据,因而在确定网的位置基准的同时也会对网的方位和尺度产生影响。

7.1.4 网形设计

1. GNSS 网的布网形式

布网形式是指在建立 GNSS 网时观测作业的方式,包括网点数、接收机数、观测时段数及观测时段长短等。现有的布网形式有跟踪站式、会战式、多基准站式、同步图形扩展式和单基准站式。其中,同步图形扩展式是最常用的一种布网形式。

目前,GNSS 静态控制测量都采用相对定位模式。这需要至少两台接收机在相同的时间段内同时连续跟踪相同的卫星组,即实施所谓的同步观测。同步观测时各观测点组成的图形称为同步图形。当 N 台接收机同步观测时,任意两台接收机都可以构成基线向量,即一个时段可获得 $N(N-1)/2$ 条基线,其中只有 $N-1$ 条是独立基线,其余基线均为非独立基线。图 7-1 给出了当接收机数 $N=2 \sim 5$ 时所构成的同步图形。

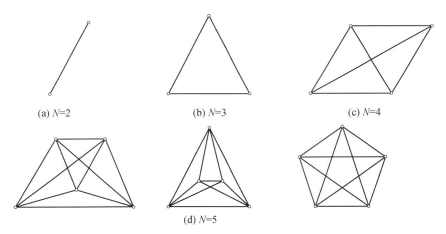

(a) N=2 (b) N=3 (c) N=4

(d) N=5

图 7-1　N 台接收机同步观测所构成的同步图形

同步图形是构成 GNSS 网的基本图形。同步图形扩展式是多台接收机在不同测站上进行同步观测,在完成一个时段的同步观测后迁移到其他测站上进行同步观测,每次同步观测都可以形成一个同步图形,不同的同步图形之间有若干个公共点,这些同步图形构成整个 GNSS 网。在这种布网形式中,接收机的数量通常远少于网点数,所有接收机的地位对等,没有主次之分。

同步图形形成了若干坐标闭合差条件,称为同步图形闭合差。由于同步图形是在相同的时间观测相同的卫星所获得的基线解构成的,基线间是相关的观测量。因此,同步图形闭合差不能作为衡量精度的指标,但它可以反映野外观测质量和条件的好坏。

2. 网形设计方法

在常规测量中,控制网的网形设计是一项非常重要的工作。GNSS 同步观测不要求通视,GNSS 相对定位精度不受构成网本身几何图形的制约,可根据需要以不同边长布设,并以相同的精度将网点扩展至所需要的密度,所以网形设计具有较大的灵活性。GNSS 网的网形设计主要取决于用户的要求、经费、时间、人力以及所投入接收机的类型、数量和后勤保障条件等。

根据不同的用途,GNSS 网的图形布设通常有点连式、边连式、网连式及混连式四种基本形式,此外还有星形连接、附合导线连接、三角锁形连接等形式。具体选择取决于工程所要求的精度、野外条件及接收机数量等因素。

1) 点连式

点连式是指相邻同步图形之间仅有一个公共点连接。以这种方式布点所构成的图形的几何强度很弱,没有或极少有非同步图形闭合条件,一般不单独使用。

图 7-2 中有 9 个网点,观测 4 个时段,构成 4 个同步环,相邻同步环通过 1 个公共点连接。该方式作业效率高,图形扩展迅速,但是几何强度和可靠性差。

2) 边连式

边连式是指同步图形间由 1 条公共基线连接。这种网的几何强度较高,有较多的复测边和非同步图形闭合条件。在仪器数量相同的条件下,观测时段数将比点连式大大增加。

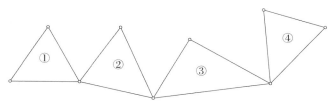

图 7-2　点连式图形

图 7-3 中有 9 个网点,7 个观测时段,构成 7 个同步环,相邻同步环通过 2 个公共点(即 1 条公共基线)连接。比较图 7-3 与图 7-2,显然边连式布网有较多的非同步图形闭合条件,几何强度和可靠性均优于点连式。

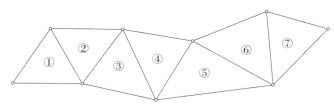

图 7-3　边连式图形

3) 网连式

网连式是指相邻同步图形有至少 3 个公共点相连接,如图 7-4 中两个时段通过 3 个公共点连接。这种方法需要 4 台以上的接收机。显然,这种网的几何强度和可靠性相当高,但所需时间和成本较多,一般仅适用于较高精度的控制测量。

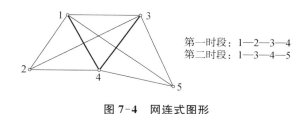

第一时段:1—2—3—4
第二时段:1—3—4—5

图 7-4　网连式图形

4) 混连式

混连式是把点连式、边连式和网连式有机地结合,一般以某种形式为主,根据需要辅以其他形式,既能保证网的几何强度和可靠性,又能减少外业工作量,降低成本。

在实际布网设计时还要注意以下几个原则:

(1) GNSS 网点间尽管不要求通视,但考虑到常规测量加密时的需要,每点应至少与网中另一点通视。

(2) 各点的可靠性与点位无直接关系,只与该点上所连接的基线数有关。连接的基线数越多,点的可靠性越高。布网时保证每个测站至少与 3 条独立基线相连,可使测站具有较高的可靠性。

(3) 根据需要可联测高等级控制点,如 CORS 站、国家控制网点或城市控制网点,联测点数不应少于 3 个,联测点应均匀分布。

(4) GNSS 网宜由一个或若干个异步观测环构成,也可采用附合线路的形式构成。各等级 GNSS 网中每个闭合环(异步环)或附合线路的边数应符合表 7-2 的规定。非同步观测的 GNSS 基线向量,可按设计的网图选定,也可由软件自动挑选独立基线构成环路。

表 7-2 异步环或附合线路边数的规定(CJJ/T 73—2019)

等级	二等	三等	四等	一级	二级
异步环或附合线路的边数/条	≤6	≤8	≤10	≤10	≤10

(5)若要采用高程拟合的方法确定网中各点的正常高或正高,则需在布网时选定一定数量的水准点。水准点的数量应满足密度要求,且应均匀分布,同时保证有部分点分布在网的四周,将整个网包围起来。

7.1.5 GNSS 网的设计指标

首先介绍 GNSS 网的几个概念。

(1)观测时段:测站上开始记录卫星观测数据到记录停止的时间间隔。

(2)同步观测:两台及以上接收机同时对共同卫星进行观测。

(3)同步观测环:三台及以上接收机同步观测所获得的基线向量构成的闭合环,简称同步环。

(4)异步观测环:由不同时段的观测基线向量构成的闭合环,简称异步环。

(5)独立基线:线性无关的一组观测基线。

(6)非独立基线:除独立基线外的其他基线称为非独立基线,总基线数与独立基线数之差即非独立基线数。

(7)必要基线:确定网中所有点间相对关系必需的基线向量。

若以 n 表示网点数,N 表示接收机台数,m 表示平均重复设站数,则全网的观测时段数 C 为

$$C = ceil\left(\frac{n \times m}{N}\right) \tag{7-2}$$

式中,$ceil(\cdot)$ 表示对实数进行向上取整。

由于 N 台接收机观测一个时段的独立基线数为 $N-1$ 条,则全网的独立基线数为

$$S = C(N-1) \tag{7-3}$$

一个时段 N 台接收机获得同步观测基线数为 $N(N-1)/2$ 条,则全网的总基线数为

$$J = C \cdot \frac{N(N-1)}{2} \tag{7-4}$$

由于网的必要观测基线数为 $n-1$,则多余独立观测基线数为

$$N_r = S - (n-1) \tag{7-5}$$

网的平均可靠性指标 τ 为

$$\tau = \frac{N_r}{S} = \frac{S-(n-1)}{S} = 1 - \frac{n-1}{S} \tag{7-6}$$

式(7-6)经转换后可得

$$S = \frac{n-1}{1-\tau} \tag{7-7}$$

工程控制网通常取 $\tau = 1/3$ 为网的可靠性指标,即有 $S = 1.5(n-1)$,故规定全网独立观测基线总数不少于必要观测基线数的 1.5 倍。实际设计时,要求准确把握这一点,以保证控制网的可靠性。

7.1.6 技术设计书的编写

技术设计书是 GNSS 网设计成果的载体,是 GNSS 控制测量的指导性文件和关键技术文档。在测区踏勘和资料收集的基础上,便可以编写技术设计书,其主要内容如下:

(1)项目来源:项目由何单位(部门)发包、下达,属于何种性质的项目。

(2)测区概况:测区隶属的行政区域、测区范围内的地理坐标和控制面积、测区的交通状况和人文地理、测区的地形及气候状况、测区内控制点的分布及对控制点的利用和评价。

(3)工程概况:工程的目的、作用、精度等级、完成时间、有无特殊要求等在技术设计、实际作业和数据处理中必须了解的信息。

(4)技术依据:工程所依据的测量规范、工程规范、行业标准及相关的技术要求等。

(5)现有测绘成果:测区内及测区周边相关地区的现有测绘成果资料的情况,如已知点、测区地形图等。

(6)施测方案:测量采用的仪器设备的数量和种类、网点的图形及基本连接方法、点位布设图等。

(7)作业要求:选点埋石要求、外业观测时的具体操作规程及技术要求等,包括仪器参数的设置(如采样率截止高度角等)、对中精度、整平精度、天线高的量测方法及精度要求等。

(8)观测质量控制:外业观测的质量要求,包括质量控制方法及各项限差要求等。如数据删除率、RMS 值、Ratio 值、同步环闭合差、异步环闭合差、相邻点相对中误差、点位中误差等。

(9)数据处理方案:基线解算所采用的软件,参与解算的观测值,解算时所使用的卫星星历类型,网平差处理所采用的软件,网平差类型,网平差时的坐标系、基准及投影、起算数据的选取等。

(10)成果要求:提交成果的类型及形式。

7.2 选点与埋石

7.2.1 选点准备

GNSS 测量控制点间不要求相互通视,而且网的图形结构比较灵活,所以其选点工作远比经典控制测量的简便。但由于点位是最终的测量成果,点位的选择对于保证观测工作的顺利进行和测量结果的可靠具有重要意义。

在选点工作开始前,应充分收集以下资料:①测区内及测区周边现有的国家平面控制点、水准点、GNSS 控制点以及卫星定位连续运行基准站的资料,包括点之记、控制网网图、成果表、技术总结等资料;②与测区有关的交通、通信、供电、气象、地质、地下水和冻土深度等资料;③测区内原有的国家或城市控制测量、坐标系统、高程系统等资料;④与测区有关的城市总体规划和近期城市建设发展资料。根据项目目标、测区自然地理情况和已有资料进行网形及点位设计,并进行控制网优化和精度估算。

7.2.2 选点

选点时应注意以下问题:

(1)应选在基础坚实稳定、易于长期保存,并有利于安全作业的地方。

(2)应避开断层破碎带、易发生滑坡或沉陷等地质构造不稳定区域和地下水位变化较大的地点,避开铁路、公路等易产生震动的地带。

(3)与周围微波站、无线电发射塔、变电站等大功率无线电发射源的距离应大于 20 m,与高压输电线、微波通道的距离应大于 100 m。

(4)周围应便于安置接收设备并方便作业,视野应开阔;附近不应有大型建筑物、玻璃幕墙及大面积水域等强烈干扰接收机接收卫星信号的物体。

(5)应选在交通便利并有利于扩展和联测的地点。

(6)视场内障碍物的高度角不宜大于 15°。

(7)对于符合要求的已有控制点,若经检查其点位稳定可靠,则宜利用。

7.2.3 埋石

各等级 GNSS 控制点应埋设永久性测量标志,并应满足平面、高程共用的要求。

控制点的中心标志应采用铜、不锈钢或其他耐腐蚀、耐磨损的材料制作,并应安放正直、镶接牢固。控制点的标志中心应刻有清晰、精细的十字线或嵌入直径小于 0.5 mm 的不同颜色的金属。兼作水准标石的标志顶部应为圆球状,并应高出标石面(图 7-5)。

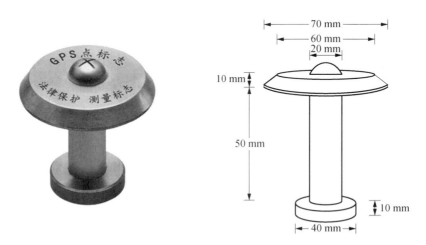

图 7-5 GNSS 测量标志及尺寸

控制点标石可采用混凝土预制或现场灌制,标石的底部应埋设在冻土层以下,并应浇筑混凝土基础。对于基岩、混凝土或沥青路面,可现场凿孔灌注混凝土并埋设标志。在地质坚硬处埋设的标石,可在混凝土浇筑一周后用于观测;除地质坚硬处外,四等及以上 GNSS 控制点标石埋设后,应经过一个雨季和一个冻解期后方可用于观测。

选点与埋石结束后,应提交控制点点之记、控制点选点网图、埋石各阶段的照片、测量标志委托保管书和工作总结报告等成果。

7.3 接收机选型及检验

7.3.1 接收机选型

通常将只能接收 1 个载波信号的接收机称为单频接收机,能同时接收 2 个载波信号的接收机称为双频接收机,能同时接收 3 个及以上载波信号的接收机称为多频接收机。双频或多频观测值可以形成更多观测噪声小、电离层延迟小的组合观测量,能够削弱电离层延迟对观测量的影响,可用于长达几千千米基线的精密定位。单频接收机只能接收 1 个载波信号,不能有效消除电离层延迟影响,所以只适用于短基线(<15 km)的精密定位。

接收机是完成测量任务的关键设备,其性能、型号、数量决定了测量的精度,GNSS 接收机的选用应符合表 7-3 的规定。

表 7-3 GNSS 接收机的选用(CJJ/T 73—2019)

等级	接收机类型	水平方向标称精度	垂直方向标称精度	同步观测接收机数
二等	双频	$\leqslant (5 \text{ mm} + 2 \times 10^{-6}D)$	$\leqslant (10 \text{ mm} + 4 \times 10^{-6}D)$	$\geqslant 4$
三等	双频	$\leqslant (5 \text{ mm} + 2 \times 10^{-6}D)$	$\leqslant (10 \text{ mm} + 4 \times 10^{-6}D)$	$\geqslant 3$
四等	双频或单频	$\leqslant (10 \text{ mm} + 5 \times 10^{-6}D)$	$\leqslant (20 \text{ mm} + 10 \times 10^{-6}D)$	$\geqslant 3$
一级	双频或单频	$\leqslant (10 \text{ mm} + 5 \times 10^{-6}D)$	$\leqslant (20 \text{ mm} + 10 \times 10^{-6}D)$	$\geqslant 3$
二级	双频或单频	$\leqslant (10 \text{ mm} + 5 \times 10^{-6}D)$	$\leqslant (20 \text{ mm} + 10 \times 10^{-6}D)$	$\geqslant 3$

注:D 为两点间的距离,单位为 km。

7.3.2 接收机检验

观测前必须对选用的接收机的性能与可靠性进行检验,合格后方可用于作业。新购置的或经过维修的接收机应进行检验,包括一般检验、常规检验、通电检验和实测检验。各项检验的内容和指标点如下:

1. 一般检验

(1)接收机及天线型号应与标称一致,外观应良好;

(2)各种部件及其附件应匹配、齐全和完好,紧固的部件不应松动或脱落;

(3)设备使用手册和后处理软件操作手册及磁(光)盘应齐全。

2. 常规检验

(1)天线或基座圆水准器和光学对点器应工作正常;

(2)天线高的量尺应完好,尺长精度应符合规定;

(3)数据传录设备及软件应齐全,数据传输性能应良好;

(4)数据后处理软件应通过实例计算测试和评估确认结果满足要求后方可使用。

3. 通电检验

(1)电源及工作状态指示灯应工作正常;

（2）按键和显示系统应工作正常；

（3）测试应利用自测试命令进行；

（4）应检验接收机锁定卫星的时间、接收信号的强弱及信号失锁情况。

4．实测检验

（1）接收机内部噪声水平测试；

（2）接收机天线相位中心稳定性测试；

（3）接收机野外作业性能及不同测程精度指标测试；

（4）接收机高、低温性能测试；

（5）接收机综合性能评价等。

7.3.3 接收机维护

GNSS 接收机属于较为贵重的电子仪器设备，日常使用中应注意以下事项：

（1）接收机设备应有专人保管，运输期间应有专人押送，并应采取防震、防潮、防晒、防尘、防蚀和防辐射等防护措施。

（2）接收机设备的接头和连接器应保持清洁，电缆线不应扭折，不应在地面拖拉、碾砸。连接电源前，电池正负极连接应正确，观测前电压应正常。

（3）接收机属于精密仪器，操作时应按照操作手册进行，不能随意更改仪器设置参数及程序。

（4）当接收机设备置于楼顶或其他设施顶端作业时，应采取加固措施；在大风天气作业时，应采取防风措施；雷雨天气时应有避雷设施或停止观测。

（5）搬站时，仪器应卸下装箱搬迁。

（6）作业结束后，应及时对接收机设备进行擦拭，并放入有软垫的仪器箱内；仪器箱宜开箱放置于通风、干燥、阴凉的设备房内，经过抽湿处理后再封箱存放，箱内应放置干燥剂并及时更换。

（7）接收机设备在室内存放时，电池应在满电状态下存放，并应每隔 1～2 个月充放电一次。

（8）接收机发生故障后，应及时送交专业人员维修。

7.4 外业观测方案制定与实施

7.4.1 外业观测方案的制定

GNSS 静态控制测量对同步观测接收机的数量和同步观测时间都有严格规定，需要各个作业组相互配合，若一个作业组出现了问题，有可能导致邻近多个组同时返工。在外业观测前，通常要根据作业技术要求、网点的点位分布、交通条件、接收机数量等因素来制订观测方案（或作业计划），按照观测方案对各作业组进行调度，即明确各个时段中各作业组到哪个点进行观测、观测的起始时间和结束时间等要求。

根据《卫星定位城市测量技术标准》(CJJ/T 73—2019)，GNSS 测量各等级作业的基本技术要求如表 7-4 所示。

表 7-4   **GNSS 测量各等级作业的基本技术要求**

项目	二等	三等	四等	一级	二级
卫星高度角/(°)	≥15	≥15	≥15	≥15	≥15
有效观测同系统卫星数	≥4	≥4	≥4	≥4	≥4
平均重复设站数	≥2.0	≥2.0	≥1.6	≥1.6	≥1.6
时段长度/min	≥90	≥60	≥45	≥30	≥30
数据采样间隔/s	10～30	10～30	10～30	10～30	10～30
PDOP 值	<6	<6	<6	<6	<6

注:平均重复设站数≥1.6,是指采用网观测模式时,每站至少观测一时段,其中二次设站点数应不少于 GNSS 网总点数的 60%。

    当网点数较多、网的规模较大,而参与观测的接收机数量有限、交通和通信不便时,可实行分区观测。为了增强网的整体性和提高网的精度,相邻分区应设置公共观测点,且公共点数量不得少于 3 个。

    例如,对图 7-6 中某 GNSS 网按照四等的要求进行观测,技术设计明确了同步图形扩展方式为边连式。投入项目的接收机数量为 4 台,其标称精度满足四等观测的要求,现将 4 台接收机分配到 4 个作业组 A~D,观测方案如表 7-5 所示。

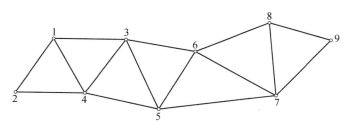

图 7-6   **GNSS 网设计图**

表 7-5   **某四等 GNSS 网观测方案**

时段	时间	作业组			
		A	B	C	D
1	8:30—9:15	1	2	3	4
2	9:45—10:30	5	6	3	4
3	11:00—11:45	5	6	7	8
4	12:15—13:00	9	6	7	8

    表 7-5 中,两个时段间隔 30 min 的时间只是一个近似估算,其主要取决于接收机迁站所花费的时间,通常由迁站路程、交通条件等因素决定,在制订观测方案时需要对迁站时间作出估算。

    在早期仅有 GPS 卫星可用时,制订观测计划前还要进行 GPS 卫星可见性预报,以选择最佳观测时段。在现有多个系统卫星可用的情况下,卫星可见性预报已显得不很重要。

7.4.2 外业实施

在外业实施前,各作业组需做好测前准备工作,包括为接收机充电和准备观测所需的各种配件、观测手簿等。外业实施需要各个作业组密切配合、协同作业,否则可能造成外业观测的延误和经济损失,因此,观测人员应具有团队意识和合作意识。

1. 天线安置

(1)安置 GNSS 接收机天线时,天线应整平,定向标志宜指向正北。对于定向标志不明显的接收机天线,可预先设置定向标志。

(2)用三脚架安置 GNSS 接收机天线时,对中误差应小于 3 mm;在高标基板上安置天线时,应将标志中心投影到基板上,投影示误三角形最长边或示误四边形对角线应小于5 mm。

(3)遇刮风天气时,应对天线进行三方向固定,以防倒地碰坏。在雷雨天气安置天线时,应注意将其底盘接地,以防雷击天线。

图 7-7 天线高量取

(4)架设天线不应过低,一般应距地面 1 m 以上。天线高应量测至毫米,测前、测后应各量测一次,两次较差不应大于 3 mm,并应取平均值作为最终成果;较差超限时,应查明原因,并应记录在 GNSS 外业观测手簿备注栏内。如图 7-7 所示,天线高一般是量取测量点中心标志至天线参考点或测量基准件之间的斜高,在内业数据传输时根据天线半径、垂直偏差等已知参数计算出天线几何中心到测量点中心标志之间的垂直距离。在使用接收机前,操作人员应详细了解所用接收机天线高的量取方式。

(5)对于一般 GNSS 测量而言,只要求记录天气状况。在高精度 GNSS 测量中,还要求测定气象元素。每时段气象观测应不少于 3 次(时段开始、中间、结束),气压读至0.1 mbar,气温读至 0.1 ℃。

(6)复查点名并记入观测手簿中,连接天线电缆与仪器,检查无误后方能通电启动仪器。

2. 开机观测

天线安置完成后,在离开天线适当位置的地面上安放 GNSS 接收机,接通接收机与电源、天线、控制器的连接电缆,经过预热与静置,即可启动接收机进行观测(对于一体式接收机,直接启动即可)。

接收机锁定卫星并开始记录数据后,观测员可按仪器随机提供的操作手册进行输入与查询操作。在未掌握有关操作系统前,不要随意按键和输入;一般在正常接收信号过程中禁止更改任何设置参数。

一般地,在外业观测工作中,仪器操作人员应注意以下事项:

(1)确认外接电源电缆及天线等各项连接完全无误后,方可接通电源,启动接收机。

(2)开机后接收机有关指示显示正常并通过自检后,方可输入测站和时段控制信息。

(3)接收机在开始记录数据后,应注意查看观测卫星数量、DOP 值、电池剩余电量、存储介质剩余容量等情况。

（4）在正常情况下，一个时段观测过程中不允许进行以下操作：关闭又重新启动，进行自测试，改变卫星高度角，改变天线位置，改变数据采样间隔，按动关闭文件和删除文件等功能键。

（5）在每一观测时段中，气象元素一般应在始、中、末各观测记录一次；当观测时段较长时，可适当增加观测次数。

（6）观测过程中要特别注意供电情况，除在初测前认真检查电池电量是否充足外，作业中观测人员不要远离接收机，听到仪器的低电压报警要及时处理，否则可能会造成仪器内部数据的损坏或丢失。当观测时段较长时，尽量采用太阳能电池板或汽车电瓶进行供电。

（7）在每一观测时段的始、末各量测一次仪器高，并及时输入仪器中和记入观测手簿中。

（8）在观测过程中不要靠近接收机使用对讲机；在雷雨季节架设天线要防止雷击，雷雨过境时应关机停测，并卸下天线。

（9）测站的全部预定作业项目均已按规定完成且记录完整无误后，方可迁站。

（10）观测过程中要随时查看仪器内存或硬盘容量；每日观测结束后，应及时将数据导入计算机硬盘上，确保观测数据不丢失。

3. 观测记录

在外业观测工作中，所有信息资料均须妥善记录。记录形式主要有以下两种：

（1）自动记录。观测记录由接收机自动进行，均记录在存储介质上，其主要内容有伪距和载波相位观测值（有的还有多普勒观测值）、卫星星历、测站信息及接收机工作状态信息。

（2）观测手簿。观测手簿是在接收机启动前及观测过程中，由观测者按一定的格式随时填写的记录本，其记录格式如表 7-6 所示，观测过程中发生的重要问题、问题出现的时间及处理方式等可记录在"观测记事"栏中。

表 7-6   **GNSS 外业观测手簿**

点号		点名		图幅	
观测员		记录员		观测日期	
接收机类型及编号		天线类型及编号		气压计类型及编号	
温度计类型及编号		开始记录时间	h min	结束记录时间	h min
近似经度		近似纬度		近似高程	
天气		风力		风向	
天线高量取/m				观测记事	
测前					
测后					
平均值					
气象元素					
时间	温度/℃	气压/mbar	相对湿度		

自动记录和观测手簿都是内业数据处理的依据，必须认真、及时记录或填写，坚决杜绝事后补记或追记。

外业观测中存储介质上的数据文件应及时拷贝，一式两份，分别保存在专人保管的防水、防静电的资料箱内。存储介质的外面应贴上标签，注明文件名、网名、点名、时段名、采集日期、观测手簿编号等。

接收机内存数据文件在转录到外存储介质上时，不得进行任何剔除或删改，不得调用任何对数据实施重新加工组合的操作指令。

7.5 外业观测成果质量检核

外业观测结束后，应及时从接收机中下载数据并进行数据处理，以便对外业数据的质量进行检核。检核的内容包括观测记录的完整性、合理性以及观测成果的质量。

1. 观测记录的完整性及合理性检查

观测记录的完整性可由各作业小组在野外进行，也可在观测时段完成时或内业数据处理时进行。检查项目如下：

（1）记录手簿中的内容是否完整，是否按要求量测了天线高，天线类型及量测方式是否正确，天线高的数值是否合理（若与通常情况相比偏高或偏低，需要与外业作业人员核实）。

（2）通过点位略图和测量近似坐标等判定设站是否正确。若发现与点之记或原设计坐标存在较大差异，需要与外业作业人员核实。

（3）若采用偏心观测，则需检查是否采用了合适的测量方法将所测量的点与地面标志连接。

2. 外业观测数据质量检查

外业观测数据质量的检查是通过对外业 GNSS 观测数据进行处理，并对处理结果进行检核来完成的。反映 GNSS 外业观测数据质量的数据处理结果是基线解算的结果和 GNSS 网无约束平差的结果。有关基线解算结果和 GNSS 网无约束平差结果的质量检核将在第 8 章进行介绍。

对于经检核超限的基线，应在充分分析的基础上进行野外返工观测。返工观测应注意以下三点：

（1）无论何种原因造成一个控制点不能与两条合格的独立基线相连接，则在该点上应补测或重测不少于一条独立基线。

（2）可以舍弃在重复基线边长较差、同步环闭合差、独立环闭合差检验中超限的基线，但必须保证舍弃基线后的独立环所含基线数不超过表 7-2 的规定，否则应重测该基线或有关的同步图形。

（3）若由于点位不符 GNSS 测量要求而造成一个测站多次仍不能满足各项限差技术规定，可按技术设计要求另增选新点进行重测。

7.6 技术总结与提交资料

GNSS 静态控制测量外业工作和数据处理工作全部结束后，应及时编写技术总结。技

术总结应重点突出、文理通顺、表达清楚、结论明确。技术总结应包括下列内容:

（1）测区概况、自然地理条件等;

（2）任务来源、施测目的和基本精度要求、测区已有测量资料利用情况;

（3）施测单位、施测起止时间、技术依据、作业人员情况、接收机设备类型与数量以及观测方法、作业环境、重合点情况、重测与补测情况、工作量与工日等情况;

（4）起算数据,数据后处理内容、方法与软件等情况;

（5）外业观测数据质量分析与野外检核计算情况;

（6）方案实施与标准执行情况;

（7）提交成果中尚存的问题或需要说明的问题;

（8）各种附表与附图。

整个项目完成后,提交的成果资料应包括下列内容:

（1）任务书或合同书、技术设计书;

（2）已有成果资料的利用情况;

（3）仪器检校资料和自检原始记录;

（4）点之记;

（5）外业原始观测数据、外业观测手簿、虚拟原始观测数据、基线解算数据、平差计算数据及平差报告(含电子文档);

（6）质量检查资料;

（7）技术总结;

（8）设计网图、观测网图、数据处理用图、成果图;

（9）坐标、高程成果及注释资料。

7.7 GNSS RTK 控制测量

RTK 控制测量可采用常规 RTK 测量和网络 RTK 测量两种方法进行,这两种方法主要在定位方法、通信手段和仪器设置等方面不同,但二者在 RTK 测量时流动站的操作程序、作业方法和技术要求基本一致。对于已建立 CORS 系统的区域,可优先采用网络 RTK 测量方式。

7.7.1 RTK 控制测量的精度等级

根据《卫星定位城市测量技术标准》(CJJ/T 73—2019),RTK 平面控制测量按精度划分为一级、二级、三级和图根,相应的技术要求如表 7-7 和表 7-8 所示。

表 7-7   **GNSS RTK 平面控制测量技术要求**

等级	相邻点间距离/m	点位中误差/cm	边长相对中误差	基准站等级	流动站到单基准站的距离/km	测回数
一级	≥500	≤5	≤1/20 000	—	—	≥4
二级	≥300	≤5	≤1/10 000	四等及以上	≤6	≥3
三级	≥200	≤5	≤1/6 000	四等及以上	≤6	≥3
				二级及以上	≤3	

等级	相邻点间距离/m	点位中误差/cm	边长相对中误差	基准站等级	流动站到单基准站的距离/km	测回数
图根	≥100	≤5	≤1/4 000	四等及以上	≤6	≥2
				三级及以上	≤3	

表 7-8　　　　　　　　　　　GNSS RTK 高程测量主要技术要求　　　　　　　　　（单位：mm）

等级	平地、丘陵			山地		
	模型内符合中误差	检测高程中误差	检测较差	模型内符合中误差	检测高程中误差	检测较差
图根	≤30	≤50	≤100	≤45	≤75	≤150

RTK 观测一测回是指 GNSS 接收机从开机到获得固定解或固定解失锁后获得固定解的过程。具体实施时，一级 GNSS 控制点布设应采用网络 RTK 测量技术，此时可不受起算点等级、流动站到单基准站距离的限制，但应在 CORS 的有效服务范围内。困难地区相邻点间距离可缩短至表 7-7 中相应数据的 2/3，边长较差不应大于 2 cm。

7.7.2　RTK 控制测量的实施

RTK 观测前的准备工作包括 RTK 接收机测前性能检查、仪器参数设置及对中杆、基座气泡的检查。测量 RTK 控制点时，应采用三脚架架设天线进行作业，确保测量过程中仪器的圆气泡严格稳定居中。

RTK 测量过程基本是自动完成的，人工干预的机会很少。每测回观测时，观测前应对仪器进行初始化，在得到 RTK 固定解且收敛稳定后开始记录，每测回的自动观测不应少于 10 个观测值，并取平均值作为本测回的观测结果。测回间应对仪器重新进行初始化，测回间的时间间隔应超过 60 s，测回间的平面坐标分量较差不应超过 2 cm，垂直坐标分量较差不应超过 3 cm，并取各测回结果的平均值作为最终观测成果。

7.7.3　RTK 测量数据处理与检验

RTK 测量的数据输出一般通过手簿配备的商用软件完成。外业结束后，应及时将采集的数据从数据采集器中导入计算机。数据输出内容应包含点号、三维坐标、天线高、三维坐标精度、解的类型、数据采集时的卫星数、PDOP 值及观测时间等。

RTK 测量的每个点都是相互独立的，点与点之间没有直接关系，因而需要进行数据检查。RTK 测量成果应进行 100% 的内业检查和 10% 的外业检测。数据检查主要考察外业观测数据记录和输出成果内容是否完整，观测成果的精度、测回间观测值及检核点的较差是否符合规定。

1. 平面控制点检测

外业检测点应均匀分布于作业区的中部和边缘。外业检测可采用以下方法进行。

（1）已知点比较法：用 RTK 测出已知控制点的坐标进行比较检验，发现问题立即采取相应措施予以改正。已知点比较法主要用于检查 RTK 系统状态和仪器设置是否正确。

（2）重测比较法：每次初始化成功后，先重测部分已测过的 RTK 测量点，确认无误后才进行 RTK 测量。重测宜间隔 1 h 以上，可以检测不同卫星分布、不同 DOP 值下 RTK 的测量精度。重测比较法应按下式计算检测点的平面点位中误差：

$$M_P = \sqrt{\frac{[\Delta P \Delta P]}{2N}} \tag{7-8}$$

式中，M_P 为检测点的平面点位中误差，不应超过表 7-7 的规定；ΔP 为检测点两次测量的较差；N 为检测点个数。

（3）常规测量方法：用常规仪器对 RTK 测量的点对进行边长、高差、角度测量，将任意的 RTK 控制点作为常规导线和高程起算点，计算检测点的坐标或高程。RTK 平面控制点检测技术要求如表 7-9 所示。

表 7-9 **RTK 平面控制点检测技术要求**

等级	坐标检测/cm	边长检测		角度检测		导线联测检测	
		测距中误差/mm	边长较差的相对中误差	测角中误差/(″)	角度较差限差/(″)	角度闭合差/(″)	边长相对闭合差
一级	≤5	≤15	≤1/14 000	≤5	≤14	≤$16\sqrt{n}$	≤1/10 000
二级	≤5	≤15	≤1/7 000	≤8	≤20	≤$24\sqrt{n}$	≤1/6 000
三级	≤5	≤15	≤1/4 000	≤12	≤30	≤$40\sqrt{n}$	≤1/4 000
图根	≤5	≤20	≤1/2 500	≤20	≤60	≤$60\sqrt{n}$	≤1/2 000

2. 高程控制点检测

外业检测抽检可采取水准测量、光电测距三角高程测量或 GNSS 测量方法进行。采用 GNSS 方法进行高程检测时，高程中误差的计算公式为

$$M_H = \sqrt{\frac{[\Delta H \Delta H]}{2N}} \tag{7-9}$$

式中，M_H 为检测点的高程中误差，不应超过表 7-8 的规定；ΔH 为检测点两次高程测量的差值；N 为检测点个数。

采用水准测量或三角高程测量方法检测时，检测较差不应超过表 7-10 的规定。

表 7-10 **GNSS 高程测量检测较差** （单位：mm）

等级	图根	
方法	图根水准测量	三角高程测量
检测较差	≤$60\sqrt{L}$	≤0.4S

注：L 为以千米为单位的水准检测线路长度，小于 0.5 km 的按 0.5 km 计；S 为以米为单位的三角高程边长。在山区，上述限差可放宽 1.5 倍。

第8章 GNSS 控制网数据处理

GNSS 接收机采集记录的是接收机天线至卫星的伪距、载波相位和卫星星历等数据。这些数据需要进一步处理,方能成为合理实用的成果。GNSS 控制网数据处理是指从对外业采集的原始观测数据的处理到最终获得测量定位成果的全过程。与其他测量数据处理一样,平差计算仍是 GNSS 数据处理的主要任务之一。根据 GNSS 数据处理流程,本章首先介绍基线解算的基本概念及其质量控制方法,然后介绍网平差,最后对 GNSS 测量所涉及的高程系统进行讨论。

8.1 数据处理概述

数据处理过程大致分为数据传输、格式转换、基线解算和网平差等阶段,其基本流程如图 8-1 所示。

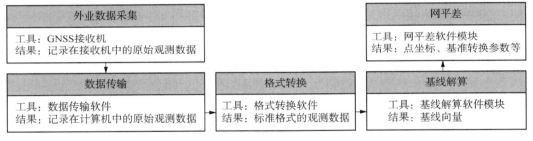

图 8-1 GNSS 数据处理流程

GNSS 接收机采集记录的数据存储在接收机的内部存储器或可移动存储介质上,完成观测后需将数据下载到计算机中。这一数据下载过程即为数据传输。

下载到计算机中的数据按 GNSS 接收机厂商的专有格式存储,一般为二进制文件。不同厂商定义的文件结构各不相同(表 8-1)。通常情况下,只有 GNSS 接收机厂商提供的数据处理软件能够直接读取相应的数据。若采用的数据处理软件无法读取某些格式的数据(例如采用第三方软件进行数据处理时)或在项目中存在着由不同厂商接收机采集的数据,则需要事先通过格式转换,将其转换为所用数据处理软件能够直接读取的格式,如 RINEX 格式,这是所有 GNSS 数据处理软件都支持的通用格式。

表 8-1　　　　　　　　　常见 GNSS 接收机厂商的专有数据格式

接收机厂商	二进制数据格式	接收机厂商	二进制数据格式
Trimble	＊.dat、＊.RT17、＊.RT27、＊.T00、＊.T01	Javad	＊.jps
Septentrio	＊.sbf	中海达	＊.zhd
Leica	＊.lb2、＊.ds	南方	＊.sth

在基线解算过程中,由多台 GNSS 接收机在野外通过同步观测所采集到的观测数据,通常用来确定接收机间的基线向量及其方差-协方差阵。对于一般工程应用,基线解算通常在外业观测期间进行;对于高精度长距离的应用,在外业观测期间进行基线解算通常是为了对观测数据质量进行初步评估,正式的基线解算过程往往在整个外业观测完成后进行。基线解算结果除了用于后续的网平差外,还用于检验和评估外业观测成果的质量。基线向量提供了点与点之间的相对位置关系,并且与解算时所采用的卫星星历同属一个参照系。通过这些基线向量,可确定 GNSS 网的几何形状和定向。但是,由于基线向量无法提供确定点的绝对坐标所必需的绝对位置基准,因此必须从外部引入,该外部位置基准通常由一个以上的起算点提供。

网平差是数据处理的最后阶段。在这一阶段中,基线解算所求出的基线向量被当作观测值,基线向量的验后方差-协方差阵则用于确定观测值的权阵,并引入适当的起算数据,通过参数估计的方法求出网中各点的坐标,并评定观测成果的精度。此外,网平差可以发现观测值中的粗差,还可以消除由于基线向量误差而引起的几何矛盾。

8.2 基线解算

第 5 章论述了载波相位观测值求差并利用求差后的观测值进行相对定位的原理和方法。在相对定位中常用双差观测值求解基线向量。

用相对定位方法确定的测站间相对位置关系,可以用三维直角坐标差(Δx_{ij}, Δy_{ij}, Δz_{ij})表示,也可以用大地坐标差(ΔB_{ij}, ΔL_{ij}, ΔH_{ij})表示,还可以用站心坐标差(ΔN_{ij}, ΔE_{ij}, ΔU_{ij})表示,这三种表达形式在数学上是等价的,且可以相互转换。这种点间的相对位置关系称为基线向量,对应于两点间的长度称为基线长度。与常规地面测量中所测定的边长不同,基线向量是既具有长度特征又具有方向特征的矢量。

8.2.1 基线解算的类型

若利用 n 台接收机同步观测,则可以利用其采集的同步观测数据确定任意 2 台接收机间的基线向量。一个时段可以确定 $n(n-1)/2$ 条基线向量,其中最多可以选取 $n-1$ 条相互独立的基线,构成这一观测时段的一个最大独立基线组。

如图 8-2 所示,利用 5 台接收机进行同步观测,一个时段构成 10 条基线,其中有 4 条独立基线。与 G001 相关的 4 条同步观测基线均用到了 G001 的数据,其误差将同时影响这些基线向量,导致同步观测基线之间存在统计相关性。在进行基线解算时,应考虑这种相关性,并通过基线向量估值的方差-协方差阵加以体现,从而应用于后续的网平差。此外,由于不同模式的基线解算方法在数学模型上存在一定差异,因而基线解算结果及其质量也不完全相同。基线解算模式主要有单基线解模式、多基线解模式和整体解模式三种。

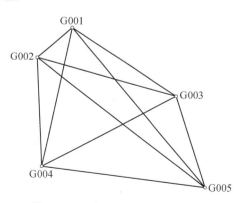

图 8-2 同步观测构成的基线向量

1. 单基线解模式

在单基线解模式中,将全网的所有基线逐条进行解算,即每次选取两台接收机的观测数据解算相应的基线向量。图 8-2 中的同步观测有 10 条基线,需要执行 10 次独立的解算过程,每个完整的单基线解仅包含一条基线向量的结果。

单基线解模式的模型相对简单,一次求解的参数较少,但解算过程中无法顾及同步观测基线间的统计相关性。单基线解模式能够满足大多数工程应用需求,是目前使用最为普遍的基线解算模式,大多数商业软件也是采用这一模式进行基线解算。

2. 多基线解模式

在多基线解模式中,对基线逐时段进行解算,即每次从 $n(n \geqslant 3)$ 台 GNSS 接收机同步观测值中,由 $n-1$ 条独立基线构成观测方程,统一解算出 $n-1$ 条基线向量。

多基线解模式的模型严密,并能在结果中反映出同步观测基线间的统计相关性,但解算过程复杂,计算量较大。绝大多数科学研究所用软件通常采用多基线解模式。

3. 整体解模式

在整体解模式中,一次性解算出所有参与构网的相互函数独立的基线。每一个完整的整体解结果中都包含了整个网中所有相互函数独立的基线向量结果。

整体解模式不仅具备多基线解的优点,还避免了同一基线的不同时段解不一致以及不同时段基线闭合环的环闭合差不为零的问题,是最为严密的基线解算方式。实际上,整体解模式是将基线解算与网平差融为一体。整体解模式是所有基线解算模式中最为复杂的一种,对计算机的存储能力和计算能力要求非常高。因此,只有一些大型的高精度定位、定轨软件才采用这种模式进行数据处理。

8.2.2 基线解算的模型

本小节讨论利用载波相位的双差观测值和单基线解模式求解基线向量问题。由于目前大多数接收机都可以接收多个系统的卫星信号,因此,基线解算时需先将观测到的所有卫星的轨道信息变换到同一个坐标系下。

设在某一历元 t_i,接收机 1、接收机 2 同时对同一系统的卫星 p、q 进行了载波相位测量,设接收机 1 为基线的起算点,可以得到双差观测值模型:

$$\lambda \Delta \widetilde{\varphi}_{12}^{pq}(t_i) = -(k_2^q - k_2^p)\delta x_2 - (l_2^q - l_2^p)\delta y_2 - (m_2^q - m_2^p)\delta z_2 - \\ \Delta I_{12}^{pq} + \Delta T_{12}^{pq} - \lambda \Delta N_{12}^{pq} + L_{12}^{pq} \tag{8-1}$$

式中,常数项 $L_{12}^{pq} = (\rho_2^q)_0 - \rho_2^q - (\rho_2^p)_0 + \rho_2^p$,其余各项符号的含义同式(5-81)。根据 5.6.2 节的分析,接收机 2 的坐标改正数 $(\delta x_2, \delta y_2, \delta z_2)$ 等于基线向量近似值的改正数,因此,式(8-1)的待定参数中实际上包含了基线向量近似值的改正数。

当接收机 1、接收机 2 相距不太远(例如在 20 km 以内)时,由于对流层和电离层延迟的影响具有很强的相关性,故在双差观测值中可忽略大气折射的影响,式(8-1)可简化为

$$\lambda \Delta \widetilde{\varphi}_{12}^{pq}(t_i) = -(k_2^q - k_2^p)\delta x_2 - (l_2^q - l_2^p)\delta y_2 - (m_2^q - m_2^p)\delta z_2 - \lambda \Delta N_{12}^{pq} + L_{12}^{pq} \tag{8-2}$$

则有双差观测值的误差方程:

$$V_{12}^{\mathrm{pq}}(t_i) = -\frac{f}{c}(k_2^{\mathrm{q}} - k_2^{\mathrm{p}})\delta x_2 - \frac{f}{c}(l_2^{\mathrm{q}} - l_2^{\mathrm{p}})\delta y_2 - \frac{f}{c}(m_2^{\mathrm{q}} - m_2^{\mathrm{p}})\delta z_2 -$$

$$\Delta N_{12}^{\mathrm{pq}} + \frac{f}{c}L_{12}^{\mathrm{pq}} - \Delta\widetilde{\varphi}_{12}^{\mathrm{pq}}(t_i) \tag{8-3}$$

设

$$\begin{cases} a_{12}^{\mathrm{pq}} = -\dfrac{f}{c}(k_2^{\mathrm{q}} - k_2^{\mathrm{p}}) \\[2mm] b_{12}^{\mathrm{pq}} = -\dfrac{f}{c}(l_2^{\mathrm{q}} - l_2^{\mathrm{p}}) \\[2mm] c_{12}^{\mathrm{pq}} = -\dfrac{f}{c}(m_2^{\mathrm{q}} - m_2^{\mathrm{p}}) \\[2mm] W_{12}^{\mathrm{pq}} = \dfrac{f}{c}L_{12}^{\mathrm{pq}} - \Delta\widetilde{\varphi}_{12}^{\mathrm{pq}}(t_i) \end{cases} \tag{8-4}$$

则误差方程最终形式为

$$V_{12}^{\mathrm{pq}}(t_i) = a_{12}^{\mathrm{pq}}\delta x_2 + b_{12}^{\mathrm{pq}}\delta y_2 + c_{12}^{\mathrm{pq}}\delta z_2 + \Delta N_{12}^{\mathrm{pq}} + W_{12}^{\mathrm{pq}} \tag{8-5}$$

式(8-5)是测站 1、测站 2 观测两颗卫星 p、q 的误差方程。观测多颗卫星时,通常选择一颗卫星作为参考卫星,其他卫星分别与参考卫星构成双差观测值,其站星双差观测值误差方程可参照式(8-5)写出,对不同观测历元可分别列出类似的各历元的一组误差方程。

在 t_i 历元,在测站 1、测站 2 上同时观测了 k 个卫星,若连续观测 j 个历元,则共有 $n = j(k-1)$ 个误差方程,需要解算的待定参数为 3 个坐标改正数(基线向量近似值的改正数)和 $k-1$ 个双差模糊度参数。

将所有误差方程写成矩阵形式

$$\mathbf{V} = \mathbf{A}\mathbf{X} + \mathbf{L} \tag{8-6}$$

式中,

$$\begin{cases} \mathbf{V} = [\mathbf{V}_1, \mathbf{V}_2, \mathbf{V}_3, \cdots, \mathbf{V}_n]^{\mathrm{T}} \\ \mathbf{X} = [\delta x_2, \delta y_2, \delta z_2, \delta N_1, \delta N_2, \cdots, \delta N_{k-1}]^{\mathrm{T}} \\ \mathbf{L} = [W_1, W_2, W_3, \cdots, W_n]^{\mathrm{T}} \end{cases} \tag{8-7}$$

且

$$\mathbf{A} = \begin{bmatrix} a_{11} & a_{12} & a_{13} & 1 & 0 & \cdots & 0 \\ a_{21} & a_{22} & a_{23} & 1 & 0 & \cdots & 0 \\ \cdots & \cdots & \cdots & \cdots & \cdots & \cdots & \cdots \\ a_{j1} & a_{j2} & a_{j3} & 1 & 1 & \cdots & 1 \\ \cdots & \cdots & \cdots & \cdots & \cdots & \cdots & \cdots \\ a_{n-j,1} & a_{n-j,2} & a_{n-j,3} & 0 & 0 & \cdots & 1 \\ \cdots & \cdots & \cdots & \cdots & \cdots & \cdots & \cdots \\ a_{n-1,1} & a_{n-1,2} & a_{n-1,3} & 0 & 0 & \cdots & 1 \\ a_{n1} & a_{n2} & a_{n3} & 0 & \cdots & \cdots & 1 \end{bmatrix} \begin{array}{l} \\ \left.\vphantom{\begin{matrix}1\\1\\1\\1\end{matrix}}\right\} \text{第 1 对卫星} \\ \\ \\ \left.\vphantom{\begin{matrix}1\\1\\1\\1\end{matrix}}\right\} \text{第 } k-1 \text{ 对卫星} \end{array} \tag{8-8}$$

按各类双差观测值等权且彼此独立,即权阵 $\boldsymbol{P}$ 为单位阵,组成法方程:

$$NX + B = 0 \qquad (8\text{-}9)$$

式中, $\boldsymbol{N} = \boldsymbol{A}^{\mathrm{T}}\boldsymbol{A}$, $\boldsymbol{B} = \boldsymbol{A}^{\mathrm{T}}\boldsymbol{L}$。

可解得 $\boldsymbol{X}$ 的实数解为

$$X = -N^{-1}B = A^{\mathrm{T}}A^{-1}(A^{\mathrm{T}}L) \qquad (8\text{-}10)$$

在实数解的基础上,需要采用适当的模糊度固定方法将实数模糊度固定为正确的整数。将固定为整数的模糊度参数 δN_2, $\cdots$, δN_{k-1} 作为已知值代回法方程式,重新求解坐标参数,从而获得固定解 $(\delta x_2, \delta y_2, \delta z_2)$。

若接收机 2 的近似坐标为 (x_2^0, y_2^0, y_2^0),则基线向量坐标平差值为

$$\begin{bmatrix} x_2 - x_1 \\ y_2 - y_1 \\ z_2 - z_1 \end{bmatrix} = \begin{bmatrix} x_2^0 + \delta x_2 - x_1 \\ y_2^0 + \delta y_2 - y_1 \\ z_2^0 + \delta z_2 - z_1 \end{bmatrix} \qquad (8\text{-}11)$$

8.2.3 基线解算的流程

基线向量解算是一个复杂的平差计算过程,其基本理论与方法已经较为成熟。常用的商用软件在操作细节上存在差异,但总体操作步骤基本一致,主要步骤如图 8-3 所示。

图 8-3 基线解算的流程

以图 8-2 对应的二等 GNSS 控制网的一个观测时段的数据为例,观测时使用了 5 台接收机,点位分布及各个点上的观测情况如表 8-2 所示。以下将结合该实例,对基线解算的各个步骤逐一进行说明。

表 8-2　　　　　　　　　　　　　GNSS 控制网点位及观测情况

点 ID	开始时间	持续时间	观测方式	文件名	天线高度/m
G001	2021/9/10 8:01	2:09:15	静态	G0012530.21o	1.578
G002	2021/9/10 8:02	2:08:30	静态	G0022530.21o	1.653
G003	2021/9/10 8:05	2:05:45	静态	G0032530.21o	1.582
G004	2021/9/10 8:02	2:09:00	静态	G0042530.21o	1.616
G005	2021/9/10 8:04	2:11:00	静态	G0052530.21o	1.687

1. 导入观测数据

在进行基线解算前,首先需要导入观测数据。当使用不同品牌的接收机共同作业时,应将观测数据转换成标准格式。目前最常用的标准格式是 RINEX 格式,几乎所有数据处理软件都支持此格式的数据。在导入观测数据后,还需要检查测站名/点号、天线高、天线类型、天线高量取方式等项目(图 8-4)。

图 8-4 接收机原始数据检查

2. 设定基线解算的控制参数

基线解算的控制参数用以确定数据处理软件采用何种处理方式来进行基线解算。设定控制参数是基线解算的一个重要环节,将直接影响基线解算结果的质量。基线的精化处理在很大程度上也是通过控制参数的设定来实现的。常见的控制参数包括星历类型、卫星截止高度角、周跳处理方法、对流层折射处理方法、电离层折射处理方法、参与处理的卫星、观测值类型等(图 8-5)。

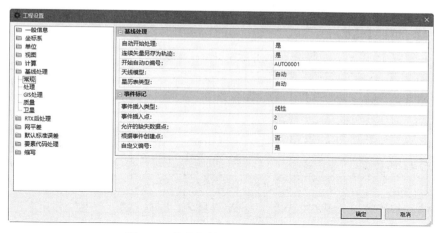

图 8-5 基线解算的控制参数的设定

基线解算控制参数的设定没有通用的方案,与观测数据质量、误差影响大小、接收机性能等因素有关。部分参数的选择有一定的标准,例如,选择基线解算使用的星历时,一般长基线采用精密星历,短基线采用广播星历即可满足要求;在确定观测值类型时,一般短基线采用单频观测值,长基线采用无电离层组合观测值,以消除电离层延迟的影响;截止高度角是一个阈值,高度角低于该阈值的观测数据将被剔除,使其不参与基线解算,在初次设置时该值尽量与外业观测时所用的卫星高度角保持一致。在基线解算未获得满意结果时,需要通过调整控制参数,以获得合格的基线解算成果。

3. 基线解算

基线解算由软件自动处理,无需人工干预(图 8-6)。

图 8-6　基线解算

4. 基线解算结果的质量评估

基线解算完毕后,还需对其质量进行评估,只有质量合格的基线才能用于后续处理。若基线解算结果的质量不合格,则需要对基线进行重新解算或重新测量。基线解算结果的质量评估指标包括 Ratio、RDOP、RMS、同步环闭合差、异步环闭合差和复测基线的长度较差等。表 8-3 为解算软件输出的同步环闭合差计算结果,w_x、w_y、w_z 分别为 X、Y、Z 方向闭合差,w_s 为全长闭合差。

表 8-3　　　　　　　　　　　　　　同步环闭合差计算表

序号	线路点号	w_x/mm	w_y/mm	w_z/mm	w_s/mm	环总长度/m	相对闭合差/(mm·km^{-1})	备注
1	G003-G004-G005	0.955	2.169	−0.961	2.557	7 871.509	0.325	合格
	限差	2.917	2.917	2.917	5.052			
2	G002-G003-G005	−0.265	−2.026	0.267	2.061	8 554.123	0.241	合格
	限差	2.942	2.942	2.942	5.096			
3	G001-G003-G005	0.122	−1.540	−0.315	1.577	8 189.720	0.193	合格
	限差	2.928	2.928	2.928	5.072			
4	G001-G004-G005	1.127	0.482	−0.971	1.564	9 883.021	0.158	合格
	限差	2.997	2.997	2.997	5.191			
5	G001-G002-G004	−0.336	0.624	−0.052	0.711	5 830.198	0.122	合格
	限差	2.852	2.852	2.852	4.940			
6	G001-G002-G005	0.412	0.666	−0.690	1.044	8 842.915	0.118	合格
	限差	2.953	2.953	2.953	5.115			
7	G002-G003-G004	0.311	−0.298	−0.361	0.562	7 739.290	0.073	合格
	限差	2.912	2.912	2.912	5.043			
8	G002-G004-G005	0.378	0.440	−0.333	0.669	9 265.520	0.072	合格
	限差	2.971	2.971	2.971	5.145			

序号	线路点号	w_x/mm	w_y/mm	w_z/mm	w_s/mm	环总长度/m	相对闭合差/(mm·km^{-1})	备注
9	G001-G003-G004	−0.049	0.146	−0.305	0.342	8 058.627	0.042	合格
	限差	2.923	2.923	2.923	5.063			
10	G001-G002-G003	0.024	0.180	−0.109	0.211	5 909.889	0.036	合格
	限差	2.854	2.854	2.854	4.943			

5. 输出基线解算结果

基线解算结果可用来评估解的质量,并可以作为后续网平差的观测值。一般情况下,基线解算结果包括基线分量、基线长度、基线分量的方差-协方差阵、观测值残差 RMS、Ratio值、单位权方差因子(参考方差)、观测值残差序列。表 8-4 为基线 G001-G002 的解算结果。

表 8-4　　　　　　　　　　　　　基线解算结果

解类型	固定		
使用的频率	双频(L1,L2)		
水平精度	0.003 m		
垂直精度	0.009 m		
RMS	0.007 m		
最大 PDOP	3.227		
使用的星历文件	精密		
处理间隔时间	15 s		
矢量分量	ΔX　803.912 m	$\sigma_{\Delta X}$	0.002 m
	ΔY　100.180 m	$\sigma_{\Delta Y}$	0.003 m
	ΔZ　316.574 m	$\sigma_{\Delta Z}$	0.003 m
后验协方差阵		X　　　　　Y	Z
	X　　0.000 004 107 5		
	Y　　0.000 005 685 8	0.000 009 866 5	
	Z　　−0.000 005 827 6	−0.000 009 498 0	0.000 011 356 0

基线解算时还应充分了解相关规范(规程)对基线解算的具体规定,需要注意以下四个问题:

(1)城市二等 GNSS 网宜采用卫星精密星历解算基线,其他等级的 GNSS 控制网可采用卫星广播星历解算基线。

(2)基线解算可采用多基线解或单基线解,每个同步观测图形应选定一个起算点。起算点应按 CORS 站、已知点坐标和单点定位结果的先后顺序选择。

(3)基线解算应加入对流层延迟改正。对流层延迟改正模型中的气象元素可采用标准气象元素。

(4)基线解算宜采用双差固定解。

8.3 基线解算的质量控制

8.3.1 质量控制指标

质量控制指标是基线解算结果必须满足的指标,相关规范(规程)都会给出质量控制指标具体的阈值。基线解算中常用的质量控制指标有以下四种。

1. 数据剔除率

基线解算过程中,当某些观测值的改正数超过某一阈值时,即认为该观测值中含有粗差,需要剔除该观测值。未采用的观测值个数与获取的同类观测值总数的比值称为数据剔除率。对于同一时段同一卫星系统的观测值,数据剔除率不宜大于20%。

2. 复测基线的长度较差

同一条基线若观测了多个时段,则可得到多个边长结果。这种具有多个独立观测结果的边称为复测基线。对于任意两个时段的复测基线成果,其较差均应小于相应等级规定精度(按平均边长计算)的$2\sqrt{2}$倍。

$$ds \leqslant 2\sqrt{2}\sigma \tag{8-12}$$

式中,ds 为复测基线的长度较差;σ 为基线测量长度中误差,可采用式(7-1)根据接收机的标称精度和实际边长(重复观测边的平均值)进行估算。

3. 同步环闭合差

当环中各边为多台接收机同步观测时,由于各边不独立,所以其闭合差恒为零。例如,三边同步环中只有两条同步边视为独立的成果,第三边成果应为其余两边的代数和。但是,由于模型误差和处理软件的缺陷,同步环的闭合差仍可能不为零。这种闭合差一般数值很小,不至于对定位结果产生明显影响,所以也可将其用于成果质量检核。

一般规定,三边同步环中第三边处理结果与前两边的代数和之差应满足下式:

$$\begin{cases} w_x \leqslant \dfrac{\sqrt{3}}{5}\sigma \\[2mm] w_y \leqslant \dfrac{\sqrt{3}}{5}\sigma \\[2mm] w_z \leqslant \dfrac{\sqrt{3}}{5}\sigma \\[2mm] w_s = \sqrt{w_x^2 + w_y^2 + w_z^2} \leqslant \dfrac{3}{5}\sigma \end{cases} \tag{8-13}$$

式中,σ 为相应级别规定的中误差(按平均边长计算)。

对于四站以上的多边同步环,可以产生大量同步闭合环,在处理完各边观测值后,应检查一切可能的环闭合差。

采用单基线解算模式时,对于采用同一种数学模型的基线解,其同步时段中任一三边同步环的坐标分量相对闭合差和全长相对闭合差不宜超过表8-5的规定。

表 8-5   同步坐标分量及环线全长相对闭合差限差

限差类型	二等	三等	四等	一级	二级
坐标分量相对闭和差/($\times 10^{-6}$)	2	3	6	9	9
全长相对闭合差/($\times 10^{-6}$)	3	5	10	15	15

4. 异步环或附合线路坐标闭合差

无论采用单基线模式还是多基线模式解算基线,都应在整个网中选取一组完全独立的基线构成独立环,各独立环的坐标分量闭合差和全长闭合差应满足下式:

$$\begin{cases} w_x \leqslant 2\sqrt{n}\sigma \\ w_y \leqslant 2\sqrt{n}\sigma \\ w_z \leqslant 2\sqrt{n}\sigma \\ w_s = \sqrt{w_x^2 + w_y^2 + w_z^2} \leqslant 2\sqrt{3n}\sigma \end{cases} \tag{8-14}$$

式中,n 为闭合环边数。当边闭合差或环闭合差超限时,应分析原因并对其中部分或全部成果重测。对于需要重测的边,应尽量安排在一起进行同步观测。

8.3.2 质量参考指标

质量参考指标在基线解算时仅作为参考依据,而不作为判断质量是否合格的依据。

1. 单位权方差因子

单位权方差因子的定义为

$$\sigma_0 = \sqrt{\frac{\boldsymbol{V}^{\mathrm{T}}\boldsymbol{P}\boldsymbol{V}}{f}} \tag{8-15}$$

式中,$\boldsymbol{V}$ 为观测值的残差;$\boldsymbol{P}$ 为观测值的权阵;f 为多余观测值的数量。

总体上,残差越大,单位权方差因子越大。

2. Ratio 值

$$Ratio = \frac{\sigma_{次小}}{\sigma_{最小}} \tag{8-16}$$

式中,$\sigma_{次小}$ 和 $\sigma_{最小}$ 分别是在基线解算时确定载波相位模糊度的过程中,在所有备选模糊度组合中得到的次小单位权方差因子和最小单位权方差因子。

显然 Ratio 是一个无量纲的比值,其数值大于或等于 1。Ratio 作为整周模糊度解方差的比值,可以反映出所确定的整周模糊度参数的可靠性,其数值越大,可靠性越高。一些商业软件会给出 Ratio 的默认阈值,用户可以修改或取消该阈值。

3. RMS 值

观测值残差的 RMS 定义为

$$RMS = \sqrt{\frac{\boldsymbol{V}^{\mathrm{T}}\boldsymbol{V}}{n}} \tag{8-17}$$

式中,$\boldsymbol{V}$ 为观测值的残差;n 为观测值的总数。

RMS 是一个内符合精度指标,其数值越小,内符合精度越高;反之,则内符合精度越低。由上述分析可知,RMS 与成果质量存在一定的关系,成果质量不好时,RMS 会较大,但反过来却不一定成立。在测量中,RMS 的大小并不能最终确定成果的质量,可作为参考。

4. RDOP 值

RDOP 值是基线解算时待定参数的协因数阵迹的平方根,即

$$\text{RDOP} = \sqrt{\text{tr}(\boldsymbol{Q})} \tag{8-18}$$

RDOP 值的大小与基线位置和观测条件有关。当基线位置确定后,RDOP 值只与观测条件有关。所谓观测条件是指在观测期间的卫星星座及其变化。卫星数量越多,分布越均匀,同一卫星的位置变化越大,则观测条件越好。RDOP 值反映了观测期间卫星星座的状态对相对定位的影响,其不受观测值质量的影响。

8.3.3 基线的精化处理

基线解算完后,各项控制指标必须满足要求。由于多种因素的影响,基线解算结果可能出现整周模糊度无法固定或控制指标超限的情况,这时就需要调整基线解算的控制参数,尝试获得整周模糊度固定和各项控制指标符合要求的基线解算结果。

影响基线解算结果的因素主要包括以下六个方面。

1. 基线解算时设定的起算点坐标不准确

基线解算需要设定已知坐标的端点作为起算点,起算点坐标变化会引起基线向量的变化。基线越长,则要求起算点坐标的误差越小。用户并没有直观的方法判断起算点坐标是否符合要求,较为准确的起算点坐标可以通过较长时间的单点定位得到或通过与坐标较准确的点联测得到。

2. 少数卫星的观测时间太短导致整周模糊度无法固定

若某颗卫星的观测时间太短,则可以删除该卫星的观测数据,不让它们参加基线解算,这样可以保证基线解算结果的质量。大多数数据处理软件都可以提供卫星的可见性图(图 8-7),用户可以根据该图判断卫星的跟踪情况。

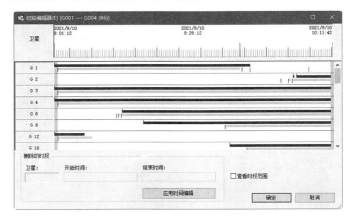

图 8-7 卫星观测时段编辑

3. 个别时间段里周跳太多致使周跳修复不完善

周跳修复不完善的直接后果是整周模糊度无法固定或观测值的残差出现显著的整数增大。由于周跳是通过数据处理软件识别和处理的,用户一方面可以调整周跳处理的阈值,另一方面可以根据观测值残差图(图 8-8)删除周跳严重的时间段,从而改善基线解算结果的质量。

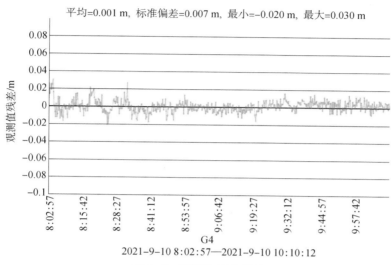

图 8-8 观测值的残差图

4. 多路径效应比较严重

多路径效应往往造成观测值残差较大,可以通过降低残差检验阈值的方法来剔除残差较大的观测值,也可以根据观测值的残差图删除多路径效应严重的时间段或卫星。

5. 对流层延迟的影响过大

对流层延迟的影响无法直接判断,在基线解算时需要注意:

(1)使用合适的对流层改正模型,在精密数据处理中还需要使用在测站测定的气象参数。

(2)增大截止高度角,剔除易受对流层影响的高度角小的观测数据。但这种方法具有一定的主观性,因为高度角小的信号,受对流层的影响不一定总是大。

(3)当基线两端高差比较大时,通过模型改正后仍有较大的残余对流层延迟,此时必须将残余对流层延迟作为参数加以估计以消除其影响。

6. 电离层延迟的影响过大

电离层延迟的影响过大通常导致观测值残差较大的波动(一般不超过 1 周)和整周模糊度无法固定,可以使用电离层改正经验模型进行基线解算;当使用双频或多频接收机时,可以采用无电离层组合观测值进行基线解算。

8.4　网平差

通过对两测站获取的同步观测数据进行基线计算,可解算出两测站间的基线向量及其方差与协方差阵。由于同时参加作业的接收机可能多于两台,所以在同一观测时间段中,便可能在多个测站上同步观测 GNSS 卫星,同时解算多条基线向量。将不同时段观测的基线向量互相联结成网,则构成基线向量网。基线向量网的平差(以下简称网平差)是以基线向量为观测值,以其协因数阵之逆阵为权阵,进行平差计算,消除基线向量网图形闭合条件不符值,求定各网点的坐标并进行精度评定。

为简化起见,一般认为任一基线向量的三个分量是相关的,其相关性的大小由各基线向量平差解算的结果确定;不同的基线向量则视为相互独立的。

根据网平差时采用的观测量和已知条件的类型及数量,网平差可分为无约束平差、约束平差和联合平差三种类型。

1. 无约束平差

无约束平差又称为经典自由网平差或最小约束平差,平差时固定网中某一点的坐标。平差的主要目的是检验网本身的内部符合精度以及基线向量有无明显的系统误差或粗差,同时为采用 GNSS 大地高与公共点正高(或正常高)联合确定 GNSS 网点的正高(或正常高)提供平差处理后的大地高程数据。

基线向量本身能够提供尺度基准和方位基准,所缺少的是位置基准。因此,在进行网平差时需要提供位置基准信息,可以通过引入一个起算点的坐标获取位置基准。但是,除了一个起算点坐标外,在无约束平差中就不能再引入其他起算数据了。例如,若引入边长、方位和角度作为起算数据,则可能引起 GNSS 网尺度和方位的变化;若引入多个起算点坐标,由于两个以上点的坐标除了含有位置基准信息外,还含有尺度和方位基准信息,同样可能引起 GNSS 网尺度和方位的变化。

在无约束平差中,GNSS 网的几何形状完全取决于基线向量,而与外部起算数据无关。因此,无约束平差结果完全取决于基线向量。无约束平差结果质量的优劣以及平差过程中反映的观测值间几何不一致性的大小都是观测值质量的真实反映。

2. 约束平差

约束平差又称为非自由网平差。约束平差采用的观测量仅包括基线向量。与无约束平差不同的是,约束平差引入了会使 GNSS 网尺度和方位发生变化的外部起算数据。根据前述内容可知,只要在网平差中引入了边长、方向或两个以上(含两个)的起算点坐标,就可能会使 GNSS 网的尺度和方位发生变化。约束平差常被用于实现 GNSS 网成果由基线解算时所用的坐标系到其他坐标系的转换。

3. 联合平差

联合平差是指将基线向量观测值、约束数据、边长、方向和高差等地面常规测量值一起进行的平差。联合平差的作用大体上与约束平差相同,也是用于实现 GNSS 网成果由基线解算时所用的坐标系到其他坐标系的转换。一般地,在大地测量应用中通常采用约束平差,而联合平差通常出现在工程应用中。

上述平差方法是根据观测值和已知条件的不同而区分的(表 8-6)。根据平差时所在空间的不同,平差可以采用三维平差模式,也可以采用二维平差模式。当进行二维平差时,应首先将三维基线向量坐标及其协方差阵转换至二维平差计算面(椭球面或高斯投影平面等)。

表 8-6		网平差的区别
网平差类型	观测值	已知条件
无约束平差	基线向量	1个起算点的坐标
约束平差	基线向量	边长、方向或 n 个（$n \geqslant 2$）起算点的坐标
联合平差	基线向量和地面常规测量值	边长、方向、高程、高差、起算点的坐标

8.4.1 无约束平差

基线向量网的无约束平差常用的是三维无约束平差法。基线向量提供的尺度和定向基准属于基线解算时所用的坐标系（如 WGS-84 或 CGCS2000）。进行三维无约束平差时，需引入位置基准，引入的位置基准不应引起观测值的变形和改正。引入位置基准的方法有三种：①网中有高级 GNSS 控制点时，将高级 GNSS 控制点的坐标（属于基线解算时所用的坐标系）作为网平差时的位置基准；②网中无高级 GNSS 控制点时，取网中任一点的伪距定位坐标作为固定网点坐标的起算数据；③引入合适的近似坐标系统下的秩亏自由网基准。一般情况下，常采用前两种方法进行三维无约束平差。

1. 误差方程的建立

设网中固定点点号为 1，其坐标为 $\boldsymbol{X}_1 = [x_1, y_1, z_1]^{\mathrm{T}}$，基线向量观测值为 $\Delta \boldsymbol{X}_{ij} = [\Delta x_{ij}, \Delta y_{ij}, \Delta z_{ij}]^{\mathrm{T}}$，其改正数为 $\boldsymbol{V}_{ij} = [V_{\Delta x_{ij}}, V_{\Delta y_{ij}}, V_{\Delta z_{ij}}]^{\mathrm{T}}$，基线向量平差值为 $\Delta \bar{\boldsymbol{X}}_{ij} = [\Delta \bar{x}_{ij}, \Delta \bar{y}_{ij}, \Delta \bar{z}_{ij}]^{\mathrm{T}}$；基线向量观测值的方差-协方差阵及其权阵分别为 $\boldsymbol{D}_{\Delta x}$、$\boldsymbol{P} = \sigma^2 \boldsymbol{D}_{\Delta X}^{-1}$，待定点近似坐标及其改正数分别为 $\boldsymbol{X}_i^0 = [x_i^0, y_i^0, z_i^0]^{\mathrm{T}}$，$\mathrm{d}\boldsymbol{X}_i = [\mathrm{d}x_i, \mathrm{d}y_i, \mathrm{d}z_i]^{\mathrm{T}}$，待定点坐标平差值为 $\boldsymbol{X}_i = [x_i, y_i, z_i]^{\mathrm{T}}$。其中，$i = 2, 3, \cdots, n$；$j = 1, 2, \cdots, n$；$i \neq j$；$n$ 为网中的控制点数。

由 $\Delta \boldsymbol{X}_{ij} = \boldsymbol{X}_j - \boldsymbol{X}_i$、$\Delta \bar{\boldsymbol{X}}_{ij} = \Delta \boldsymbol{X}_{ij} + \boldsymbol{V}_{\Delta X_{ij}}$ 以及 $\boldsymbol{X}_i = \boldsymbol{X}_i^0 + \mathrm{d}\boldsymbol{X}_i$，不难得出基线向量观测值 $\Delta \boldsymbol{X}_{ij}$ 的误差方程为

$$\begin{bmatrix} V_{\Delta x_{ij}} \\ V_{\Delta y_{ij}} \\ V_{\Delta z_{ij}} \end{bmatrix} = -\begin{bmatrix} 1 & 0 & 0 \\ 0 & 1 & 0 \\ 0 & 0 & 1 \end{bmatrix} \begin{bmatrix} \mathrm{d}x_i \\ \mathrm{d}y_i \\ \mathrm{d}z_i \end{bmatrix} + \begin{bmatrix} 1 & 0 & 0 \\ 0 & 1 & 0 \\ 0 & 0 & 1 \end{bmatrix} \begin{bmatrix} \mathrm{d}x_j \\ \mathrm{d}y_j \\ \mathrm{d}z_j \end{bmatrix} - \begin{bmatrix} \Delta x_{ij} + x_i^0 - x_j^0 \\ \Delta y_{ij} + y_i^0 - y_j^0 \\ \Delta z_{ij} + z_i^0 - z_j^0 \end{bmatrix} \qquad (8\text{-}19)$$

写成矩阵形式为

$$\boldsymbol{V}_{ij} = -\boldsymbol{E}\mathrm{d}\boldsymbol{X}_i + \boldsymbol{E}\mathrm{d}\boldsymbol{X}_j - \boldsymbol{L}_{ij} \qquad (8\text{-}20)$$

式中，$\boldsymbol{E}$ 为单位阵；$\boldsymbol{L}_{ij}$ 为式(8-19)的最后一项，对应的权阵为 $\boldsymbol{P}_{ij}$。

对于一端为固定点的基线向量 $\Delta \boldsymbol{X}_{i1}$，其误差方程为

$$\begin{bmatrix} V_{\Delta x_{i1}} \\ V_{\Delta y_{i1}} \\ V_{\Delta z_{i1}} \end{bmatrix} = -\begin{bmatrix} 1 & 0 & 0 \\ 0 & 1 & 0 \\ 0 & 0 & 1 \end{bmatrix} \begin{bmatrix} \mathrm{d}x_i \\ \mathrm{d}y_i \\ \mathrm{d}z_i \end{bmatrix} - \begin{bmatrix} \Delta x_{i1} + x_i^0 - x_1 \\ \Delta y_{i1} + y_i^0 - y_1 \\ \Delta z_{i1} + z_i^0 - z_1 \end{bmatrix} \qquad (8\text{-}21)$$

写成矩阵形式为

$$V_{i1} = -E\mathrm{d}X_i - L_{i1} \qquad (8-22)$$

式(8-22)对应的权阵为 P_{i1}。

2. 法方程的组成及解算

由于各基线向量观测值相互独立，因而可分别对每个基线向量观测值的误差方程式组成法方程，然后将单个法方程的系数阵及常数项加到总法方程的对应系数项和常数项上去。

对应于式(8-20)和式(8-22)的法方程分别为

$$-P_{ij}\mathrm{d}X_i + P_{ij}\mathrm{d}X_j - P_{ij}L_{ij} = 0 \qquad (8-23)$$

$$-P_{i1}\mathrm{d}X_i - P_{i1}L_{i1} = 0 \qquad (8-24)$$

设总法方程为

$$N\mathrm{d}X - U = 0 \qquad (8-25)$$

解算法方程后得到未知数 $\mathrm{d}X$ 为

$$\mathrm{d}X = N^{-1}U \qquad (8-26)$$

各待定点坐标平差值 X_i 为

$$X_i = X_i^0 + \mathrm{d}X_i \qquad (8-27)$$

3. 精度评定

单位权方差估值为

$$\sigma_0^2 = \frac{V^{\mathrm{T}}PV}{3m - 3(n-1)} \qquad (8-28)$$

式中，m 为基线向量个数；n 为网中控制点数。

未知数 $\mathrm{d}X$ 平差值的方差估值为

$$D_i = \sigma_0^2 N^{-1} \qquad (8-29)$$

8.4.2 约束平差

1. 三维约束平差

三维约束平差可以在国家（或地方）大地坐标系中进行，约束条件是地面网点的固定坐标、固定大地方位角和固定空间弦长，平差结束后同时完成了坐标系的转换。

基线向量观测值由基线解算时所用的坐标系向国家（或地方）坐标系转换的模型为

$$\Delta X_{ij\mathrm{D}} = (1+k)R(\varepsilon_x, \varepsilon_y, \varepsilon_z)\Delta X_{ij\mathrm{G}} \qquad (8-30)$$

式中，$\Delta X_{ij\mathrm{D}}$ 为转换到国家（或地方）大地坐标系中的基线向量；$\Delta X_{ij\mathrm{G}}$ 为基线向量观测值；k 为尺度差转换参数；$(\varepsilon_x, \varepsilon_y, \varepsilon_z)$ 为欧拉角转换参数。

1）误差方程式的列立

$$\begin{bmatrix} V_{\Delta x_{ij}} \\ V_{\Delta y_{ij}} \\ V_{\Delta z_{ij}} \end{bmatrix} = -\begin{bmatrix} \mathrm{d}x_i \\ \mathrm{d}y_i \\ \mathrm{d}z_i \end{bmatrix} + \begin{bmatrix} \mathrm{d}x_j \\ \mathrm{d}y_j \\ \mathrm{d}z_j \end{bmatrix} + \begin{bmatrix} \Delta x_{ij} \\ \Delta y_{ij} \\ \Delta z_{ij} \end{bmatrix} k + \begin{bmatrix} 0 & -\Delta z_{ij} & \Delta y_{ij} \\ \Delta z_{ij} & 0 & \Delta x_{ij} \\ \Delta y_{ij} & \Delta x_{ij} & 0 \end{bmatrix} \begin{bmatrix} \varepsilon_x \\ \varepsilon_y \\ \varepsilon_z \end{bmatrix} - \begin{bmatrix} \Delta x_{ij} + x_i^0 - x_j^0 \\ \Delta y_{ij} + y_i^0 - y_j^0 \\ \Delta z_{ij} + z_i^0 - z_j^0 \end{bmatrix}$$

$$(8-31)$$

式中,除待定点的坐标改正数为未知数外,尺度差 k 和三个旋转参数 $(\varepsilon_x, \varepsilon_y, \varepsilon_z)$ 也作为未知数在平差时一并解算。

考虑到约束条件,如固定大地方位角条件中的改正数,以两端点的大地坐标改正数为未知数,所以可将误差方程式(8-31)转换为以待定点的大地坐标改正数为平差未知数的误差方程式。为此,设

$$\mathrm{d}\bar{\boldsymbol{B}} = [\mathrm{d}B_i, \ \mathrm{d}L_i, \ \mathrm{d}H_i]^{\mathrm{T}} \tag{8-32}$$

由大地坐标系至空间直角坐标系的转换公式可得 $\mathrm{d}\bar{\boldsymbol{B}}_i$ 与 $\mathrm{d}\boldsymbol{X}_i$ 之间的关系为

$$\mathrm{d}\boldsymbol{X}_i = \boldsymbol{A}_i \mathrm{d}\bar{\boldsymbol{B}}_i \tag{8-33}$$

式中,

$$\boldsymbol{A}_i = \begin{bmatrix} -(N_i+H_i)\sin B_i^0 \cos L_i^0/\rho'' & -(N_i+H_i)\cos B_i^0 \sin L_i^0/\rho'' & \cos B_i^0 \cos L_i^0 \\ -(N_i+H_i)\sin B_i^0 \sin L_i^0/\rho'' & (N_i+H_i)\cos B_i^0 \cos L_i^0/\rho'' & \cos B_i^0 \sin L_i^0 \\ (N_i+H_i)\cos B_i^0/\rho'' & 0 & \sin B_i^0 \end{bmatrix} \tag{8-34}$$

代入式(8-31)后写成矩阵形式为

$$\boldsymbol{V} = -\boldsymbol{A}_i \mathrm{d}\bar{\boldsymbol{B}}_i + \boldsymbol{A}_j \mathrm{d}\bar{\boldsymbol{B}}_j + \Delta\boldsymbol{X}_{ij}k + \boldsymbol{R}_{ij}\boldsymbol{\varepsilon} - \boldsymbol{L}_{ij} \tag{8-35}$$

式中, $\mathrm{d}\bar{\boldsymbol{B}}_i = \begin{bmatrix} \mathrm{d}B_i \\ \mathrm{d}L_i \\ \mathrm{d}H_i \end{bmatrix}$, $\mathrm{d}\bar{\boldsymbol{B}}_j = \begin{bmatrix} \mathrm{d}B_j \\ \mathrm{d}L_j \\ \mathrm{d}H_j \end{bmatrix}$, $\Delta\boldsymbol{X}_{ij} = \begin{bmatrix} \Delta x_{ij} \\ \Delta y_{ij} \\ \Delta z_{ij} \end{bmatrix}$, $\boldsymbol{R}_{ij} = \begin{bmatrix} 0 & -\Delta z_{ij} & \Delta y_{ij} \\ \Delta z_{ij} & 0 & \Delta x_{ij} \\ \Delta y_{ij} & \Delta x_{ij} & 0 \end{bmatrix}$,

$\boldsymbol{\varepsilon} = \begin{bmatrix} \varepsilon_x \\ \varepsilon_y \\ \varepsilon_z \end{bmatrix}$, $\boldsymbol{L}_{ij} = \begin{bmatrix} \Delta x_{ij} + x_i^0 - x_j^0 \\ \Delta y_{ij} + y_i^0 - y_j^0 \\ \Delta z_{ij} + z_i^0 - z_j^0 \end{bmatrix}$, $\boldsymbol{P}_{ij}$ 为权阵。

2）约束条件方程

（1）固定点坐标条件。

设第 k 点为已知点,则有坐标条件

$$\mathrm{d}\bar{\boldsymbol{B}}_k = \boldsymbol{0} \tag{8-36}$$

即在 k 点出现的误差方程式中,应消去该点的改正数项。

（2）固定空间弦长条件。

设 D_{ik} 为地面网中高精度空间弦长,平差时视为已知值并作为基线向量网的尺度基准,则有条件方程

$$-\boldsymbol{C}_{ik}\boldsymbol{A}_i \mathrm{d}\bar{\boldsymbol{B}}_i + \boldsymbol{C}_{ik}\boldsymbol{A}_k \mathrm{d}\bar{\boldsymbol{B}}_k + W_{D_{ik}} = 0 \tag{8-37}$$

式中, $\boldsymbol{C}_{ik} = \begin{bmatrix} \dfrac{\Delta x_{ik}}{D_{ik}} & \dfrac{\Delta y_{ik}}{D_{ik}} & \dfrac{\Delta z_{ik}}{D_{ik}} \end{bmatrix}$; $W_{D_{ik}} = \sqrt{(\Delta x_{ik}^0)^2 + (\Delta y_{ik}^0)^2 + (\Delta z_{ik}^0)^2} - D_{ik}$ 。

（3）固定大地方位角条件。

设 α_{ki} 为地面网中已知的大地方位角,平差时作为基线向量网的定向基准,则有条件方程

$$- \boldsymbol{F}_{ki} \boldsymbol{A}_k \mathrm{d} \bar{\boldsymbol{B}}_k + \boldsymbol{F}_{kj} \boldsymbol{A}_j \mathrm{d} \bar{\boldsymbol{B}}_j + W_{\alpha_{kj}} = 0 \tag{8-38}$$

式中,

$$\boldsymbol{F}_{kj} = \frac{1}{D_{kj}^0} \sin Z_{kj}^0 \begin{bmatrix} \sin a_{kj} \sin B_k^0 \cos L_k^0 - \cos a_{kj} \sin L_k^0 \\ \sin a_{kj} \sin B_k^0 \cos L_k^0 + \cos a_{kj} \sin L_k^0 \\ - \sin a_{kj} \cos B_k^0 \end{bmatrix}^{\mathrm{T}} \tag{8-39}$$

$$W_{\alpha_{kj}} = \arctan \frac{y_{kj}}{x_{kj}} - a_{kj} \tag{8-40}$$

式中,z_{kj}^0 为 k 点作测站点时 j 点的天顶距近似值,即有

$$Z_{kj}^0 = \arctan \frac{z_{kj}^0}{x_{kj}^0 \cos a_{kj} + y_{kj}^0 \sin a_{kj}} \tag{8-41}$$

式中,$(x_{kj}^0, y_{kj}^0, z_{kj}^0)$ 为 j 点在 k 点为原点的地平直角坐标系中的坐标值。

3)法方程的组成及解算

法方程式的组成及解算按附有条件的间接平差方法进行。

将误差方程式写为

$$\boldsymbol{V} = \boldsymbol{B}_B \mathrm{d} \boldsymbol{B} - \boldsymbol{L} \tag{8-42}$$

将条件方程式写为

$$\boldsymbol{C} \mathrm{d} \boldsymbol{B} + \boldsymbol{W} = \boldsymbol{0} \tag{8-43}$$

组成法方程式:

$$\begin{bmatrix} \boldsymbol{N} & \boldsymbol{C}^{\mathrm{T}} \\ \boldsymbol{C} & \boldsymbol{0} \end{bmatrix} \begin{bmatrix} \mathrm{d} \boldsymbol{B} \\ \boldsymbol{K} \end{bmatrix} \begin{bmatrix} - \boldsymbol{U} \\ \boldsymbol{W} \end{bmatrix} = \boldsymbol{0} \tag{8-44}$$

式中,$\boldsymbol{N} = \boldsymbol{B}_B^{\mathrm{T}} \boldsymbol{P} \boldsymbol{B}_B$;$\boldsymbol{U} = \boldsymbol{B}_B^{\mathrm{T}} \boldsymbol{P} \boldsymbol{L}$;$\mathrm{d} \boldsymbol{B} = [\mathrm{d} \bar{\boldsymbol{B}}_1^{\mathrm{T}}, \mathrm{d} \bar{\boldsymbol{B}}_2^{\mathrm{T}}, \cdots, \mathrm{d} \bar{\boldsymbol{B}}_n^{\mathrm{T}}, K, \varepsilon_x, \varepsilon_y, \varepsilon_z]$,$K$ 为联系数。

式(8-44)的解为

$$\begin{cases} \boldsymbol{K} = (\boldsymbol{C} \boldsymbol{N}^{-1} \boldsymbol{C}^{\mathrm{T}})^{-1} (\boldsymbol{W} + \boldsymbol{C} \boldsymbol{N}^{-1} \boldsymbol{U}) \\ \mathrm{d} \boldsymbol{B} = \boldsymbol{N}^{-1} (\boldsymbol{U} - \boldsymbol{C}^{\mathrm{T}} \boldsymbol{K}) \end{cases} \tag{8-45}$$

平差后未知数的协因数阵为

$$\begin{cases} \boldsymbol{Q}_B = \boldsymbol{N}^{-1} + \boldsymbol{N}^{-1} \boldsymbol{C}^{\mathrm{T}} \boldsymbol{Q}_{KK} \boldsymbol{C} \boldsymbol{N}^{-1} \\ \boldsymbol{Q}_{KK} = - (\boldsymbol{C} \boldsymbol{N}^{-1} \boldsymbol{C}^{\mathrm{T}})^{-1} \end{cases} \tag{8-46}$$

单位权方差估值为

$$\sigma_0^2 = \frac{\boldsymbol{V}^{\mathrm{T}} \boldsymbol{P} \boldsymbol{V}}{3m - t + r} \tag{8-47}$$

式中,m 为基线向量个数;t 为未知数个数(含待定点坐标和转换参数);r 为条件方程个数。

平差后未知数的方差估值为

$$\boldsymbol{D}_B = \sigma_0^2 \boldsymbol{Q}_B \tag{8-48}$$

2. 二维约束平差

在实际应用中,常常以国家(或地方)坐标系的一个已知点和一个已知基线的方向作为起算数据,平差时将基线向量观测值及其方差阵转换到国家(或地方)坐标系的二维平面(或球面)上,然后在国家(或地方)坐标系中进行二维约束平差。转换后的基线向量网与地面网在一个起算点上位置重合,在一条空间基线方向上重合。这种转换方法避免了三维基线网转换成二维基线向量时地面网大地高不准确引起的尺度误差和变形,保证了 GNSS 网转换后整体及相对几何关系的不变性。转换后,二维基线向量网与地面网之间只存在尺度差和残余定向差,因此,进行二维约束平差时,只需考虑两网的尺度差参数和残余定向差参数。

1) GNSS 网在国家大地坐标系内的二维投影转换

设常规地面测量控制网的原点在国家大地坐标系中的大地坐标为 (B_0, L_0, H_0),可求得该点在国家大地坐标系中的直角坐标 (x_0, y_0, z_0) 为

$$\begin{cases} x_0 = (N_0 + H_0)\cos B_0 \cos L_0 \\ y_0 = (N_0 + H_0)\cos B_0 \sin L_0 \\ z_0 = [N_0(1 - e^2) + H_0]\sin B_0 \end{cases} \tag{8-49}$$

$$N_0 = \frac{a}{\sqrt{1 - e^2 \sin^2 B_0}} \tag{8-50}$$

式中,a、e^2 分别为国家大地坐标系参考椭圆的长半轴和第一偏心率。

设 GNSS 网在原点的三维直角坐标为 (x_0, y_0, z_0),可求得 GNSS 网平移至地面测量控制网的平移参数为

$$\begin{cases} \Delta x = x_0 - x^0 \\ \Delta y = y_0 - y^0 \\ \Delta z = z_0 - z^0 \end{cases} \tag{8-51}$$

于是,GNSS 网中各点坐标经下式变换就可得到国家大地坐标系中的三维直角坐标:

$$\begin{cases} x_1 = x^1 + \Delta x \\ y_1 = y^1 + \Delta y \\ z_1 = z^1 + \Delta z \end{cases} \tag{8-52}$$

利用坐标转换反算公式可得到各点在国家坐标系中的大地坐标 (B_1, L_1, H_1),为使 GNSS 网与地面测量控制网在起始方位上一致,可利用大地测量学中的赫里斯托夫第一微分公式,使同一椭球面上的网可相互匹配,其计算公式如下:

$$\begin{cases} dB_1 = P_1 dB_0 + P_3(ds/s) + P_4 dA_0 \\ dL_1 = Q_1 dB_0 + Q_3(ds/s) + Q_4 dA_0 + dL_0 \end{cases} \tag{8-53}$$

式中,dB_0、dL_0 分别为两网在原点上的纬度、经度差;ds/s 为两网在尺度上的差异;dA_0 为两网在起始方位上的偏差;P_1、P_3、P_4、Q_1、Q_3、Q_4 为微分公式的系数。

GNSS 网经平移变换后，已在原点上与地面网完全重合，有

$$\begin{cases} \mathrm{d}B_0 = 0 \\ \mathrm{d}L_0 = 0 \end{cases} \tag{8-54}$$

在进行二维投影变换时，由于难以准确确定两网的尺度差异，可将此变换留待约束（联合）平差时考虑，即此处忽略两网在尺度上的差异，则有

$$\mathrm{d}s/s = 0 \tag{8-55}$$

因此，只需计算两网在起始方位上的偏差 $\mathrm{d}A_0$。为此，须有地面网原点至起始点方位的大地方位角 A_0 和 GNSS 网在相应方位角的大地方位角 A^0。A_0 和 A^0 可分别利用大地测量主题反解公式求得。于是有

$$\mathrm{d}A_0 = A_0 - A^0 \tag{8-56}$$

由此，赫里斯托夫第一微分公式可简化为

$$\begin{cases} \mathrm{d}B_1 = P_4 \mathrm{d}A_0 \\ \mathrm{d}L_1 = Q_4 \mathrm{d}A_0 \end{cases} \tag{8-57}$$

$$\begin{cases} P_4 = -\cos B_0 (1 + \eta_0^2) \Delta L + 3\cos B_0 t_0 \eta_0^2 \Delta B \Delta L + \cos^3 B_0 (1 + t_0^2) \Delta L^3/6 \\ Q_4 = \dfrac{1}{\cos B_0}(1 - \eta_0^2 + \eta_0^4)\Delta B + \dfrac{1}{\cos B_0} t_0 \left(1 - \dfrac{1}{2}\eta_0^2\right)\Delta B^2 - \dfrac{1}{2}\cos B_0 t_0 \Delta L^2 + \\ \qquad \dfrac{1}{3\cos B_0}(1 + 3t_0^2)\Delta B^2 - \dfrac{1}{2}\cos B_0 (1 + t_0^2)\Delta B \Delta L^2 \end{cases}$$

$$\tag{8-58}$$

式中，$\eta_0 = e'\cos B$；$t_0 = \tan B$；e' 为椭球第二偏心率。

因此，GNSS 网各点在国家大地坐标系内与地面网原点一致、起始方位一致的坐标为

$$\begin{cases} B_1 = B^1 + \mathrm{d}B_1 \\ L_1 = L^1 + \mathrm{d}L_1 \end{cases} \tag{8-59}$$

根据高斯正算公式或其他平面投影变换公式，可求得 GNSS 网各点在国家平面坐标系内的坐标 (x_1, y_1)。

2）基线向量观测值的误差方程式

$$\begin{cases} V_{\Delta x_{ij}} = -\mathrm{d}x_i + \mathrm{d}x_j + \Delta x_{ij}\mathrm{d}k - \Delta y_{ij}/\rho''\mathrm{d}a + \Delta x_{ij} + x_i^0 - x_j^0 \\ V_{\Delta y_{ij}} = -\mathrm{d}y_i + \mathrm{d}y_j + \Delta y_{ij}\mathrm{d}k - \Delta x_{ij}/\rho''\mathrm{d}a + \Delta y_{ij} + y_i^0 - y_j^0 \end{cases} \tag{8-60}$$

式中，Δx、Δy 为转换后的二维基线向量观测值；$\mathrm{d}x$ 和 $\mathrm{d}y$ 为待定点坐标改正数，当 i 点或 j 点为固定点时，相应点的坐标改正数为 0；$\mathrm{d}k$ 和 $\mathrm{d}a$ 分别为尺度差和残余定向差；x^0、y^0 为待定点坐标近似值。

3）约束条件方程

（1）边长约束条件。

$$-\cos a_{ij}^0 \mathrm{d}x_i - \sin a_{ij}^0 \mathrm{d}y_i + \cos a_{ij}^0 \mathrm{d}x_j + \sin a_{ij}^0 \mathrm{d}y_j + W_{s_{ij}} = 0 \tag{8-61}$$

式中，$a_{ij}^0 = \arctan[(y_j^0 - y_i^0)/(x_j^0 - x_i^0)]$；$W_{S_{ij}} = \sqrt{(x_j^0 - x_i^0)^2 + (y_j^0 - y_i^0)^2} - S_{ij}$，其中，$S_{ij}$ 为已知边长。

（2）坐标方位角约束条件。

$$a_{ij}\mathrm{d}x_i + b_{ij}\mathrm{d}y_i + a_{ij}\mathrm{d}x_j + b_{ij}\mathrm{d}y_j + W_{a_{ij}} = 0 \qquad (8\text{-}62)$$

式中，$a_{ij} = \rho'' \sin a_{ij}^0 / S_{ij}^0$；$b_{ij} = \rho'' \cos a_{ij}^0 / S_{ij}^0$；$a_{ij}^0 = \arctan[(y_j^0 - y_i^0)/(x_j^0 - x_i^0)]$；$W_{a_{ij}} = a_{ij}^0 - \alpha_{ij}$，其中，$S_{ij}^0$ 为近似边长，a_{ij}^0 为近似方位角，α_{ij} 为已知方位角。

8.4.3 联合平差

联合平差可以基线向量网和地面网的原始观测量为根据，也可以两网单独平差的结果为根据。平差时，引入坐标系统的转换参数，平差的同时完成坐标系统的转换。

1. 三维联合平差

基线向量观测值的误差方程和条件方程与三维约束平差相同。

空间弦长观测值的误差方程为

$$\boldsymbol{V}_{D_{ij}} = -\boldsymbol{C}_{ij}\boldsymbol{A}_i\mathrm{d}\bar{\boldsymbol{B}}_i + \boldsymbol{C}_{ij}\boldsymbol{A}_j\mathrm{d}\bar{\boldsymbol{B}}_j - \boldsymbol{L}_{D_{ij}} \qquad (8\text{-}63)$$

式中，$\boldsymbol{L}_{D_{ij}} = \boldsymbol{D}_{ij} - [(\Delta x_{ij}^0)^2 + (\Delta y_{ij}^0)^2 + (\Delta z_{ij}^0)^2]^{1/2}$，其中，$\boldsymbol{D}_{ij}$ 为空间弦长观测值，相应的权为 $\boldsymbol{P}_{D_{ij}}$。

方向观测值的误差方程为

$$\boldsymbol{V}_{\beta_{ij}} = -\mathrm{d}\boldsymbol{z}_i - \boldsymbol{F}_{ij}\boldsymbol{A}_i\mathrm{d}\bar{\boldsymbol{B}}_i + \boldsymbol{F}_{ij}\boldsymbol{A}_j\mathrm{d}\bar{\boldsymbol{B}}_j - \boldsymbol{L}_{\beta_{ij}} \qquad (8\text{-}64)$$

式中，$\boldsymbol{L}_{\beta_{ij}} = \boldsymbol{\beta}_{ij} + \boldsymbol{z}_i - \boldsymbol{a}_{ij}^0$；$\mathrm{d}\boldsymbol{z}_i$ 为 i 点定向角未知数的改正数；$\boldsymbol{z}_i^0$ 为 i 点定向角未知数近似值；$\boldsymbol{\beta}_{ij}$ 为方向观测值；$\boldsymbol{a}_{ij}^0$ 为大地方位角近似值。

法方程的组成、解算以及精度评定与三维约束平差相同，求单位权方差时，自由度的计算应加上地面观测值个数。

三维联合平差也可以在三维直角坐标系中进行。

由于地面网通常是在大地坐标系或高斯平面坐标系中进行平差计算的，为计算网点的大地高程，必须以相应的精度确定点的高程异常。实际上，高程异常的精度在东南沿海地区优于 1m，而在西北高山地区，只能保持数米的精度。所以，高程异常的误差直接影响所求地面网点大地高的精度，从而影响以此计算的空间直角坐标的精度。在此情况下，大地高的方差和协方差也难以可靠地确定，从而会对两网的联合平差造成不利影响。因此，通常选择二维联合平差方案。

2. 二维联合平差

二维联合平差时，基线向量观测值的误差方程与约束条件方程同时参与平差。

方向观测的误差方程为

$$\boldsymbol{V}_{l_{ij}} = -\mathrm{d}\boldsymbol{z}_i + a_{ij}\mathrm{d}x_i + b_{ij}\mathrm{d}y_i - a_{ij}\mathrm{d}x_j - b_{ij}\mathrm{d}y_j - L_{ij} \qquad (8\text{-}65)$$

式中，$\mathrm{d}\boldsymbol{z}_i$ 为 i 点上定向角未知数的改正数，其近似值为 $\boldsymbol{z}_i^0$，$L_{ij} = \boldsymbol{z}_i^0 + l_{ij} - \boldsymbol{a}_{ij}^0$。

边长观测值误差方程为

$$V_{s_{ij}} = -\cos\alpha_{ij}^0 \mathrm{d}x_i - \sin\alpha_{ij}^0 \mathrm{d}y_i + \cos\alpha_{ij}^0 \mathrm{d}x_j + \sin\alpha_{ij}^0 \mathrm{d}y_j - L_{s_{ij}} \tag{8-66}$$

式中，$L_{s_{ij}} = S_{ij} - S_{ij}^0$。

8.5 网平差的流程及质量控制指标

8.5.1 网平差的流程

使用数据处理软件进行网平差时，其操作步骤如图 8-9 所示。与基线解算过程类似，网平差也是一个反复的平差过程，需要用户根据网平差结果调整控制参数，以获得最佳结果。

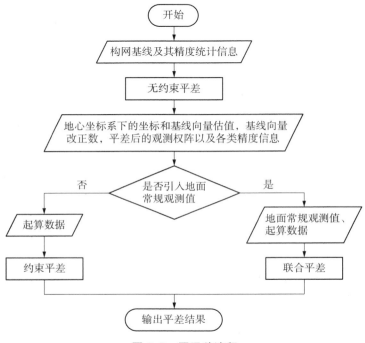

图 8-9 网平差流程

1. 基线向量提取

网平差第一步是提取基线向量，构建基线向量网。提取基线向量时，原则上应选取相对独立的基线，实际应用中利用商业软件也可选取所有质量合格的基线，用户也可以禁用某些基线参与网平差。

2. 三维无约束平差

构成基线向量网后，需要进行三维无约束平差。通过无约束平差，主要达到以下两个目的：

（1）根据无约束平差结果，判别在所构成的基线向量网中是否有粗差基线。若发现含有粗差的基线，必须进行处理，以使构网的所有基线向量均满足质量要求。

（2）调整各基线向量观测值的权值，使它们相互匹配。

3. 约束平差或联合平差

三维无约束平差后，需要进行约束平差或联合平差。平差可根据需要在三维空间或二维平面中进行。约束平差的具体步骤如下：①确定平差的基准和坐标系统；②确定起算数据；③检验约束条件的质量；④平差解算。

4. 质量分析与控制

成果的质量控制和评定是网平差的另一任务和目标。评定时可以采用以下指标：

（1）基线向量改正数。根据基线向量改正数的大小，可以判断出基线向量中是否含有粗差。

（2）相邻点的中误差和相对中误差。若在质量评定时发现问题，则需要根据具体情况进行处理。若发现基线中含有粗差，则需要删除含有粗差的基线，重新对该基线进行解算或重测；若发现个别起算数据有质量问题，则应放弃该起算数据。

8.5.2 质量控制指标

在无约束平差中，基线分量的改正数绝对值应满足下式：

$$\begin{cases} V_{\Delta x} \leqslant 3\sigma \\ V_{\Delta y} \leqslant 3\sigma \\ V_{\Delta z} \leqslant 3\sigma \end{cases} \tag{8-67}$$

否则，认为该基线或其附近存在粗差基线，应采用软件提供的方法或手动剔除粗差基线，直至符合式（8-67）的要求。

在约束平差中，基线向量改正数与剔除粗差后的无约束平差结果中同名基线相应改正数的较差（$dv_{\Delta x}$，$dv_{\Delta y}$，$dv_{\Delta z}$）应符合下式要求：

$$\begin{cases} dv_{\Delta x} \leqslant 2\sigma \\ dv_{\Delta y} \leqslant 2\sigma \\ dv_{\Delta z} \leqslant 2\sigma \end{cases} \tag{8-68}$$

否则，认为作为约束的已知坐标、已知距离、已知方位角与 GNSS 网不兼容，应采用软件提供的方法或手动剔除误差大的约束值，直至符合式（8-68）的要求。

当平差软件不能输出基线向量改正数时，应进行不少于两个已知点的部分约束平差，通过平差获得未参加约束的已知点平差坐标，其点位变化相对于约束点的边长相对中误差不应低于《卫星定位城市测量技术标准》（CJJ/T 73—2019）规定的上一等级控制网中最弱边的相对中误差。

8.6 GNSS 高程

最常用的高程系统有正高系统和正常高系统，我国使用的高程系统是正常高系统。正高或正常高都可以通过传统的几何水准确定，该方法精度高，但成本高、效率低。采用 GNSS 测量技术测定地面点的高程是以地球椭球面为基准的大地高，若找出大地高与正常高的关系，则可以将大地高转换为正常高，因而 GNSS 定位技术是一种高效的可在一定程度上替代几何水准的正常高确定方法。

8.6.1 高程系统

1. 大地高高程系统

大地高高程系统是以参考椭球面为高程基准面的高程系统。地面某点的大地高程 H

是指由地面点沿通过该点的椭球法线到椭球面的距离。如图 8-10 所示，地面点 P 的大地高为 PP'。

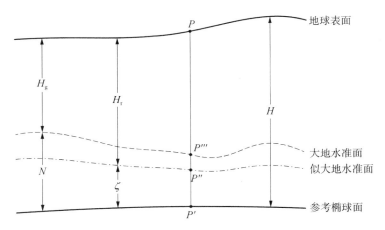

图 8-10　大地高、正高与正常高

大地高对应的椭球取决于 GNSS 测量成果所属的坐标系。若 GNSS 测量获得的是 WGS-84 大地坐标系中的成果，则 GNSS 测量求得的大地高是以 WGS-84 椭球的参考椭球面为参考基准面。

由大地高的定义可知，它是一个几何量，不具有物理意义。不难理解，不同定义的椭球对应的大地坐标系，也构成不同的大地高高程系统。

2. 正高高程系统

正高高程系统是以大地水准面为高程基准面的高程系统。地面上任意一点的正高高程 H_g 是该点沿铅垂线方向至大地水准面的距离。

$$H_g = \frac{1}{g_m} \int g \, dh \tag{8-69}$$

式中，g_m 为地面点沿铅垂线至大地水准面的重力加速度平均值。由于 g_m 并不能精确测定，也不能由公式推导出来，所以不能直接求得正高高程。

大地水准面至椭球面的距离 $P'P'''$ 为大地水准面差距 N，即有下列关系：

$$N = H - H_g \tag{8-70}$$

因为正高高程系统是以大地水准面为基准面的高程系统，所以它具有明确的物理意义。由于大地水准面通常与平均海水面重合，故正高也称为海拔高。2020 年，我国珠穆朗玛峰高程测量综合运用 GNSS、精密水准测量、光电测距、雪深雷达测量、重力测量、天文测量、卫星遥感、似大地水准面精化等多种传统和现代测绘技术，确定了珠穆朗玛峰峰顶雪面正高（海拔高）为 8 848.86 m，这是珠穆朗玛峰高程测量史上迄今为止最精确的高程数据，具有重大国际影响力和社会效益，也代表着人类勇攀高峰、探索自然奥秘的奋斗过程。

3. 正常高高程系统

由于正高高程无法精确求定，为了使用方便，以正常高高程系统代之。其定义为

$$H_r = \frac{1}{r_m} \int g \, dh \tag{8-71}$$

式中,r_m 为由地面点沿铅垂线至似大地水准面之间的平均正常重力值,可表示为

$$r_m = r - 0.308\ 6\ \frac{H_r}{2} \tag{8-72}$$

式中,r 为椭球面上的正常重力,其计算公式为

$$r = r_e(1 + \beta_1 \sin^2 \varphi - \beta_2 \sin^2 2\varphi) \tag{8-73}$$

式中,r_e 为椭球赤道上的正常重力值;β_1、β_2 为与椭球定义相关的系数;φ 为地面点的天文纬度。我国目前采用的 r_e、β_1、β_2 值如下:$r_e = 978.030$,$\beta_1 = 0.005\ 302$,$\beta_2 = 0.000\ 007$。

正常高是以似大地水准面为基准面的高程系统,是可以精密确定的,具有明显的物理意义,因而有着非常广泛的应用。我国规定采用正常高高程系统作为我国高程的统一系统。

似大地水准面与椭球面之间的差距称为高程异常 ζ,其表达式为

$$\zeta = H - H_r \tag{8-74}$$

8.6.2 GNSS 水准

在实际工程应用中,我国高程系统采用正常高高程系统。由式(8-74)可以看出,若知道某点的高程异常值 ζ,则可方便地将该点的大地高转化为正常高高程。

目前,在小区域范围内常采用 GNSS 水准的方法较为精确地计算正常高。首先采用水准测量的方法联测网中若干 GNSS 点(称为公共点)的正常高,根据 GNSS 点的大地高可按式(8-74)求得各公共点上的高程异常;然后根据公共点的平面坐标和高程异常采用数值拟合方法拟合出区域的似大地水准面,即可求出各 GNSS 点的高程异常值,并由此求出各点的正常高。

目前,国内外 GNSS 水准主要采用纯几何的曲面拟合法,即根据区域内若干公共点的高程异常值,构造某种曲面逼近似大地水准面。根据所构造的曲面不同,计算方法也不一样。常用的方法有平面拟合法、二次曲面拟合法、样条拟合法、多面函数法等。

1. 平面拟合法

在较为平坦的小范围内,可以考虑用平面逼近局部似大地水准面。设某公共点的高程异常 ζ 与该点的平面坐标有如下关系:

$$\zeta = a_0 + a_1 x + a_2 y \tag{8-75}$$

式中,(x, y) 为点的平面坐标;a_0、a_1、a_2 为模型参数。

若公共点个数大于 3,则可列出相应的误差方程:

$$v_i = a_0 + a_1 x_i + a_2 y_i - \zeta_i \tag{8-76}$$

式中,$i = 1, 2, \cdots, n$,写成矩阵形式有

$$V = AX - \zeta \tag{8-77}$$

式中,$V = \begin{bmatrix} v_1 \\ v_2 \\ \vdots \\ v_n \end{bmatrix}$,$A = \begin{bmatrix} a_0 \\ a_1 \\ a_2 \end{bmatrix}$,$X = \begin{bmatrix} 1 & x_1 & y_1 \\ 1 & x_2 & y_2 \\ \vdots & \vdots & \vdots \\ 1 & x_n & y_n \end{bmatrix}$,$\zeta = \begin{bmatrix} \zeta_1 \\ \zeta_2 \\ \vdots \\ \zeta_n \end{bmatrix}$。

根据最小二乘原理得

$$\boldsymbol{A} = (\boldsymbol{X}^{\mathrm{T}}\boldsymbol{X})^{-1}\boldsymbol{X}^{\mathrm{T}}\boldsymbol{\zeta} \tag{8-78}$$

2. 二次曲面拟合法

该方法的主要思路是借助 n 个公共点（高程异常值已知），用二次曲面的数学模型拟合高程异常。设某公共点的高程异常 ζ 与该点的平面坐标存在如下关系：

$$\zeta(x, y) = a_0 + a_1 x + a_2 y + a_3 x^2 + a_4 xy + a_5 y^2 \tag{8-79}$$

式中，$a_i(i = 0, 1, \cdots, 5)$ 为模型的待定参数。因此，区域内至少需要 6 个公共点。

若公共点个数大于 6，则可列出形如公式(8-77)的误差方程，此时

$$\boldsymbol{A} = \begin{bmatrix} a_0 \\ a_1 \\ \vdots \\ a_5 \end{bmatrix}, \quad \boldsymbol{X} = \begin{bmatrix} 1 & x_1 & y_1 & x_1^2 & x_1 y_1 & y_1^2 \\ 1 & x_2 & y_2 & x_2^2 & x_2 y_2 & y_2^2 \\ \vdots & \vdots & \vdots & \vdots & \vdots & \vdots \\ 1 & x_n & y_n & x_n^2 & x_n y_n & y_n^2 \end{bmatrix}$$

类似地，按最小二乘原理可解出参数 $\boldsymbol{A}$。该方法适用于平原与丘陵地区，这类地区的高程异常变化较小，可获得较高的拟合精度。

由此可知，对于平面拟合，已知点应不少于 3 个；对于二次曲面拟合，已知点应不少于 6 个。一般地，若已知点足够多，则二次曲面拟合的精度要高于平面拟合的精度。

3. 样条拟合法

高程异常曲面也可通过构造样条曲面进行拟合。设某点的高程异常值 ζ 与该点的坐标 (x, y) 存在如下关系：

$$\zeta = a_0 + a_1 x + a_2 y + \sum_{i=1}^{n} F_i r_i^2 \ln r_i^2 \tag{8-80}$$

$$\sum_{i=1}^{n} F_i = \sum_{i=1}^{n} x_i F_i = \sum_{i=1}^{n} y_i F_i = 0 \tag{8-81}$$

$$\begin{cases} a_0 = \sum_{i=1}^{n} [A_i + B_i(x_i^2 + y_i^2)] \\ a_1 = -2 \sum_{i=1}^{n} B_i x_i \\ a_2 = -2 \sum_{i=1}^{n} B_i y_i \\ F_i = \dfrac{P_i}{16\pi D} \\ r_i^2 = (x - x_i)^2 + (y - y_i)^2 \end{cases} \tag{8-82}$$

式中，(x_i, y_i) 为已知高程异常值的公共点的坐标；(x, y) 为未知高程异常值的点的坐标；A_i、B_i 为待定系数；P_i 为点的负载；D 为刚度。

对于每一个公共点，都可以列出一个 $\zeta(x, y)$ 方程；对于 n 个公共点，可以列出 $n+3$ 个方程，求解 $n+3$ 个未知系数，即 $a_0, a_1, a_2, F_i(i = 1, 2, \cdots, n)$。在求解方程式(8-80)时，

至少应有 3 个公共点。

样条拟合法可以拟合不规则自由曲面,适用于地形比较复杂地区的高程异常曲面拟合。

此外还有非参数回归曲面拟合法、有限元拟合法、移动曲面法等曲面拟合法。当 GNSS 点布设成测线时,还可应用曲线内插法、多项式曲线拟合法、样条函数法和 Ahima 法等。

4. 多面函数法

多面函数法的基本思想是任何数学表面和任何不规则的圆滑表面总可以用系列有规则的数学表面的总和以任意精度逼近。根据这一思想,高程异常函数可表示为

$$\zeta = \sum_{i=1}^{k} C_i Q(x, y, x_i, y_i) \tag{8-83}$$

式中,C_i 为待定系数;$Q(x, y, x_i, y_i)$ 是 x 和 y 的二次核函数,其中核在 (x_i, y_i) 处。ζ 可由二次式的和确定,故称多面函数。

常用的简单核函数,一般采用具有对称性的距离型,即

$$Q(x, y, x_i, y_i) = [(x-x_i)^2 + (y-y_i)^2 + \delta^2]^b \tag{8-84}$$

式中,δ 为平滑因子,用来对核函数进行调整;b 一般可选某个非零实数,常取 $b=1/2$ 或 $-1/2$。式(8-84)可写成误差方程的矩阵形式:

$$v = QC - \xi \tag{8-85}$$

待定系数 C 可根据公共点上的已知高程异常值,按最小二乘法计算:

$$C = (Q^{\mathrm{T}}Q)^{-1}Q^{\mathrm{T}}\xi \tag{8-86}$$

由式(8-86)求出多面函数的待定系数 C,就可按式(8-83)计算各点的高程异常值。

采用多面函数法拟合高程异常,核函数 Q 和平滑因子 δ 的选择对拟合效果有非常重要的影响,对不同地形条件的区域应审慎选取。

8.6.3 GNSS 重力高程

GNSS 重力高程是利用重力资料确定点的高程异常,再结合 GNSS 大地高求出点的正常高(或正高)的方法,可分为地球重力场模型法、重力场模型法与 GNSS 水准相结合法、地形改正法。

1. 地球重力场模型法

由物理大地测量学可知,地面点 P 的扰动位 T 与该点引力位 V 和正常引力位 U 的关系为

$$T = V - U \tag{8-87}$$

地面点 P 的高程异常为

$$\zeta = \frac{T}{r} \tag{8-88}$$

式中,r 为地面点 P 的正常重力值。因为 r 和 U 可以正确地计算出,所以只要求出 P 点的引力位 V,即可求出 P 点的高程异常 ζ。

按球谐函数级数式，V 的表达式为

$$V = \frac{GM}{\rho} \left[1 + \sum_{n=0}^{\infty} \sum_{m=0}^{n} (\alpha/\rho)^n (C_{nm} \cos mL + S_{nm} \sin mL) P_{nm} \sin B \right] \qquad (8\text{-}89)$$

式中，ρ、B、L 分别为地面点 P 的矢径、纬度、经度；C_{nm}、S_{nm} 为位系数；$P_{nm}(\sin B)$ 为勒让德函数；n 为阶，m 为次。

当阶数 n 越大时，式(8-89)越趋于精确。目前，国内外已推出多个超高阶的重力场模型。例如，EGM2008 模型已达到 2 160 阶次。

2. 重力场模型法与 GNSS 水准相结合法

我国幅员辽阔，地形地质结构复杂，因此，无论是重力点密度还是精度，都很难达到由重力场模型计算高精度高程异常的要求。通常重力场模型求出的高程异常精度往往低于由水准联测获得的公共点的高程异常精度，一些学者提出采用重力场模型与 GNSS 水准相结合的方法。

该方法的基本思路是在 GNSS 水准点上，将由 GNSS 大地高和水准联测求得的高程异常 ζ 与由重力场模型求得的高程异常 ζ_m 进行比较，可求出该地面点的两种高程异常差 $\Delta\zeta$：

$$\Delta\zeta = \zeta - \zeta_m \qquad (8\text{-}90)$$

然后采用曲面拟合方法，由公共点的平面坐标和高程异常差推求其他点的高程异常差，则可计算 GNSS 网中未测水准点的正常高。

$$H_r = H - \zeta_m - \Delta\zeta \qquad (8\text{-}91)$$

试验表明，采用重力场模型与 GNSS 水准相结合的方法是提高高程精度的一条有效途径。

3. 地形改正法

地面点的高程异常可分为高程异常中的长波项（平滑项）和短波项两部分，即

$$\zeta = \zeta_0 + \zeta_T \qquad (8\text{-}92)$$

高程异常中的长波项 ζ_0 可按上述方法求出，而短波项 ζ_T 是地形起伏对高程异常的影响，称为地形改正项。在平原地区 ζ_T 很小，可以忽略；在山区 ζ_T 不可忽略。

按莫洛金斯基原理有

$$\zeta_T = \frac{T}{\gamma} \qquad (8\text{-}93)$$

式中，T 为地形起伏对地面点扰动位的影响；γ 为地面正常重力值。

地形起伏对地面点扰动位的影响可表示为积分形式：

$$T = G\rho \int_{\pi} \frac{h - h_r}{r_0} \mathrm{d}\pi - \frac{G\rho}{6} \int_{\pi} \frac{(h - h_r)^3}{r_0^3} \mathrm{d}\pi \qquad (8\text{-}94)$$

式中，$r_0 = \sqrt{(x - x_i)^2 + (y - y_i)^2}$；$G$ 为引力常数；ρ 为地球质量密度；H_r 为参考面的高程（平均高程面）；(x, y) 为未知高程格网点的坐标；(x_i, y_i) 为待求点的坐标。

实际计算时，利用测区地形图，通过格网化计算，得到测区数字地面模型（DTM），或者

也可用测区 GNSS 点的大地高差进行格网化,再根据式(8-94)计算扰动位的影响 T。

利用地形改正方法求高程异常时,可按照"除去-恢复"过程进行,即先由式(8-94)和式(8-93)求出公共点上的 T,代入式(8-90)求出长波项 ζ_0;然后以这些公共点上的 ζ_0 为数据点,采用拟合方法推算出所有点上的 ζ_0;最后再由式(8-90)加上 ζ_T 求出各点的高程异常值。

8.6.4 GNSS 水准的精度

与常规水准相比,GNSS 水准具有费用低、效率高的特点,能够在大范围区域内进行高程数据的加密。但是受大地高的精度、公共点几何水准的精度、高程拟合的模型及方法、公共点的密度与分布等因素的影响,要保证 GNSS 大地高的精度,可以采用以下方法和步骤进行观测作业和数据处理:

(1)使用双频或多频接收机。通过构建无电离层组合观测值,可以较为彻底地改正 GNSS 观测值中的电离层延迟误差。

(2)使用相同类型的带有抑径板或抑径圈的大地型接收机天线。不同类型的接收机天线具有不同的相位中心特性。当混合使用不同类型的天线时,若数据处理时未进行相位中心偏移和变化改正,则将引起很大的垂直分量误差,极端情况下误差能达到分米级。有时,即使进行了相应的改正,也可能由于天线相位中心模型不完善而在垂直分量中引入一定量的误差。若使用相同类型的天线,则可以完全避免这一情况的发生。至于要求天线带有抑径板或抑径圈,则是为了有效地抑制多路径效应的发生。

(3)对每个点在不同卫星星座和大气条件下进行多次设站观测。由于卫星轨道误差和大气折射会导致高程分量产生系统性偏差,若同一测站在不同卫星星座和不同大气条件下进行了设站观测,则可以通过平均在一定程度上削弱它们对垂直分量精度的影响。

(4)在进行长基线解算时使用精密星历。使用精密星历将减小卫星轨道误差,从而提高 GNSS 测量成果的精度。

(5)基线解算时,对天顶对流层延迟进行估计。将天顶对流层延迟作为待定参数在基线解算时进行估计,可有效地减小天顶对流层延迟对 GNSS 测量成果精度特别是垂直分量精度的影响。不过,需要指出的是,由于天顶对流层延迟参数与基线解算时的位置参数具有较强的相关性,因而要使其能够准确确定,必须进行较长时间的观测。

几何水准测量必须按照相应等级的精度要求进行施测,才能满足精化似大地水准面的高程控制点要求。用于精化国家似大地水准面的高程异常控制点,其高程精度应不低于国家二等水准网点精度;用于精化省级和城市似大地水准面的高程异常控制点,其高程精度应不低于国家三等水准网点精度。

第9章 GNSS速度、时间及姿态测量

GNSS可以在全球范围内提供定位、导航和授时服务,并以此为基础衍生出许多增值应用。定位是GNSS在测绘领域中应用最广的功能,采用不同的观测值、定位模型和误差处理策略,GNSS测量可获得厘米级甚至毫米级的定位结果。

GNSS测量还可以获得速度、时间和载体姿态等各种信息。GNSS卫星利用导航电文向用户提供卫星任意时刻的位置和速度,用户接收机实时计算其与卫星的距离以及距离变化率,进而解算用户接收机的实时位置、速度和时间信息。根据实时位置信息,进一步确定载体的姿态角。

9.1 速度测量

速度是运动载体的重要状态参数,速度测量是GNSS应用的重要领域。本节主要介绍坐标差分法、多普勒频移法和卡尔曼滤波法。

9.1.1 坐标差分法

在历元 t_1 测定接收机的瞬时位置为 $\boldsymbol{X}(t_1)=[x_r(t_1), y_r(t_1), z_r(t_1)]$,在历元 t_2 测定接收机的瞬时位置为 $\boldsymbol{X}(t_2)=[x_r(t_2), y_r(t_2), z_r(t_2)]$,则在 t_1 到 t_2 之间接收机的平均速度 $\boldsymbol{v}=[v_x, v_y, v_z]$ 为

$$\begin{cases} v_x = \dfrac{x_r(t_2)-x_r(t_1)}{\Delta t} \\[2mm] v_y = \dfrac{y_r(t_2)-y_r(t_1)}{\Delta t} \\[2mm] v_z = \dfrac{z_r(t_2)-z_r(t_1)}{\Delta t} \end{cases} \tag{9-1}$$

式中,$\Delta t = t_2 - t_1$,则接收机的速度大小为

$$|\boldsymbol{v}| = \sqrt{v_x^2 + v_y^2 + v_z^2} \tag{9-2}$$

这种速度测定方法计算简单,只要选定测速取样周期 Δt 和前后两次的载体位置信息,因此本质上仍是定位问题。在动态定位过程中,定位与测速可以同时实现。但是在速度计算中,若时间间隔 Δt 取得过长或过短,将使平均速度不能较为正确地近似载体的实际速度。这种平均速度对高速运动载体的速度描述,其正确性一般不如对低速运动载体速度的描述。在船舶导航、陆地车辆导航中可以使用这种测速方法;而在求取飞机等载体的速度导航参数中,常采用多普勒频移法测速。

9.1.2 多普勒频移法

顾及观测误差,对式(5-26)进一步扩展,得到多普勒频移观测方程为

$$-\lambda f_d = (\boldsymbol{V} - \boldsymbol{v}) \cdot \boldsymbol{I} + c\delta \dot{t}_r \tag{9-3}$$

式中,多普勒频移观测值 f_d 以赫兹为单位;λ 是与信号发射频率相对应的信号波长;$\boldsymbol{V}$ 为卫星运动速度;$\boldsymbol{v}$ 为接收机运动速度;$\boldsymbol{I}$ 为接收机到卫星构成的单位观测矢量;c 为光速;$\delta \dot{t}_r$ 为接收机钟差对时间的导数。由于电离层、对流层延迟误差随时间的变化率很小,对时间的导数值均认为等于零,卫星钟差对测速的影响最大不超过 1 mm/s,因此式(9-3)忽略了电离层、对流层延迟误差和卫星钟差的影响。

式(9-3)中的待求项包括接收机速度 $\boldsymbol{v}$ 和接收机钟差变化率 $\delta \dot{t}_r$ 两项。设接收机速度 $\boldsymbol{v} = (v_x, v_y, v_z)$,接收机到第 i 颗卫星构成的单位观测矢量 $\boldsymbol{I}^i = (I_x^i, I_y^i, I_z^i)(i = 1, 2, \cdots, n)$,式(9-3)可写为

$$\begin{bmatrix} -I_x^1 & -I_y^1 & -I_z^1 & -1 \\ -I_x^2 & -I_y^2 & -I_z^2 & -1 \\ \vdots & \vdots & \vdots & \vdots \\ -I_x^n & -I_y^n & -I_z^n & -1 \end{bmatrix} \begin{bmatrix} v_x \\ v_y \\ v_z \\ c\delta \dot{t}_r \end{bmatrix} - \begin{bmatrix} -\lambda f_d^1 - \boldsymbol{V}^1 \cdot \boldsymbol{I}^1 \\ -\lambda f_d^2 - \boldsymbol{V}^2 \cdot \boldsymbol{I}^2 \\ \vdots \\ -\lambda f_d^n - \boldsymbol{V}^n \cdot \boldsymbol{I}^n \end{bmatrix} = \boldsymbol{0} \tag{9-4}$$

当用户接收机观测卫星数量 $n > 4$ 时,可得相应的最小二乘解:

$$\boldsymbol{X} = (\boldsymbol{A}^{\mathrm{T}} \boldsymbol{A})^{-1} \boldsymbol{A}^{\mathrm{T}} \boldsymbol{L} \tag{9-5}$$

式中,

$$\boldsymbol{A} = \begin{bmatrix} -I_x^1 & -I_y^1 & -I_z^1 & -1 \\ -I_x^2 & -I_y^2 & -I_z^2 & -1 \\ \vdots & \vdots & \vdots & \vdots \\ -I_x^n & -I_y^n & -I_z^n & -1 \end{bmatrix}, \boldsymbol{L} = \begin{bmatrix} -\lambda f_d^1 - \boldsymbol{V}^1 \cdot \boldsymbol{I}^1 \\ -\lambda f_d^2 - \boldsymbol{V}^2 \cdot \boldsymbol{I}^2 \\ \vdots \\ -\lambda f_d^n - \boldsymbol{V}^n \cdot \boldsymbol{I}^n \end{bmatrix}$$

与伪距单点定位类似,若使用了多个系统的多普勒观测值,则需要针对每个系统分别引入接收机钟差变化率参数。例如,观测了 n 颗 GPS 卫星和 m 颗 BDS 卫星的多普勒观测值,其观测方程为

$$\begin{bmatrix} -I_x^{G,1} & -I_y^{G,1} & -I_z^{G,1} & -1 & 0 \\ -I_x^{G,2} & -I_y^{G,2} & -I_z^{G,2} & -1 & 0 \\ \vdots & \vdots & \vdots & \vdots & \vdots \\ -I_x^{G,n} & -I_y^{G,n} & -I_z^{G,n} & -1 & 0 \\ -I_x^{C,1} & -I_y^{C,1} & -I_z^{C,1} & 0 & -1 \\ -I_x^{C,2} & -I_y^{C,2} & -I_z^{C,2} & 0 & -1 \\ \vdots & \vdots & \vdots & \vdots & \vdots \\ -I_x^{C,m} & -I_y^{C,m} & -I_z^{C,m} & 0 & -1 \end{bmatrix} \begin{bmatrix} v_x \\ v_y \\ v_z \\ c\delta \dot{t}_r^G \\ c\delta \dot{t}_r^C \end{bmatrix} - \begin{bmatrix} -\lambda f_d^{G,1} - \boldsymbol{V}^{G,1} \cdot \boldsymbol{I}^{G,1} \\ -\lambda f_d^{G,2} - \boldsymbol{V}^{G,2} \cdot \boldsymbol{I}^{G,2} \\ \vdots \\ -\lambda f_d^{G,n} - \boldsymbol{V}^{G,n} \cdot \boldsymbol{I}^{G,n} \\ -\lambda f_d^{C,1} - \boldsymbol{V}^{C,1} \cdot \boldsymbol{I}^{C,1} \\ -\lambda f_d^{C,2} - \boldsymbol{V}^{C,2} \cdot \boldsymbol{I}^{C,2} \\ \vdots \\ -\lambda f_d^{C,m} - \boldsymbol{V}^{C,m} \cdot \boldsymbol{I}^{C,m} \end{bmatrix} = \boldsymbol{0}$$

$$\tag{9-6}$$

式中，δi_r^G 和 δi_r^C 分别为 GPS 和 BDS 两个系统对应的接收机钟差变化率。

式(9-4)或式(9-6)利用接收机直接提供的原始多普勒频移可解算出接收机速度。此外还可以通过对载波相位观测值求微分，间接获取多普勒频移观测量，其计算方法为

$$f_d(t_2) = \frac{\varphi(t_2) - \varphi(t_1)}{\Delta t} \tag{9-7}$$

式中，$\varphi(t_2)$ 和 $\varphi(t_1)$ 分别为 t_2 和 t_1 时刻的载波相位观测值；$\Delta t = t_2 - t_1$ 为采样间隔。

将式(9-7)解算的多普勒频移观测值代入式(9-3)，即可进行速度测量。

由式(9-7)可以看出，由载波相位观测值获取的多普勒频移是两个观测时刻的平均多普勒频移，由此测定的速度为两个观测时刻内的接收机平均速度，而原始多普勒频移观测值是接收机在观测时刻的瞬时多普勒频移。由于载波相位观测值受到周跳的影响，当 t_2 和 t_1 历元间出现周跳时，由式(9-7)计算得到的多普勒频移会出现粗差，此时需要对周跳进行探测和处理，而周跳对原始多普勒频移无影响。此外，从精度方面考虑，由载波相位观测值获得的多普勒频移精度高于原始多普勒频移观测值的精度，其观测噪声更小。

9.1.3 卡尔曼滤波法

经典的最小二乘法以观测值残差的平方和最小为估计准则，能在含有误差与噪声的各个测量值之间寻求一个最优点，孤立地求解每一个不同时刻的系统状态。卡尔曼滤波是一种最优估计技术，通过递推算法将不同时刻的系统状态联系起来，即由参数的验前估值和新的观测数据进行状态参数的更新，以状态参数估计的均方差最小为准则，一般只需存储前一个历元的状态参数估值，无需存储所有历史观测信息。因此，卡尔曼滤波具有很高的计算效率，并可进行实时估计，非常适合动态导航定位解算。

卡尔曼滤波的状态方程和观测方程分别为

$$\boldsymbol{X}_k = \boldsymbol{\Phi}_{k,k-1} \boldsymbol{X}_{k-1} + \boldsymbol{W}_k \tag{9-8}$$

$$\boldsymbol{L}_k = \boldsymbol{A}_k \boldsymbol{X}_k + \boldsymbol{e}_k \tag{9-9}$$

式中，$\boldsymbol{X}_k$ 为 t_k 时刻的状态向量；$\boldsymbol{\Phi}_{k,k-1}$ 为 $m \times m$ 阶状态转移矩阵；$\boldsymbol{W}_k$ 为高斯白噪声过程误差向量；$\boldsymbol{L}_k$ 为 t_k 时刻的观测向量；$\boldsymbol{A}_k$ 为 $n \times m$ 阶设计矩阵（也称观测矩阵）；$\boldsymbol{e}_k$ 为 $n \times m$ 阶观测噪声向量。系统的过程噪声向量 $\boldsymbol{W}_k$ 和观测噪声向量 $\boldsymbol{e}_k$ 均为零均值的白噪声序列，满足如下关系式：

$$\boldsymbol{\Sigma}_{W_k W_i} = \begin{cases} \boldsymbol{\Sigma}_{W_k}, & k = i \\ \boldsymbol{0}, & k \neq i \end{cases} \tag{9-10}$$

$$\boldsymbol{\Sigma}_{e_k e_i} = \begin{cases} \boldsymbol{\Sigma}_{e_k}, & k = i \\ \boldsymbol{0}, & k \neq i \end{cases} \tag{9-11}$$

式中，$\boldsymbol{\Sigma}$ 表示相应参数向量的协因数矩阵。

卡尔曼滤波的计算步骤可简要地归纳如下：

（1）存储 t_{k-1} 时刻的 $\hat{\boldsymbol{X}}_{k-1}$ 和 $\boldsymbol{\Sigma}_{\hat{X}_{k-1}}$；

（2）计算预测状态向量：

$$\bar{X}_k = \boldsymbol{\Phi}_{k, k-1} \hat{X}_{k-1} \tag{9-12}$$

（3）计算预测状态协方差阵：

$$\boldsymbol{\Sigma}_{\bar{X}_k} = \boldsymbol{\Phi}_{k, k-1} \boldsymbol{\Sigma}_{\hat{X}_{k-1}} \boldsymbol{\Phi}_{k, k-1}^{\mathrm{T}} + \boldsymbol{\Sigma}_{W_k} = \boldsymbol{P}_{\bar{X}_k}^{-1} \tag{9-13}$$

（4）计算新息向量及其协方差阵：

$$\bar{V}_k = \boldsymbol{A}_k \bar{X}_k - \boldsymbol{L}_k \tag{9-14}$$

$$\boldsymbol{\Sigma}_{\bar{V}_k} = \boldsymbol{A}_k \boldsymbol{\Sigma}_{\bar{X}_k} \boldsymbol{A}_k^{\mathrm{T}} + \boldsymbol{\Sigma}_k \tag{9-15}$$

（5）计算增益矩阵：

$$\boldsymbol{K}_k = \boldsymbol{\Phi}_{k, k-1} \boldsymbol{A}_k \boldsymbol{\Sigma}_{\bar{V}_k}^{-1} = \boldsymbol{P}_{\hat{X}_k}^{-1} \boldsymbol{A}_k^{\mathrm{T}} \boldsymbol{P}_k \tag{9-16}$$

（6）求解新的状态估值：

$$\hat{X}_k = \bar{X}_k - \boldsymbol{K}_k \bar{V}_k \tag{9-17}$$

（7）计算状态新的协方差阵：

$$\boldsymbol{\Sigma}_{\hat{X}_k} = (\boldsymbol{I} - \boldsymbol{K}_k \boldsymbol{A}_k) \boldsymbol{\Sigma}_{\bar{X}_{k-1}} (\boldsymbol{I} - \boldsymbol{A}_k^{\mathrm{T}} \boldsymbol{K}_k^{\mathrm{T}}) + \boldsymbol{K}_k \boldsymbol{\Sigma}_k \boldsymbol{K}_k^{\mathrm{T}} \tag{9-18}$$

（8）令 $k = k + 1$，回到第(1)步。

对于行人、汽车、舰船等低动态性能的载体而言，它们的接收机运行情况一般可用 8 个状态变量描述，具体包括 3 个位置分量（x，y，z）、3 个速度分量（v_x，v_y，v_z）和接收机时钟的 2 个变量（δt_r，$\delta \dot{t}_r$），此处与时钟变量相关的变量为距离和距离变化率，其状态向量为

$$\boldsymbol{X} = \begin{bmatrix} x & v_x & y & v_y & z & v_z & \delta t_r & \delta \dot{t}_r \end{bmatrix}^{\mathrm{T}} \tag{9-19}$$

状态转移矩阵为

$$\boldsymbol{\Phi}_{8\times8} = \begin{bmatrix} 1 & T_s & & & & & & \\ 0 & 1 & & & & & & \\ & & 1 & T_s & & & & \\ & & 0 & 1 & & & & \\ & & & & 1 & T_s & & \\ & & & & 0 & 1 & & \\ & & & & & & 1 & T_s \\ & & & & & & 0 & 1 \end{bmatrix} \tag{9-20}$$

式中，T_s 代表相邻两个测量时刻之间的时间间隔；矩阵空白位置的元素均为 0。X、Y、Z 分量的状态向量所对应的协方差阵分别为

$$
\begin{cases}
\boldsymbol{Q}_x = \begin{bmatrix} q_x \dfrac{T_s^3}{3} & q_x \dfrac{T_s^2}{2} \\[2mm] q_x \dfrac{T_s^2}{2} & q_x T_s^2 \end{bmatrix} \\[10mm]
\boldsymbol{Q}_y = \begin{bmatrix} q_y \dfrac{T_s^3}{3} & q_y \dfrac{T_s^2}{2} \\[2mm] q_y \dfrac{T_s^2}{2} & q_y T_s^2 \end{bmatrix} \\[10mm]
\boldsymbol{Q}_z = \begin{bmatrix} q_z \dfrac{T_s^3}{3} & q_z \dfrac{T_s^2}{2} \\[2mm] q_z \dfrac{T_s^2}{2} & q_z T_s^2 \end{bmatrix}
\end{cases}
\tag{9-21}
$$

式中，q_x、q_y、q_z 分别为 X、Y、Z 分量上的速度噪声功率谱密度。接收机时钟的状态向量 $[\delta t_r \quad \delta \dot{t}_r]^T$ 所对应的协方差阵 $\boldsymbol{Q}_c$ 如下：

$$
\boldsymbol{Q}_c = \begin{bmatrix} q_t T_s + q_f \dfrac{T_s^3}{3} & q_f \dfrac{T_s^2}{2} \\[3mm] q_f \dfrac{T_s^2}{2} & q_f T_s \end{bmatrix}
\tag{9-22}
$$

式中，q_f 为接收机钟差频漂噪声的功率谱密度。相应的状态噪声协方差阵为

$$
\underset{8\times 8}{\boldsymbol{\Sigma}_w} = \begin{bmatrix} \boldsymbol{Q}_x & & & \\ & \boldsymbol{Q}_y & & \\ & & \boldsymbol{Q}_z & \\ & & & \boldsymbol{Q}_c \end{bmatrix}
\tag{9-23}
$$

以任一卫星 i 的伪距观测值为例，其观测方程的设计矩阵为

$$
\boldsymbol{A}_i = \begin{bmatrix} \dfrac{x^s - x_r}{\rho_r^s} & 0 & \dfrac{y^s - y_r}{\rho_r^s} & 0 & \dfrac{z^s - z_r}{\rho_r^s} & 0 & 1 & 0 \end{bmatrix}^T
\tag{9-24}
$$

对于飞机、导弹等具有高动态性的载体而言，滤波器状态向量除 3 个位置分量、3 个速度分量和 2 个接收机时钟变量外，还需包括各坐标分量上的加速度变量。以 X 分量为例，若 $[x \quad v_x \quad a_x]^T$ 为包含位置、速度和加速度三个变量的状态向量，则相应的状态转移矩阵为

$$
\boldsymbol{\Phi}_x = \begin{bmatrix} 1 & T_s & T_s^2/2 \\ 0 & 1 & T_s \\ 0 & 0 & 1 \end{bmatrix}
\tag{9-25}
$$

因为接收机的位置、速度和时钟变量一起组成了系统的状态向量，所以卡尔曼滤波可同时实现 GNSS 的定位、定速与定时。

卡尔曼滤波是一种最优化自回归数据处理算法，可以使用不同的观测值，因此对应不同的观测模型和设计矩阵。本节以伪距观测值为例，实际上还可以利用多普勒观测值（包括原

始多普勒频移观测值和由载波相位观测值获取的多普勒频移)、载波相位观测值(即精密单点定位)实现测速的目的。

9.2 时间测量

定时指的是根据参考时间标准对本地时钟进行校准的过程。在利用定位算法求解出接收机钟差后,便可得到接收机定位时刻所对应的 GNSS 时间。若要求 GNSS 时间所对应的协调世界时(UTC),根据 2.2.4 小节 GNSS 时间与 UTC 的转换关系便可求得。

根据接收机对卫星测量值的不同运作方式,GNSS 时间测量可大致分为单站测量和共视测量两种。

9.2.1 单站测量

单站测量是应用一台接收机安装在一固定点静止不动,接收 GNSS 卫星信号,对卫星测量值进行处理,然后输出可用于授时或校频的标准时间或标准频率信号,其本质是用 GNSS 时间校准时钟或振荡器频率。根据所用观测值的不同,单站测量又可以分为 SPP 法和 PPP 法,两种方法的模型在 5.5 节有详细介绍。

1. SPP 法

在 SPP 法中,若接收机安置在已知点,则接收机只要利用一颗卫星的伪距观测值便可以根据式(5-40)求解出接收机钟差 δt_r;否则,接收机需要利用至少 4 颗卫星的伪距观测值,根据 SPP 定位模型计算 δt_r。误差改正主要有电离层及对流层延迟改正、地球自转改正以及卫星钟差改正(包括相对论效应改正和群延迟改正)。SPP 法是基于伪距观测值和广播星历实现的,而伪距观测值和广播星历的精度较低,因此,SPP 法的精度相对较低。

2. PPP 法

PPP 法同样是利用定位模型求解接收机钟差 δt_r。PPP 法使用精密轨道数据和精密钟差数据来减少卫星轨道和钟差的影响,同时还使用更精确的误差修正模型,顾及天线相位中心偏移和变化、相位缠绕、相对论效应、固体潮与海洋潮汐等的影响。PPP 法使用载波相位和测距码组合的方法进行定位授时解算,载波相位测量的精度比测距码测量精度更高。因此,PPP 法解算的接收机钟差精度比 SPP 法要高。

9.2.2 共视测量

共视测量是指地球上任意两地(或多地)的 GNSS 接收机对同一颗卫星的信号进行同步观测,从而比较位于这两地的时钟或振荡器频率。若位于 A、B 两地的 GNSS 接收机同时观测卫星 s 的信号,则 A、B 两地的接收机分别有如下的伪距观测方程式:

$$\begin{cases} \widetilde{\rho}_A^s = \rho_A^s + c(\delta t_A - \delta t^s) + I_A^s + T_A^s \\ \widetilde{\rho}_B^s = \rho_B^s + c(\delta t_B - \delta t^s) + I_B^s + T_B^s \end{cases} \tag{9-26}$$

式中,$\widetilde{\rho}_A^s$ 和 $\widetilde{\rho}_B^s$ 分别为两接收机对卫星 s 的伪距测量值,两接收机到卫星的几何距离 ρ_A^s 与 ρ_B^s 是已知的,而两地的电离层和对流层延迟值可根据相关公式进行估算。

对两接收机的观测方程进行求差有

$$\widetilde{\rho}_B^s - \widetilde{\rho}_A^s = \rho_B^s - \rho_A^s + c(\delta t_B - \delta t_A) + (I_B^s - I_A^s) + (T_B^s - T_A^s) \qquad (9\text{-}27)$$

式中，$\delta t_B - \delta t_A$ 为接收机 A 与 B 的钟差之差。在计算出位于 A、B 两地的 GNSS 接收机钟差后，就可以对 A、B 两地的两时钟进行间接比较。可见，共视测量的原理本质上是由伪距观测值构成单差观测值。当两接收机相距较近时，卫星星历误差、大气折射误差的空间相关性较好，主要误差项可被大幅削弱，因此，共视测量能取得更好的效果。

共视法又可分为单通道共视法和多通道共视法。单通道共视法是两地的接收机对同一颗卫星进行单通道共视测量。多通道共视法是两地的接收机各自测量多个可见卫星的信号。只要这两地的位置不是相距很远，则两地的接收机至少同时有一颗共同的可见卫星，它们的时钟与频率便可得到连续的比较。

9.3 姿态测量

载体的姿态是指飞机、舰船或车辆等载体相对于参考坐标系的指向。载体的姿态一般用航向角（yaw）、俯仰角（pitch）和横滚角（roll）描述。GNSS 姿态测量至少需要 3 副天线构成两条独立基线。若只考虑航向角和俯仰角，则只需 2 副天线即可。

9.3.1 姿态角解算基础

姿态角的计算涉及不同坐标系的转换，主要包括当地水平坐标系和载体坐标系。

1. 当地水平坐标系

当地水平坐标系通常是姿态测量中的参考坐标系。如图 9-1 所示，$O\text{-}XYZ$ 为协议地球坐标系，当地水平坐标系的原点为载体位置坐标 $\boldsymbol{X}_0$（一般为 GNSS 主天线的坐标），z 轴沿大地椭球法线向上，x 轴指向大地椭球的东向，而 y 轴指向大地椭球的北向，构成右手坐标系。

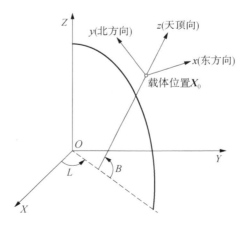

图 9-1　当地水平坐标系

当地水平坐标系中的坐标 $\boldsymbol{X}_L$ 与协议地球坐标系（如 WGS-84）中的坐标 $\boldsymbol{X}_E$ 的关系为

$$\boldsymbol{X}_L = \boldsymbol{R}_{13}(\boldsymbol{X}_E - \boldsymbol{X}_0) \qquad (9\text{-}28)$$

$$\boldsymbol{R}_{13} = \boldsymbol{R}_1(90° - B)\boldsymbol{R}_3(90° + L) = \begin{bmatrix} -\sin L & \cos L & 0 \\ -\cos L \sin B & -\sin L \sin B & \cos B \\ \cos L \cos B & \sin L \cos B & \sin B \end{bmatrix} \quad (9\text{-}29)$$

式中,B 和 L 分别为载体位置的大地纬度和大地经度。

2. 载体坐标系

载体坐标系依靠载体上的三副 GNSS 天线(即后部、前部和左侧天线)实现(图 9-2)。三个天线构成一个平面,将天线 1 作为载体坐标系的原点,并将天线 1 至天线 2 的方向作为载体坐标系的 Y 轴;X 轴位于该平面内,垂直于 Y 轴并指向 Y 轴的右侧;Z 轴垂直于该平面并构成右手坐标系。

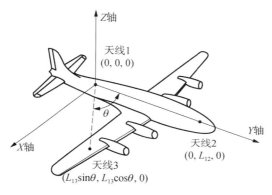

图 9-2 载体坐标系

载体坐标系中的坐标 $\boldsymbol{X}_{\mathrm{B}}$ 和当地水平坐标系中的坐标 $\boldsymbol{X}_{\mathrm{L}}$ 的关系为

$$\boldsymbol{X}_{\mathrm{B}} = \boldsymbol{R}_{213}\boldsymbol{X}_{\mathrm{L}} \quad (9\text{-}30)$$

式中,

$$\boldsymbol{R}_{213} = \boldsymbol{R}_2(\alpha)\boldsymbol{R}_1(\beta)\boldsymbol{R}_3(-\gamma) \quad (9\text{-}31)$$

或

$$\boldsymbol{X}_{\mathrm{L}} = \boldsymbol{R}_{312}\boldsymbol{X}_{\mathrm{B}} \quad (9\text{-}32)$$

式中,

$$\boldsymbol{R}_{312} = \boldsymbol{R}_{213}^{-1} = \boldsymbol{R}_3(\gamma)\boldsymbol{R}_1(-\beta)\boldsymbol{R}_2(-\alpha) \quad (9\text{-}33)$$

式中,α、β、γ 分别为载体的横滚角、俯仰角和航向角;$\boldsymbol{R}_{213}$、$\boldsymbol{R}_{312}$ 均为 3×3 的旋转矩阵。

9.3.2 姿态角计算方法

1. 直接计算法

直接计算法是指利用载体坐标系到当地水平坐标系的坐标转换矩阵,构件基线向量等式关系来直接计算姿态角,而不考虑基线间的相互关系。其主要步骤如下:

(1)将天线 1 的伪距单点定位结果作为运动载体坐标系的原点,利用式(9-30)将求解的地心地固坐标系下的基线向量解 $\boldsymbol{X}_{\mathrm{E}}$ 转换为当地水平坐标系下的基线向量解 $\boldsymbol{X}_{\mathrm{L}}$。

（2）根据天线 2 在载体坐标系下的位置和上一步求得的基线向量解 $\boldsymbol{X}_\mathrm{L}$ 计算姿态角。

天线 2 在载体坐标系下的坐标为 $\begin{bmatrix}0 & L_{12} & 0\end{bmatrix}^\mathrm{T}$，代入式（9-32）得

$$
\begin{bmatrix}
E_{12} \\
N_{12} \\
U_{12}
\end{bmatrix} =
\begin{bmatrix}
\cos\beta\sin\gamma L_{12} \\
\cos\beta\cos\gamma L_{12} \\
\sin\beta L_{12}
\end{bmatrix}
\tag{9-34}
$$

利用下式计算航向角 γ 和俯仰角 β：

$$
\begin{cases}
\gamma = \arctan\dfrac{E_{12}}{N_{12}} \\[3mm]
\beta = \arctan\dfrac{U_{12}}{\sqrt{E_{12}^2 + N_{12}^2}}
\end{cases}
\tag{9-35}
$$

计算出 γ 和 β 后，将天线 3 在载体坐标系下的坐标 $\begin{bmatrix}L_{13}\sin\theta & L_{13}\cos\theta & 0\end{bmatrix}^\mathrm{T}$ 代入式（9-30）得

$$
\begin{bmatrix}
L_{13}\sin\theta \\
L_{13}\cos\theta \\
0
\end{bmatrix} =
\boldsymbol{R}_2(\alpha)\boldsymbol{R}_1(\beta)\boldsymbol{R}_3(-\gamma)
\begin{bmatrix}
E_{13} \\
N_{13} \\
U_{13}
\end{bmatrix}
\tag{9-36}
$$

令

$$
\begin{bmatrix}
E_{13}' \\
N_{13}' \\
U_{13}'
\end{bmatrix} =
\boldsymbol{R}_1(\beta)\boldsymbol{R}_3(-\gamma)
\begin{bmatrix}
E_{13} \\
N_{13} \\
U_{13}
\end{bmatrix}
\tag{9-37}
$$

式（9-36）可写为

$$
\begin{bmatrix}
L_{13}\sin\theta \\
L_{13}\cos\theta \\
0
\end{bmatrix} =
\boldsymbol{R}_2(\alpha)
\begin{bmatrix}
E_{13}' \\
N_{13}' \\
U_{13}'
\end{bmatrix} =
\begin{bmatrix}
\cos\alpha & 0 & -\sin\alpha \\
0 & 1 & 0 \\
\sin\alpha & 0 & \cos\alpha
\end{bmatrix}
\begin{bmatrix}
E_{13}' \\
N_{13}' \\
U_{13}'
\end{bmatrix}
\tag{9-38}
$$

则横滚角 α 为

$$
\alpha = -\arctan\frac{U_{13}'}{E_{13}'}
\tag{9-39}
$$

直接计算法不需要载体坐标系中的基线向量，仅利用当地水平坐标系的基线向量就可以计算出姿态角。但是，该方法每次计算只能处理两组基线向量（三个天线的情况），不能同时处理三组或以上的基线向量。另外，计算中没有充分利用天线阵列所包含的全部位置信息，所以参数估值是次优的。

2. 最小二乘法

由式（9-32）—式（9-35）可以看出，载体坐标系与当地水平坐标系的旋转矩阵是由三个姿态角定义的，最小二乘法是将旋转矩阵或三个姿态角作为待估参数进行估计，因此，相应的有九参数最小二乘法和三参数最小二乘法。

九参数最小二乘法将旋转矩阵作为9个独立参数的矩阵,因而不能充分利用天线阵列所包含的全部位置信息,其估值是次优的。但是,该方法能处理三组或以上的基线向量,一定程度上可以减小多路径效应等误差的影响,而且计算简便,是常用的一种姿态角计算方法。此外,该方法还可为三参数最小二乘法提供较为精确的近似值。

旋转矩阵含有9个元素,但只有3个独立参数,即横滚角 α、俯仰角 β、航向角 γ。三参数最小二乘法是将3个姿态角作为待估参数,根据载体坐标系和当地水平坐标系之间的转换关系建立误差方程,最后对姿态角参数进行最小二乘求解。三参数最小二乘法可以获得姿态角的最优估值,下面介绍其原理。

将第 i 组天线对应的基线向量关系写为

$$\boldsymbol{X}_{\mathrm{L},i} = \boldsymbol{R}_{312}\boldsymbol{X}_{\mathrm{B},i} \quad (i=1,2,\cdots,n) \tag{9-40}$$

式中,n 为天线个数;$X_{\mathrm{L},i}$、$X_{\mathrm{B},i}$ 为观测值;横滚角 α、俯仰角 β、航向角 γ 为未知参数,其近似值分别为 α_0、β_0、γ_0。对式(9-40)作线性化:

$$\begin{bmatrix} \boldsymbol{I} \\ {}_{3\times3} & \boldsymbol{B}_i \end{bmatrix} \begin{bmatrix} \boldsymbol{v}_{X_{\mathrm{L},i}} \\ \boldsymbol{v}_{X_{\mathrm{B},i}} \end{bmatrix} = \boldsymbol{A}_i \delta\boldsymbol{x} - \boldsymbol{l}_i \tag{9-41}$$

$$\boldsymbol{Q}_i = \begin{bmatrix} \boldsymbol{Q}_{X_{\mathrm{L},i}} & \boldsymbol{0} \\ \boldsymbol{0} & \boldsymbol{Q}_{X_{\mathrm{B},i}} \end{bmatrix} \tag{9-42}$$

式中,$\underset{3\times3}{\boldsymbol{A}_i} = \begin{bmatrix} \dfrac{\partial R_{312}}{\partial\alpha}X_{\mathrm{B},i} & \dfrac{\partial R_{312}}{\partial\beta}X_{\mathrm{B},i} & \dfrac{\partial R_{312}}{\partial\gamma}X_{\mathrm{B},i} \end{bmatrix}$;$\delta\boldsymbol{x} = \begin{bmatrix} \delta\alpha & \delta\beta & \delta\gamma \end{bmatrix}^{\mathrm{T}}$;$\boldsymbol{B}_i = \boldsymbol{R}_{312}\begin{bmatrix} \alpha_0 & \beta_0 & \gamma_0 \end{bmatrix}$;$\boldsymbol{l}_i = \boldsymbol{X}_{\mathrm{L},i} - \boldsymbol{R}_{312}\begin{bmatrix} \alpha_0 & \beta_0 & \gamma_0 \end{bmatrix}\boldsymbol{X}_{\mathrm{B},i}$。

未知参数改正数的最小二乘解为

$$\delta\boldsymbol{x} = \Big[\sum_{i=2}^{n}\boldsymbol{A}_i^{\mathrm{T}}(\boldsymbol{Q}_{X_{\mathrm{L},i}} + \boldsymbol{B}_i\boldsymbol{Q}_{X_{\mathrm{B},i}}\boldsymbol{B}_i^{\mathrm{T}})^{-1}\boldsymbol{A}_i^{\mathrm{T}}\Big]^{-1}\Big[\sum_{i=2}^{n}\boldsymbol{A}_i^{\mathrm{T}}(\boldsymbol{Q}_{X_{\mathrm{L},i}} + \boldsymbol{B}_i\boldsymbol{Q}_{X_{\mathrm{B},i}}\boldsymbol{B}_i^{\mathrm{T}})^{-1}\boldsymbol{l}_i\Big] \tag{9-43}$$

横滚角 α、俯仰角 β、航向角 γ 的最小二乘解及其协方差阵为

$$\begin{bmatrix} \hat{\alpha} \\ \hat{\beta} \\ \hat{\gamma} \end{bmatrix} = \begin{bmatrix} \alpha_0 \\ \beta_0 \\ \gamma_0 \end{bmatrix} + \begin{bmatrix} \delta\alpha \\ \delta\beta \\ \delta\gamma \end{bmatrix} \tag{9-44}$$

$$\boldsymbol{Q}_x = \Big[\sum_{i=2}^{n}\boldsymbol{A}_i^{\mathrm{T}}(\boldsymbol{Q}_{X_{\mathrm{L},i}} + \boldsymbol{B}_i\boldsymbol{Q}_{X_{\mathrm{B},i}}\boldsymbol{B}_i^{\mathrm{T}})^{-1}\boldsymbol{A}_i^{\mathrm{T}}\Big]^{-1} \tag{9-45}$$

参 考 文 献

［1］ ALFRED L, LEV R, DMITRY T. GPS satellite surveying[M]. NewYork: John Wiley, 2004.

［2］ MONTENBRUCK O, GILL E. Satellite orbits: Models, methods and applications[M]. Berlin: Springer, 2000.

［3］ STEWART M, TSAKIRI M. GLONASS broadcast orbit computation[J]. GPS Solutions, 1998, 2 (2):16-27.

［4］ TEUNISSEN P, MONTENBRUCK O. Springer handbook of global navigation satellite systems[M]. Berlin: Springer, 2017.

［5］ 曾安敏,明锋,景一帆. WGS84 坐标框架与我国 BDS 坐标框架的建设[J]. 导航定位学报,2015(3): 43-48,68.

［6］ 曾安敏,杨元喜,明锋,等. GNSS 相应坐标系之间的关系及其影响[J]. 测绘科学技术学报,2016,33 (6):551-556.

［7］ 陈忠贵,武向军. 北斗三号卫星系统总体设计[J]. 南京航空航天大学学报,2020,52(6):835-845.

［8］ 程鹏飞,文汉江,成英燕,等. 2000 国家大地坐标系椭球参数与 GRS80 和 WGS84 的比较[J]. 测绘学报,2009,38(3):189-194.

［9］ 党亚民,郭春喜,蒋涛,等. 2020 珠峰测量与高程确定[J]. 测绘学报,2021,50(4):556-561.

［10］ 范千. GPS 网络 RTK 定位技术算法研究与程序实现[D]. 武汉:武汉大学,2009.

［11］ 何海波. 高精度 GPS 动态测量及质量控制[D]. 郑州:中国人民解放军信息工程大学,2002.

［12］ 黄勇,胡小工,王小亚,等. 中高轨卫星广播星历精度分析[J]. 天文学进展,2006,24(1):81-88.

［13］ 姜卫平. GNSS 基准站网数据处理方法与应用[M]. 武汉:武汉大学出版社,2017.

［14］ 姜卫平. 卫星导航定位基准站网的发展现状、机遇与挑战[J]. 测绘学报,2017,46(10):1379-1388.

［15］ 李明峰,冯宝红,刘三枝,等. GPS 定位技术及其应用[M]. 北京:国防工业出版社,2016.

［16］ 李盼. GNSS 精密单点定位模糊度快速固定技术和方法研究[D]. 武汉:武汉大学,2016.

［17］ 李星星. GNSS 精密单点定位及非差模糊度快速确定方法研究[D]. 武汉:武汉大学,2013.

［18］ 李征航,黄劲松. GPS 测量与数据处理[M]. 3 版. 武汉:武汉大学出版社,2016.

［19］ 李征航,张小红. 卫星导航定位新技术及高精度数据处理方法[M]. 武汉:武汉大学出版社,2009.

［20］ 刘大杰. 大地坐标转换与 GPS 控制网平差计算及软件系统[M]. 上海:同济大学出版社,1997.

［21］ 刘海颖,王惠南,陈志明. 卫星导航原理与应用[M]. 北京:国防工业出版社,2013.

［22］ 盛辉,成良斌. 开普勒科学发现认识论意义及评价[J]. 华中农业大学学报(社会科学版),2004(3): 61-66.

［23］ 唐卫明. 大范围长距离 GNSS 网络 RTK 技术研究及软件实现[D]. 武汉:武汉大学,2006.

［24］ 田日才,迟永钢. 扩频通信[M]. 2 版. 北京:清华大学出版社,2014.

［25］ 王敏,张祖胜,许明元,等. 2000 国家 GPS 大地控制网的数据处理和精度评估[J]. 地球物理学报, 2005,48(4):817-823.

［26］ 魏子卿,吴富梅,刘光明. 北斗坐标系[J]. 测绘学报,2019,48(7):805-809.

［27］ 魏子卿. 2000 中国大地坐标系及其与 WGS84 的比较[J]. 大地测量与地球动力学,2008(5):1-5.

［28］ 吴继忠,王天,吴玮. 利用 GPS-IR 监测土壤水分含量的反演模型[J]. 武汉大学学报:信息科学版,

2018,43(6):887-892.

[29] 吴继忠,杨荣华.利用 GPS 接收机反射信号测量水面高度[J].大地测量与地球动力学,2012,32(6):135-138.

[30] 吴仁彪.卫星导航自适应抗干扰技术[M].北京:科学出版社,2015.

[31] 肖云,夏哲仁.利用相位率和多普勒确定载体速度的比较[J].武汉大学学报:信息科学版,2003,28(5):581-584.

[32] 谢钢.GPS 原理与接收机设计[M].北京:电子工业出版社,2009.

[33] 谢钢.全球导航卫星系统原理——GPS、格洛纳斯和伽利略系统[M].北京:电子工业出版社,2013.

[34] 徐绍铨,张华海,杨志强,等.GPS 测量原理及应用[M].武汉:武汉大学出版社,2016.

[35] 杨元喜.自适应动态导航定位[M].北京:测绘出版社,2006.

[36] 张江齐.求证珠穆朗玛峰海拔高程[J].中国测绘,2015(5):44-49.

[37] 张勤,李家权.GPS 测量原理及应用[M].北京:科学出版社,2005.

[38] 张小红,胡家欢,任晓东.PPP/PPP-RTK 新进展与北斗/GNSSPPP 定位性能比较[J].测绘学报,2020,49(9):1084-1100.

[39] 张小红,李星星,李盼.GNSS 精密单点定位技术及应用进展[J].测绘学报,2017,46(10):1399-1407.

[40] 郑福.北斗/GNSS 实时广域高精度大气延迟建模与增强 PPP 应用研究[D].武汉:武汉大学,2017.

[41] 中国卫星导航系统管理办公室.北斗卫星导航系统公开服务性能规范(3.0 版)[R].北京:中国卫星导航系统管理办公室,2021.

[42] 中国卫星导航系统管理办公室.北斗卫星导航系统空间信号接口控制文件公开服务信号 B1C(1.0 版)[R].北京:中国卫星导航系统管理办公室,2017.

[43] 中国卫星导航系统管理办公室.北斗卫星导航系统空间信号接口控制文件公开服务信号 B1I(3.0 版)[R].北京:中国卫星导航系统管理办公室,2019.

[44] 中国卫星导航系统管理办公室.北斗卫星导航系统空间信号接口控制文件公开服务信号 B2a(1.0 版)[R].北京:中国卫星导航系统管理办公室,2017.

[45] 中国卫星导航系统管理办公室.北斗卫星导航系统空间信号接口控制文件公开服务信号 B2b(1.0 版)[R].北京:中国卫星导航系统管理办公室,2020.

[46] 中国卫星导航系统管理办公室.北斗卫星导航系统空间信号接口控制文件公开服务信号 B3I(1.0 版)[R].北京:中国卫星导航系统管理办公室,2018.

[47] 中国卫星导航系统管理办公室.北斗卫星导航系统空间信号接口控制文件国际搜救服务(1.0 版)[R].北京:中国卫星导航系统管理办公室,2020.

[48] 中国卫星导航系统管理办公室.北斗卫星导航系统空间信号接口控制文件精密单点定位服务信号 PPP-B2b(1.0 版)[R].北京:中国卫星导航系统管理办公室,2020.

[49] 中国卫星导航系统管理办公室.北斗坐标系模板[R].北京:中国卫星导航系统管理办公室,2019.

[50] 中华人民共和国住房和城乡建设部,国家市场监督管理总局.工程测量标准:GB 50026—2020[M].北京:中国计划出版社,2020.

[51] 中华人民共和国住房和城乡建设部.卫星定位城市测量技术标准:CJJ/T 73—2019[M].北京:中国建筑工业出版社,2019.

[52] 周忠谟,易杰军,周琪.GPS 卫星测量原理及应用[M].北京:测绘出版社,1999.

附录　TBC 处理 GNSS 控制网数据

Trimble Business Center(简称 TBC)是 Trimble 的新一代数据后处理软件,可实现包括 GNSS、全站仪、水准仪、无人机航测、三维激光扫描等数据在内的多源数据集成处理,功能全面,具有较强的代表性。下面以 TBC 5.0 为例,简要描述 GNSS 控制网数据处理的流程,一般分为数据导入、设置坐标系统、基线解算和网平差。

1. 数据导入

TBC 5.0 支持 Trimble 自有的 $*$.dat、$*$.t00、$*$.t01、$*$.t02、$*$.t04 格式和标准的 RINEX 格式。启动 TBC 软件后,点击【新建工程】,如附图 1 所示,选择 Metric 模板,点击【确定】后进入 TBC 运行的主界面。

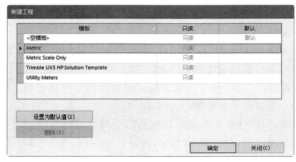

附图 1　新建工程

在工具栏选择【主页】—【导入】,如附图 2 所示,在导入文件夹对话框中选择 GNSS 数据所在的目录后,下方列表自动列出当前目录下 TBC 支持导入的数据,"Shift+左键"选中需要导入的文件后,点击【导入】。

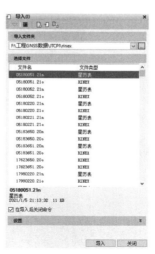

附图 2　导入数据

导入文件完毕后,出现"接收机原始数据检查"界面。此时要结合外业观测记录手簿,仔细核对接收机观测文件名称、点 ID、天线类型、天线高量取方法、高度等信息是否与实际一致。若有不一致的情况,可直接在列表中修改。检查完毕后点击【确定】。

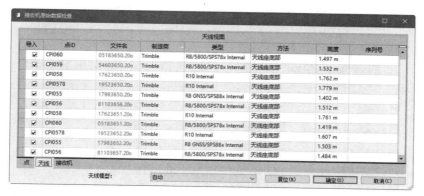

附图 3　接收机原始数据检查

2. 设置坐标系统

数据导入后,会弹出投影定义的对话框(附图 4),由用户来定义投影中心及其假东、假北坐标。若数据处理最终结果采用的是独立坐标系或施工坐标系,此时还需要输入已知点的坐标;若数据处理最终结果采用的是国家坐标系,则需要用户指定中央子午线的位置,选择【工程设置】—【投影】,出现附图 5 所示的界面。选择【更改】,出现附图 6 所示的界面,图中

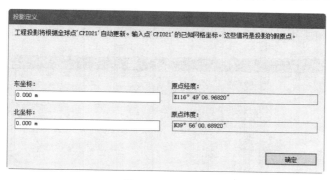

附图 4　投影定义

附图 5　设置投影方式

左侧"坐标系组"列表中给出了 TBC 坐标系统库中常见的坐标系统,右侧"区域"列表给出了投影区域,根据项目实际所在的位置进行选择。

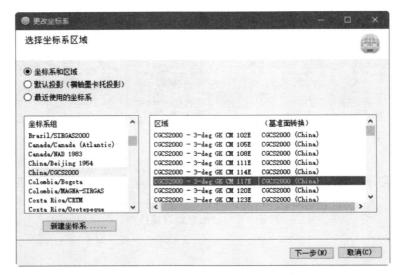

附图6　设置坐标系统及中央子午线

3. 基线解算

基线解算前可以设置相关控制参数,选择【工程设置】—【基线处理】可以调整所用星历的类型、处理间隔时间、高度截止角等参数。附图 7 为【卫星】选项对应的参数设置界面,用于设置高度截止角和所用的卫星。

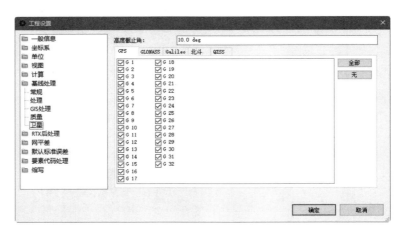

附图7　设置基线解算参数

在工具栏选择【测量】—【基线处理】,出现基线处理界面(附图 8),TBC 按照单基线解的方式逐个处理基线。解算完毕后查看"解类型"是否为固定、精度是否满足规范要求,点击【保存】存储基线解算成果。若出现不合格基线,则按照8.3.3 小节的方法进行基线精化处理。在工具栏选择【报告】—【基线处理报告】查看基线处理的详细报表。

附图 8　基线解算

4. 网平差

网平差前先导入控制点坐标,有逐个输入和文件导入两种形式。以文件导入形式为例,用户事先将控制点的二维坐标和高程以 * .csv 格式保存在文件中,在工具栏选择【主页】—【导入格式编辑器】,选择的格式与用户保存的 * .csv 文件格式需一致,如附图 9 所示,指定文件的路径后,点击【导入】。

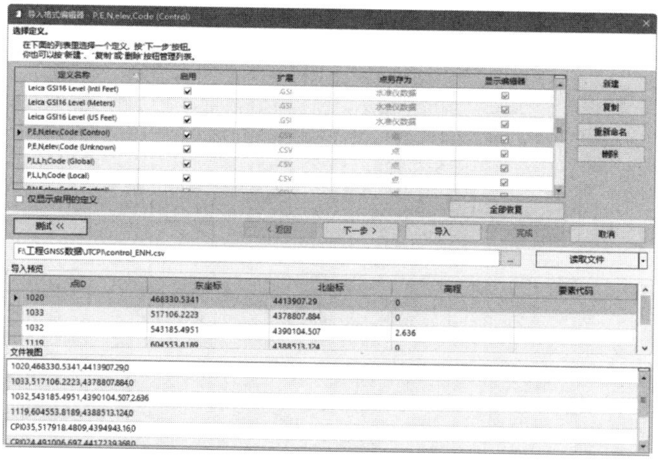

附图 9　导入格式编辑器

在工具栏选择【测量】—【网平差】,如附图 10 所示,在"约束"选项卡中将上一步导入的控制点二维坐标和高程加以固定,若控制点无已知高程,则无需固定该点高程,点击【平差】,TBC 完成网的约束平差。若没有固定控制点的二维坐标和高程,则进行的是无约束平差。完成约束平差后,由于先验参考因子预估值不准确,"结果"选项卡中 κ^2 检验(95%)通常显示失败。在"权重"选项卡中选择【 * 】,再次点击【平差】,重复此过程直至 κ^2 检验合格为止。【 * 】的作用是将上次平差得到的参考因子乘以下次平差的先验标量。

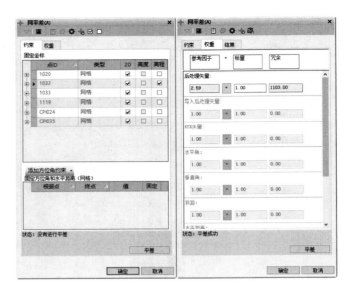

附图 10　网平差

　　在网平差顶部工具栏选择"网平差报告"图标或在主界面工具栏选择【报告】—【中国网平差报告】,查看网平差结果。